江西省研究生优质课程系列教材

高级动物营养学

瞿明仁　主编

中国农业科学技术出版社

图书在版编目(CIP)数据

高级动物营养学 / 瞿明仁主编 . --北京：中国农业科学技术出版社，2023.9

ISBN 978-7-5116-6371-9

Ⅰ.①高… Ⅱ.①瞿… Ⅲ.①动物营养-教材 Ⅳ.①S816

中国国家版本馆 CIP 数据核字(2023)第 134829 号

责任编辑 朱 绯
责任校对 马广洋
责任印制 姜义伟 王思文

出 版 者 中国农业科学技术出版社
北京市中关村南大街 12 号 邮编：100081
电 话 (010) 82109707 (编辑室) (010) 82109702 (发行部)
(010) 82109709 (读者服务部)
网 址 https://castp.caas.cn
经 销 者 各地新华书店
印 刷 者 北京建宏印刷有限公司
开 本 170 mm×240 mm 1/16
印 张 16.25
字 数 258 千字
版 次 2023 年 9 月第 1 版 2023 年 9 月第 1 次印刷
定 价 60.00 元

《高级动物营养学》

编写人员

主　　编　瞿明仁

副 主 编　易中华

编写人员　（按姓氏拼音排序）

谌　俊	何余湧	黎观红	李艳娇
梁　欢	欧阳克蕙	邱清华	瞿明仁
宋小珍	许兰娇	易中华	游金明
赵向辉	周　华	朱年华	邹田德

序　言

动物营养学是生命科学中理论性、应用性均极强的学科。在现代动物生产中，营养是决定动物生产效率和生产潜力发挥的关键因素，营养物质利用效率的提高则取决于动物营养研究的拓展。20世纪，特别是近半个世纪以来，随着动物营养、营养需要研究的深入和动物营养学边缘学科等领域的不断发展，动物生产的发展突飞猛进，生产水平显著提高。

江西农业大学自1995年设立动物营养与饲料科学专业和招收硕士研究生以来，一直开设研究生课程“高级动物营养学”，并于2009年被江西省教育厅评为江西省优质课程。经过15年的建设和发展，充分吸收了国内外先进的教学方法，对原有教学内容进行优化改进，突出创新性实践性教学，目前已形成了以培养复合型创新拔尖人才为目标的研究型教学新体系。本课程师资力量雄厚，教学条件优良，仪器设备先进，实践创新平台完善，教学改革成果丰富，不仅为本校研究生称道，成为江西农业大学动物科技学院最重要、最受欢迎、最有影响的课程之一，还受到了校内同事和众多国内同行专家的一致好评，为动物营养和畜牧方面高级人才的培养打下了坚实基础，取得了良好的社会效益和经济效益，为推动江西乃至中国的饲料业和养殖业发展作出了重要贡献。

为创新教学内容，促进人才培养及江西省“畜牧学”双一流建设，在学校统一安排下，编写《高级动物营养学》教材。本教材采用专题形式介绍动物营养学领域内的新原理、新成就与新进展，旨在培养学生创新实践能力，如培养研究生资料查阅、收集整理和理解能力、科学思维能力、创新能力和实践技能等。

本教材内容分3个部分。各部分专题内容及编写人员如下：第一部分 营养素功能，包括蛋白质与小肽营养（游金明）、脂肪酸营养（易中华）、碳水化合物营养（周华）、微量元素营养（朱年华）、维生素营养（谌俊）、能量表达体系与模型（梁欢）6个专题；第二部分 动物营养调控，包括动物采食量调控（易中华）、肠道菌群调控与健康（黎观红）、日粮养分利用与减排（赵向辉）、营养与应激缓解（宋小珍）、抗病营养与免疫增强（邹田德）、营养与繁殖力的激发（何余湧）、营养与肉品质调控（李艳娇）7个专题；第三部分 畜禽营养研究与应用，包括仔猪断奶与营养策略（谌俊）、母猪繁殖性能与营养策略（游金明）、家禽胚胎营养策略（黎观红和周华）、营养与蛋品质（朱年华和周华）、瘤胃能氮平衡与同步化营养策略（邱清华）、瘤胃酸代谢调控与酸中毒预防策略（欧阳克蕙）、饲料养分过瘤胃保护策略（瞿明仁和许兰娇）7个专题。

在编写过程中，得到了本学科李林、潘珂及部分研究室学生的大力支持，在此一并表示感谢！

瞿明仁

2023年4月

目　　录

第一部分　营养素功能

第二部分　动物营养调控

第三部分 畜禽营养研究与应用

第一部分

营养素功能

专题1　蛋白质与小肽营养

长期以来，蛋白质被认为是哺乳动物的重要营养物质，是构成机体组织器官的基本成分。在组织器官新陈代谢、损伤修复以及机体生物化学反应中发挥催化作用的酶、起调节作用的激素与生长因子、免疫反应产生的细胞因子和抗体以及动物产品等的主要成分大多是以蛋白质为主体。日粮中的蛋白质经消化变为氨基酸、小肽后被机体吸收，并通过血液运输至各组织器官，从而发挥其营养学和生理学功能。蛋白质对动物生理学功能和机体健康的调控，主要是通过调节与生长、发育、繁殖、泌乳等相关基因的表达来实现的。日粮中蛋白水平、蛋白来源及其化学组成会影响蛋白质饲料的营养价值和利用效率，并通过调节与畜禽生长发育和繁殖性能相关基因的表达，进而调节畜禽的生长发育和繁殖性能（汪以真，2020）。因此，合理的蛋白质营养是维持畜禽正常生理学功能的前提。蛋白质缺乏时，机体蛋白质的分解代谢增强，出现营养不良；反之，蛋白质营养过剩会加重机体代谢负担，造成动物的繁殖力下降，不能被机体利用的氮以尿素、肌酐、氨、尿酸等形式排出体外，造成蛋白质资源浪费和环境污染。因此，提高蛋白质利用效率，节氮减排是实现畜禽养殖业健康可持续发展的有效途径之一。

一、蛋白质营养

蛋白质由氨基酸组成，但饲料中蛋白质的含量通常是由饲料中含氮物质的含量换算而来，即蛋白质的含量等于饲料中含氮量乘以6.25。因此，饲料中的其他非蛋白含氮物质也被包括进蛋白质含量之中，这种方法测定出来的是粗蛋白质含量。其系数6.25是基于每100g蛋白质中平均含有16g

氮这一假设。但是，事实上每一种饲料原料的蛋白质中的含氮量是不同的，如下列原料中每100g蛋白质含氮量分别为：大麦17.2g，玉米16.1g，小米17.2g，燕麦17.2g，大米16.8g，黑麦17.2g，高粱16.1g，小麦17.2g，花生18.3g，大豆17.5g（陈代文，2015）。从理论上讲，只有可消化的蛋白质才能提供机体所必需的氨基酸；从数量上来说，蛋白质是畜禽饲料中一种昂贵的营养成分，它转化为机体组织前需要经过消化、吸收以及代谢等多个反应过程。所以，日粮能否能够提供适宜数量和比例的氨基酸决定着日粮蛋白质量。

（一）必需氨基酸

组成蛋白质的20种氨基酸通常被分为必需氨基酸（条件性必需氨基酸）和非必需氨基酸两大类（表1-1）。必需氨基酸，也称为不可或缺的氨基酸，是脊椎动物自身无法从代谢中间体合成或合成速率不能满足最佳生产性能（包括维持、生长和繁殖）所需的一类氨基酸。研究显示，这类氨基酸出现的可能原因是独立真核生物谱系中的主要基因组缺失，导致20种氨基酸中8种氨基酸的生物合成途径受到抑制（Troole等，2022）。

表1-1　必需、非必需和条件性必需氨基酸

必需氨基酸	条件性必需氨基酸	非必需氨基酸
赖氨酸	精氨酸	丙氨酸
蛋氨酸	组氨酸	天冬酰胺
色氨酸	谷氨酰胺	天冬氨酸
苏氨酸	脯氨酸	谷氨酸
苯丙氨酸	甘氨酸	丝氨酸
亮氨酸	酪氨酸	
异亮氨酸	半胱氨酸	
缬氨酸		

在特定生理状态下，由于氨基酸的合成速率受到氮源数量的限制，造成某些氨基酸（精氨酸、组氨酸、半胱氨酸、谷氨酰胺、甘氨酸、脯氨酸和酪氨酸）的消耗速率大于合成速率，这类氨基酸通常称为条件性必需氨

基酸。通常机体有足够的能力合成条件性必需氨基酸，但在某些情况下不能满足机体需要。

非必需氨基酸的代谢性定义是指这一类氨基酸能够使用非氨基酸的含氮物质从头合成，如使用氨离子和合适的碳源（如α-酮酸）合成。因此，严格来说，只有谷氨酸和丝氨酸才是真正意义上基于代谢性定义的非必需氨基酸。总之，必需氨基酸需要从饲料中获取，非必需氨基酸在有充足氮源的情况下不需要饲料提供，条件性必需氨基酸的需要则取决于日粮和机体生理状态。

（二）限制性氨基酸

由于动物日粮中的氨基酸含量不同，其中某些氨基酸的含量达不到动物的需要量，从而限制动物的生长发育，其中，饲料中最为缺乏的必需氨基酸称为第一限制性氨基酸。以此类推，还有第二、第三、第四限制性氨基酸等。常用的玉米-豆粕型日粮中，赖氨酸和蛋氨酸一般是猪的第一和第二限制性氨基酸，蛋氨酸和赖氨酸一般是鸡的第一和第二限制性氨基酸。以饲料含可消化（可利用）氨基酸的量与动物可消化（可利用）氨基酸的需要量相比，由此确定氨基酸限制性的位秩可能更准确。饲料中由于限制性氨基酸的不足将使其他必需氨基酸和非必需氨基酸的利用受到限制和影响。因此，为了提高蛋白质和氨基酸的利用率，生产中需在饲料中补充限制性氨基酸，方法是按限制性顺序依次补充，否则会加重饲料氨基酸不平衡，这样不但达不到补充氨基酸的效果，还会引起动物采食量下降、生产性能降低等。

（三）氨基酸比例失调

摄入比例不当的氨基酸会带来很多不利的影响，如氨基酸缺乏、氨基酸中毒、氨基酸拮抗、氨基酸比例失调等。氨基酸缺乏是指日粮中一种或几种氨基酸的供给量少于满足其他氨基酸或营养物质有效平衡利用的需要量。

大量摄取某种单一的氨基酸容易引起氨基酸中毒，而且这种过量失衡引起的中毒无法通过添加其他一种或一类氨基酸加以预防或控制。氨基酸中毒会带来很多不利影响（如采食量减少、生长障碍、行为异常，甚至死亡）。

化学性质或结构上相似的氨基酸在发挥其合成蛋白质功能的过程中，可能存在相互间竞争和抑制的问题。氨基酸拮抗是发生在结构和化学性质相似的氨基酸之间的一种特殊的互作反应，是指当饲料中的某一种氨基酸远超过需要量时会引起机体对与它存在相互拮抗关系的另一种氨基酸需要量的增加。这种情况下，即使在问题日粮中添加第一限制性氨基酸也不能消除由此引起的不利影响，从而影响动物的生产性能。存在拮抗关系的常见氨基酸包括中性氨基酸和支链氨基酸（亮氨酸、异亮氨酸、缬氨酸），它们对生长猪和母猪的营养吸收有重要影响。赖氨酸和精氨酸也存在相互间拮抗关系，但其对猪实际生产的影响相对较小。支链氨基酸之间的拮抗有可能导致支链氨基酸分解代谢的增加，包括第一限制性支链氨基酸（印遇龙等，2014）。

氨基酸失衡与氨基酸结构无关，它可能是由于过多供应某种或某些非限制性氨基酸所致，这种情况通常会导致采食量降低。氨基酸失衡可以通过添加少量某种或某些限制性氨基酸来缓解。氨基酸拮抗和失衡可能会引起小肠对氨基酸的竞争性吸收和转运，导致小肠损伤、代谢紊乱、大量释放有毒物质（如氨和同型半胱氨酸）。这些状况的共同特征是导致动物采食量降低，消除不良氨基酸的影响可快速恢复机体的正常生产。

（四）氨基酸平衡理论和理想蛋白模式

动物的蛋白质营养在很大程度上是氨基酸营养。为了保证动物合理的蛋白质营养，一方面要提供足够数量的必需氨基酸和非必需氨基酸，另一方面还必须注意各种必需氨基酸之间以及必需氨基酸与非必需氨基酸之间的比例（或模式）。所谓氨基酸平衡，意味着饲料中各种氨基酸的数量和比例与动物维持、生长、繁殖、泌乳等过程的需要量相符。因而，氨基酸平衡包括数量和比例两方面的含义，但通常所说的氨基酸平衡主要指氨基酸之间的比例关系。

理想氨基酸模型或理想蛋白质是基于蛋白质的氨基酸组成和比例与特定生理条件下动物维持和生产所需要的氨基酸组成比例一致。理想氨基酸模式是建立在其他氨基酸与赖氨酸的相对比例基础上，同时考虑了其他可以获得的信息，如机体肠道内源氮损失的氨基酸组成、体表氮损失（皮肤和毛）和蛋白质沉积（生长猪空腹条件下的整个机体、妊娠母猪的孕体和母体组织、泌乳母猪的奶和母体组织）。选择赖氨酸作为参比标准的原因有：①赖氨酸通常是第一限制性氨基酸；②赖氨酸需要量的研究最深入、最完善；③赖氨酸的需要量相对较高；④赖氨酸的最主要功能是参与蛋白质合成。

理想蛋白质（氨基酸）模式通常可用以下方法建立：①总结单个氨基酸的需要量，并以此为基础进行综合；②以动物机体组织的氨基酸组成为基础；③以专门的氨基酸部分扣除（或梯度添加）后的氮平衡试验为基础。理想氨基酸模型反映的是完成机体关键生理活动对氨基酸的需要量。而动物种类和生长阶段不同时，某些氨基酸（含硫氨基酸、苏氨酸、色氨酸、精氨酸）的维持需要量占总需要量的比例不同，这些氨基酸（除精氨酸外）与赖氨酸的比值随着动物生长而增大。由于动物的种类、品种、体重、性别以及氨基酸在体内周转代谢的变化会影响理想蛋白质的氨基酸模式，因此，最佳日粮氨基酸模型会随动物生理状态和生产水平的变化而变化。

二、小肽营养

最初的蛋白质营养理论认为，蛋白质经过酶解或水解成氨基酸才可以被动物机体吸收利用。但动物营养学家认为，最理想的氨基酸模式是在保证动物自身氨基酸平衡的基础上，降低摄入体内的蛋白质水平，进而提高动物的生产性能，增加经济效益，表明了蛋白质的营养理论不仅是氨基酸的理论。小肽是胃肠道中蛋白质消化的产物，通常由2~3个氨基酸组成，具有多种生物学功能。研究表明，小肽通过改善肠道结构促进肠道生长发育，从而促进营养吸收和同化。此外，据报道，一些小分子活性肽也作用于免疫细胞，从而增强动物的免疫力和抗病能力（黎观红等，2010）。有研究指出，蛋白质分解成小肽可被机体完整吸收。小肽的营养价值现已通过大量试验得到证实，在动物营养理论中起到重要作用。研究显示，母鸡日粮中添加小肽可以通过提高生长速度和抗病性来提高生长母鸡的经济价值（Cui等，2021）。

（一）小肽的分类

小肽根据所具有的功能可分为两大类：营养性小肽和功能性小肽。营养性小肽也可称为结构性小肽，是存在于饲料中的肽和蛋白质在动物消化道内被蛋白酶分解后所形成的肽。营养性小肽被进一步分解为氨基酸后，被机体吸收用于结构蛋白的氮架构成。功能性小肽也可称为生物活性肽，是具有特定生物学功能的肽，由机体细胞直接分泌，可在局部或全身发挥特定的调节作用，如免疫肽、抗氧化肽、抗菌肽、线粒体衍生肽、激素肽等。其中抗菌肽是由各种生物产生的小肽，由于其强大的广谱抗菌活性、稳定性和多样性以及目标菌株不易产生耐药性，被认为是有效的抗生素替代品（Merry 等，2020；Poudel 等，2020）。

（二）小肽的营养学功能

1. 促进氨基酸的吸收，加快蛋白质的合成和沉积

游离氨基酸被吸收时存在竞争作用，但小肽与氨基酸的吸收转运系统完全独立，不存在竞争关系。因此，小肽载体的存在可减少单个氨基酸在吸收上的竞争，从而降低了氨基酸之间的竞争性吸收作用。如赖氨酸和精氨酸以游离形式存在时，二者相互竞争吸收位点，游离精氨酸有降低肝门静脉赖氨酸水平的倾向，但当精氨酸以肽的形式存在时，则对赖氨酸吸收不产生抑制作用。小肽可直接或水解为氨基酸参与组织蛋白质的合成。由于避免了游离氨基酸在吸收时的相互竞争，以小肽形式作为蛋白质合成的氮源时，能有效提高蛋白质的合成效率。同时，小肽吸收转运速度快，吸收峰高，能快速提高动静脉的氨基酸差值，而肌肉蛋白质合成率与动静脉氨基酸差值之间存在相关性，从而提高了蛋白质的合成率，有利于蛋白质沉积。

2. 与金属元素形成螯合物，促进矿物质元素的吸收

机体对金属元素的吸收大都以蛋白质为载体，并且与蛋白质相结合存在于体内或发挥生理作用。小肽与钙、锌、铜、铁等矿物离子形成螯合物时更有利于吸收。特别是钙、铁等金属离子必须处于溶解状态才能被小肠黏膜有效吸收，而小肠环境偏碱性，使钙、铁易与磷酸形成不溶性盐，从而大大降低了钙、铁的吸收率。酪蛋白磷酸肽是含有成簇的磷酸丝氨酸的小肽，可与钙、铁等金属离子形成可溶性复合物，阻止磷酸钙沉淀的形成，提高小肠中可溶性钙、铁浓度，增强肠道对钙、铁的吸收。

3. 激活免疫系统，提高免疫力

小肽类物质可显著提高动物的非特异性免疫力，目前，已从乳蛋白酶

解产物中检测到了具有阿片肽活性、免疫调节活性、抗高血压活性、金属离子生物转化活性、抗凝血和舒张血管活性及抗细菌活性等多种生物活性肽。从酪蛋白的胰蛋白酶——糜蛋白酶的降解产物中分离得到的免疫刺激肽能激活巨噬细胞的吞噬活性。另外，在断奶仔猪饲粮中添加肽类物质可以促进仔猪肠道菌群的成熟，提升仔猪在断奶阶段快速适应饮食和环境条件变化的能力。

4. 提高动物生产性能，改善畜产品品质

据报道，日粮中添加小肽对动物生产性能有明显的促进作用，可以改善动物消化吸收功能，降低动物腹泻发生率和过料现象，从而降低料重比，提高饲料报酬和动物生长速度。其原因可能与肽链的结构及氨基酸残基序列有关，某些寡肽在消化酶的作用下降解产生具有特殊生理活性的小肽，能够直接被动物吸收，参与动物机体生理活动和代谢调节，从而提高其生产性能。有研究指出，在肉鸡饲料中添加中药复合小肽可以提高消化酶活力和表观代谢率，从而促进食物消化和营养物质沉积。在饲料中添加中药复合小肽不仅能提高肉鸡的生产性能，还能提高肉鸡肝脏的抗氧化能力。

三、小结

对于动物来说，完整的蛋白质来源（如豆粕）是提供生命所需氨基酸的主要条件。然而，游离氨基酸和小肽的出现对于降低动物生产的负面环境影响尤为重要，因为这些物质允许减少日粮粗蛋白质含量并提高的营养吸收效率。在动物饲料中使用和应用不同的氨基酸形式对于未来实现更可持续和更高效的动物生产系统非常重要，因为它们需要精确的饲料配方和可视化的生产效益。因此，有必要区分不同形式的氨基酸的生理和代谢作用，以使其在动物饮食中的营养价值最大化。

参考文献

陈代文，2015. 动物营养与饲料学［M］. 北京：中国农业出版社.

黎观红，晏向华，2010. 食物蛋白源生物活性肽基础与应用［M］. 北京：化学工业出版社.

汪以真，2020. 动物分子营养学［M］. 杭州：浙江大学出版社.

印遇龙，阳成波，敖志刚，2014. 猪营养需要［M］. 北京：科学出版社.

CUI Y Q, HAN C, LI S Y, et al, 2021. High-throughput sequencing - based analysis of the intestinal microbiota of broiler chickens fed with compound small peptides of Chinese medicine [J]. Poultry Science, 100 (3): 100897.

MERRY T L, CHAN A, WOODHEAD J, et al, 2020. Mitochondrial-derived peptides in energy metabolism [J]. American Journal of Physiology, (4 Pt. 1): 319.

POUDEL P, LEVESQUE C L, SAMUEL R, et al, 2020. Dietary inclusion of Peptiva, a peptide-based feed additive, can accelerate the maturation of the fecal bacterial microbiome in weaned pigs [J]. BMC Veterinary Research, 16 (1): 60.

TROOLE J, MCBEE RM, KAUFMAN A, et al, 2022. Resurrecting essential amino acid biosynthesis in mammalian cells [J]. Elife, 11: e72847.

专题 2　脂肪酸营养

众所周知，脂类具有提供能量、改善饲料适口性、促进脂溶性维生素吸收等多种作用，脂类的营养生理作用与其脂肪酸的组成和比例密切相关。脂肪酸按碳链长度可分为短链脂肪酸（碳链上的碳原子数小于 6）、中链脂肪酸（碳链上碳原子数为 6～12）和长链脂肪酸（碳链上碳原子数大于 12），碳链长度决定脂肪酸分子大小，影响熔沸点和水溶性等；按饱和程度可分为饱和脂肪酸、单不饱和脂肪酸（分子结构中仅有一个双键）和多不饱和脂肪酸（分子结构中含两个或两个以上双键），双键数量与脂肪酸的抗氧化性能和稳定性有关。本专题阐述了不同类型脂肪酸的吸收与代谢、生理功能，总结了脂肪酸在畜禽生产中的应用研究进展。

一、短链脂肪酸营养

短链脂肪酸（short chain fatty acids，SCFA）又称挥发性脂肪酸（volatile fatty acids，VFA），是指碳原子数≤6 的脂肪酸，包括甲酸、乙酸、丙酸、丁酸、戊酸、异丁酸和异戊酸等。SCFA 主要由反刍动物瘤胃微生物或单胃动物大肠微生物利用抗性淀粉、非淀粉性多糖、低聚糖等难以消化的结构性碳水化合物发酵产生，乙酸、丙酸和丁酸占总 SCFA 的 90%～95%，其余 SCFA 仅占 5%～10%。

（一）短链脂肪酸的吸收与代谢

单胃动物产生的 SCFA 经大肠吸收，通过门静脉进入血液循环，随后运输至肝脏和外周组织中代谢，并作为营养物质和信号分子调节机体的生理活动。对反刍动物而言，瘤胃内产生的 SCFA 主要作为能量底物被瘤胃上皮细胞利用，部分被转运至肝脏进行代谢。

乙酸可用于胆固醇的合成，在肝脏中合成中链脂肪酸（乳脂）、长链脂肪酸（体脂）、谷氨酸、谷氨酰胺和β-羟丁酸，此外还可被肌肉、心脏和脑等组织利用；丙酸在肝脏中主要进行糖异生作用，生成葡萄糖或糖原，可抑制胆固醇的合成，并对脂肪合成有抑制作用；丁酸主要作为肠上皮细胞的能量底物被利用，剩余的少量丁酸进入肝脏参与糖异生、酮体和甘油三酯的合成，间接影响机体的糖脂代谢。

动物体内90%以上的SCFA以离子形式存在，但却以非离子形式被肠道吸收。因此，SCFA的吸收需要利用肠道上皮的Na^+-K^+交换或分解CO_2，维持肠道的电解质平衡。SCFA的产生、发酵底物和代谢途径见表2-1（程雅婷和孔祥峰，2021）。

表2-1　不同SCFA的产生、发酵底物和代谢途径

种类	产生菌	发酵底物	代谢途径
乙酸	拟杆菌、瘤胃球菌、真杆菌、链球菌等菌属	果胶、木聚糖、阿拉伯半乳聚糖	合成胆固醇
丙酸	拟杆菌门	阿拉伯半乳聚糖	糖异生作用
丁酸	厚壁菌门	淀粉	肠上皮细胞的功能物质

（二）短链脂肪酸的营养学功能

1. 提供能量和电解质平衡

结肠内发酵产生的SCFA可为结肠上皮细胞提供60%～70%的能量，SCFA为细胞供能的顺序为丁酸>丙酸>乙酸，其中丁酸含量占肠道SCFA总量的85%。除供能以外，SCFA还可以通过刺激结肠的Na^+吸收，抑制环磷酸腺苷（adenosine）和环磷酸鸟苷（guanosine）介导的Cl^-分泌来调节电解质平衡（Zaharia等，2001）。

2. 肠黏膜屏障作用

肠黏膜屏障由机械屏障、免疫屏障、化学屏障和生物屏障组成，共同维持畜禽的肠道健康，SCFA对维持肠黏膜屏障作用至关重要。SCFA可以通过促进黏液层分泌黏液、增加紧密连接蛋白的数量来加强机械屏障。丁酸盐可以通过上调紧密连接蛋白 claudin-1 的转录进而增强肠上皮屏障功能（Wang 等，2012）。此外，SCFA 可促进上皮细胞内一些黏膜免疫相关细胞的增殖、免疫球蛋白的分泌来提高肠黏膜免疫屏障。研究发现，丁酸钠不仅可以增加仔猪肠道黏膜中浆细胞 IgA^+ 数量，还可以促进断奶仔猪小肠上皮内淋巴细胞、肥大细胞和杯状细胞的增殖，改善小肠黏膜上皮细胞的形态结构，维持正常的肠道黏膜屏障功能（钮海华，2010）。

3. 抗炎、抗菌作用

肠道菌群平衡是肠道健康的重要特征之一，SCFA 进入细菌细胞内可被分解为酸根离子和 H^+，H^+浓度升高，肠道 pH 值降低，从而抑制大肠杆菌、沙门氏菌等有害菌的生长，促进乳酸菌等有益菌的生长，进而维持动物肠道健康。钮海华（2010）研究发现，丁酸钠可以显著增加仔猪空肠内乳酸菌数量，显著降低大肠杆菌数量。此外，丁酸还可通过促进黏蛋白分泌黏液，从而减少有害菌的黏附。

SCFA 可以通过抑制炎症信号通路丝裂原活化蛋白激酶（MAPK）介导的信号转导，阻断炎症信号通路，进而抑制炎症反应。Xu 等（2016）研究发现，给新生猪每日注射 7～13mL 丁酸钠，连续注射 7d 后，白细胞介素 6（IL-6）、白细胞介素 8（IL-8）、γ-干扰素（IFN-γ）、肿瘤坏死因子 β（TNF-β）的表达显著降低，同时回肠组蛋白去乙酰化酶抑制剂（enzyme inhibitor）含量也降低。这表明 SCFA 还可作为 HDACi 的抑制剂抑制下游相关促炎因子的 mRNA 表达，从而起到抗炎效果。Wang 等（2017）研究表明，在断奶仔猪日粮中添加 450mg/kg 丁酸钠降低了空肠脱粒肥大细胞中组胺、类胰蛋白酶的浓度以及肿瘤坏死因子-α（TNF-α）及 IL-6 mRNA 的表达量。Jiang 等（2015）研究发现，在脂多糖应激下，添加丁酸钠可以降低十二指肠黏膜过氧化物酶活性和 TNF-α 的 mRNA 表达量。

（三）短链脂肪酸在畜禽生产上的应用

SCFA 及其衍生物在猪方面的研究多集中在断奶仔猪上。SCFA 及其衍生物可以提高断奶仔猪对粗蛋白质、粗脂肪等营养物质的消化率，提高饲料转化效率、平均日增重和平均日采食量，进而提高生长性能。SCFA 及其衍生物还可提高断奶仔猪肠道绒毛高度、绒毛隐窝比值，降低隐窝深度，维持肠黏膜形态结构的完整，促进肠道健康。在母猪妊娠后期及哺乳期添加 SCFA 及其衍生物可以提高母猪的繁殖性能及后代仔猪的生长性能。在家禽方面，SCFA 及其衍生物可以降低肉鸡血清中 IL-6、TNF-α 等抗炎因子含量，提高超氧化物歧化酶等抗氧化酶活性，进而提高其免疫应答和抗氧化能力。

SCFA 由于以下原因很难在饲料中直接添加使用：①肠道偏中性的环境会使 SCFA 发生解离，难以发挥作用；②SCFA 在消化道前段即被高效吸收，难以到达后肠目的部位作用；③具有一定腐蚀性，对饲料加工设备有一定影响；④大多具有特殊性气味，会对采食产生一定影响。目前应用最广泛的是丁酸，通常以其钠盐的形式利用。丁酸钠摄入后，易在前肠段被消化代谢，很难到达后肠段发挥其作用。因此，生产上常采用微囊包被或制成粉剂等形式以便储存和添加丁酸钠。

二、中链脂肪酸营养

中链脂肪酸（mid-chain fatty acids，MCFA）是指碳原子数为 6~12 的饱和脂肪酸，包括己酸（C6：0）、辛酸（C8：0）、癸酸（C10：0）和月桂酸（C12：0）。MCFA 黏度低、无色，具有芳香气味；分子量较小、熔点较低，常温呈液态；有双亲性，与各种维生素、油脂、有机溶剂等有良好相溶性。MCFA 结构中不含双键，因此具有抗氧化性强、稳定性好、贮存时间长的优势。自然界中，MCFA 主要存在于乳脂和某些植物油中，如椰子油、椰枣油、棕榈仁油和樟树籽仁油等，通常以中链脂肪酸甘油三酯（MCT）形式稳定存在。

（一）中链脂肪酸的吸收与代谢

MCFA 因其特殊的化学及物理特性，在消化、吸收、转运及代谢等方面与 LCFA 存在较大差异，二者的吸收代谢模式比较见图 2-1；二者的吸收代谢特点比较见表 2-2。

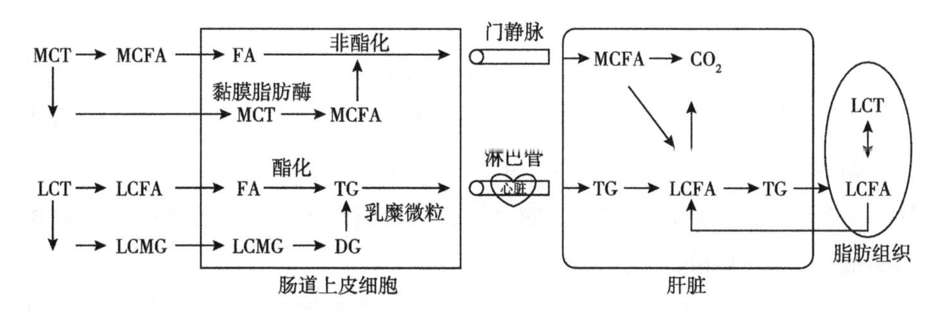

图 2-1　MFCA 和 LCFA 在动物体内消化、吸收与代谢模式

注：MCT，中链甘油三酯；MCFA，中链脂肪酸；LCT，长链甘油三酯；LCFA，长链脂肪酸；LCMG，长链甘油一酯；DG，甘油二酯；TG，甘油三酯

表 2-2　MFCA 和 LCFA 动物体内吸收与代谢特点的比较

项　　目	MFCA	LCFA
吸收	快	慢
转运	快，不依赖载体蛋白	慢，必须依赖载体蛋白
代谢	快	慢
胆汁酸	不要	要
脂肪酶	有无脂肪酶都可水解	必须有脂肪酶参与
肉碱转移酶	不要	要
酮体生成速度	快	慢
脂肪积累	不容易积累	容易积累在机体各组织中

（二）中链脂肪酸的营养学功能

1. 供能作用

MCFA 是动物供能的直接来源。幼年动物体内消化碳水化合物的酶含量及活性均较低，不能很好地消化碳水化合物；而且糖为主动吸收，需要消耗能量。MCFA 不仅能值高于碳水化合物，而且能被动物更快速、直接地吸收，消化过程的热增耗低于碳水化合物。因此，MCFA 作为幼年动物能源比碳水化合物更有效。

2. 调节代谢

使用 MCFA 替代部分 LCFA 能够降低血中 TG 和胆固醇含量，减少脂肪沉积。与猪油和大豆油相比，在小鼠饲粮中适量添加樟树籽油（含癸酸51.49%，月桂酸40.08%），体重和脂肪沉积均显著降低，血液中 TG 和低密度脂蛋白胆固醇含量均下降（崔悦和康金国，2017）。肉鸡饲粮中添加 MCFA 可降低血清胆固醇含量、腹部脂肪和腿肉脂肪率，改善鸡肉多不饱和脂肪酸比值（Khatibjoo 等，2018）。

MCFA 对糖类代谢有一定的影响，可起到碳水化合物的补给作用，快速供能；其作用原理是 MCFA 含有乙酰辅酶 A 分子，其可以与丙酮酸羧化物结合而不是与脱羧产物结合，即枸橼酸-丙酮酸循环过程，提供的三羧酸循环的中间体——枸橼酸和苹果酸。MCFA 还可通过提高动物胰岛素敏感性和葡萄糖耐受性，参与糖代谢。

3. 调节肠道功能

MCFA 能够促进幼龄动物肠道发育，维持肠道形态结构完整性，而良好的形态结构是维持正常吸收功能的基础。Zhao 等（2019）研究发现，在蛋鸡日粮中添加 0.30g/kg GML 提高了肠绒毛高度与隐窝深度比值。Keyser 等（2019）研究表明，断奶仔猪日粮中补充己酸和辛酸甘油酯，能够恢复 LPS 引起的空肠绒毛高度降低，显著上调空肠 IgA^+ 浆细胞和杯状细胞数量。MCFA 还可以通过影响消化酶活性促进吸收。Wang 等（2015）使用椰子油替代大豆油，结果发现，随着椰子油水平提高，肉鸡脂蛋白脂肪酶、肝脂酶和总脂肪酶活性线性增加。

MCFA 由于可以迅速提供能量，可以通过改善肠道形态结构和紧密连接蛋白的表达促进对肠道的保护作用。Chen 等（2019）研究发现，在母猪妊娠后期和哺乳期补充 MCT，上调了哺乳仔猪空肠黏膜紧密连接蛋白 claudin-1和 occludin-1 的 mRNA 表达，减少了仔猪腹泻率。此外，MCFA 可以促进肠细胞分泌黏蛋白和宿主防御肽等保护肠道健康。肠分泌黏蛋白的主要功能是形成覆盖肠上皮表面的黏液层，其在保护肠上皮屏障的完整性方面起着重要作用。

4. 抗微生物作用

MCFA 无论是对革兰氏阳性菌和革兰氏阴性菌都具有很好的抗菌效果，

其机制可能是MCFA通过诱导一种自溶酶的分泌，进而引起细菌溶解和死亡。游离的MCFA还可以通过病原体细胞膜进入细胞内并产生酸化作用，引起细菌死亡，同时分解的脂肪酸会抑制病原菌DNA的复制，进而杀死病原菌。MCFA对常见致病细菌（大肠杆菌、金黄色葡萄球菌、沙门氏菌、空肠弯曲杆菌、单核增生李斯特菌、副溶血性弧菌等）具有较强抑制作用，对产乳酸菌抑制效果较差，因此，具有改善肠道菌群潜力（Cochrane等，2020）。Schlievert等（2018）报道，月桂酸单甘油酯对炭疽杆菌、枯草芽孢杆菌、蜡样芽孢杆菌、产气荚膜梭菌和艰难梭菌有显著抑制作用，能够杀灭芽孢杆菌芽孢。

MCFA的单甘酯还具有抗病毒的功能，以月桂酸单甘油酯（GML）作用最为突出。GML通过插入病毒的囊膜，使病毒的膜蛋白外泄，从而使病毒失去感染力或是通过降低相关促炎细胞因子、趋化因子的表达，间接减少病毒的传播。在畜禽生产中，GML通过降低猪繁殖与呼吸综合征病毒重组N蛋白（PRRSV-N）的表达来抑制PRRSV的增殖，从而起到抗PRRSV的作用。

5. 免疫调节作用

MCFA可通过调节免疫细胞和细胞因子的表达促进机体的免疫功能。母猪妊娠后期和哺乳期日粮中补充MCT，母猪初乳中脂肪、蛋白质、IgA、IgG和IgM含量增加，且哺乳仔猪空肠黏膜IL-10的mRNA表达增加，TLR4的mRNA表达降低（Chen等，2019）。MCFA能够调节免疫细胞活性，目前已有对中性粒细胞、巨噬细胞、T细胞和单核细胞等免疫细胞活性影响的报道。肉鸡饲粮中添加MCFA能够提高异嗜性细胞和淋巴细胞的比值，降低炎症易感性（Khatibjoo，2018）。GML能够有效抑制T细胞诱导的LAT、磷脂酶C-γ（PLC-γ）和蛋白激酶B（AKT）微簇的形成、从而抑制PI3K-AKT信号通路，抑制T细胞产生细胞因子。

在动物体受到感染或应激时，补充MCFA会减轻炎症反应，使免疫应答更温和。陈少魁（2016）研究发现，MCT通过抑制TLR4和NOD信号通路，下调炎性因子表达，上调抗炎因子表达，缓解了LPS诱导的仔猪肠道、肝脏结构和功能损伤。Wang等（2018）报道，补充0.6%有机酸和MCFA混合物能够显著抑制大肠杆菌引起的小鼠体重下降和IL-6、TNF-α产生，显著上调空肠 occludin、ZO－1、MUC－2 和宿主防御肽 MBD 1、MBD 2 和 MBD 3 表达。刘聪聪等（2018）报道，MCFA（辛酸 53.02% 和癸酸 46.20%）显著提高了仔猪空肠绒毛高度，降低了空肠、回肠固有层和回肠派尔斑的细胞密度，缓解了 LPS 刺激导致的空肠杯状细胞数的升高和上皮间淋巴细胞数的减少。Santos 等（2019）报道，给肉鸡补充富含辛酸、癸酸、月桂酸、有机酸和植物多酚的饲料添加剂，可显著下调空回肠 IL－8、IFN－γ 和 TLR4 的 mRNA 表达，显著上调 claudin－1、ZO 1 和 ZO 2 的 mRNA 表达，抑制热应激引起的血清葡萄糖－6－磷酸脱氢酶（G－6－PD）和 Trolox 当量抗氧化能力（TEAC）的下降，抑制肝脏、心脏和空肠 HSP70 的 mRNA 表达，减轻肠道损伤。

（三）中链脂肪酸在畜禽生产上的应用

MCFA 及其衍生物因其具有快速供能的特点，多应用在幼小动物生产中。除作为畜禽的能源物质，MCFA 及其衍生物还具有很强的抑菌作用，可以抑制和杀灭病原微生物，同时还可以改善肠道形态，进而促进畜禽的肠道健康。但 MCFA 及其衍生物对畜禽饲料转化效率、采食量、增重等方面的研究结果不一致，大部分研究表明无显著影响。这与 MCFA 及其衍生物的种类、添加量、畜禽所处的能量状态等因素有关。

MCFA 有强烈气味，对猪采食量产生一定的负面影响，但对于气味不敏感的鸡无影响。因此，MCFA 在饲料中主要以 MCFA、甘油一酯、甘油二酯、甘油三酯和 MCFA 盐等形式进行添加，其中甘油一酯和甘油三酯应用最多，可直接或微囊化后添加。MCFA 甘油酯有良好的乳化性能，能促使饲料成分更均一。由于多种 MCFA 混合使用或与其他添加剂联用时，通常具有协同效应。生产中更趋向于混合使用 MCFA，即将多种 MCFA 混合使用或将 MCFA 与益生菌、SCFA、有机酸、精油、酶制剂等联用，发挥协同效应。

三、多不饱和脂肪酸营养

多不饱和脂肪酸（polyunsaturated fatty acid，PUFA）是指分子结构中含两个或两个以上双键的直链脂肪酸。包括亚油酸、亚麻酸、花生四烯酸、二十碳五烯酸、二十二碳六烯酸等。根据 ω（或 n）编号系统，从脂肪酸的甲基端算起，第一个双键所处的位置可将不饱和脂肪酸分为 4 个系列，即

ω-3、ω-6、ω-7 和 ω-9 系列。ω-3 PUFA 主要包括 α-亚麻酸（ALA）、二十碳五烯酸（EPA）、二十二碳六烯酸（DHA）；ω-6 PUFA 主要包括亚油酸（LA）、共轭亚油酸（CLA）、γ-亚麻酸（GLA）和花生四烯酸（AA）。亚麻酸（LNA）则主要包含了两种异构体：α-亚麻酸（ALA）和 γ-亚麻酸（GLA）。由于亚油酸、α-亚麻酸和花生四烯酸不能被畜禽机体从头合成，必须由外源提供，并且对维持机体正常机能和健康具有重要作用，因此称为必需脂肪酸，其他许多 PUFA 可以以这两种必需脂肪酸为前体进行合成。

LA 和 ALA 主要存在于植物油中，如大豆油、红花籽油等含有较多的 LA，紫苏籽油、亚麻籽油等含有极丰富的 ALA，月见草油、聚合草籽油等含有较多的 GLA；同时，大多数海里生长的藻类、微生物体内以及低等真菌类均含有较多的 ALA 和 GLA。AA 广泛存在于动物组织中，如许多动物的脑、肝脏、血液磷脂和肾上腺中均含有 AA，低等真菌尤其是被孢霉属真菌也含有大量的 AA。EPA 与 DHA 主要存在于海洋生物中，如高脂鱼类、海藻等，而在一般陆地植物油和动物油中几乎测不出，部分真菌、贝类和甲壳类也含有较多的 DHA。

（一）多不饱和脂肪酸的吸收与代谢

随饲粮甘油三酯摄入的 PUFA 在胰脂肪酶的作用下生成甘油二酯或甘油一酯；然后，通过分子扩散进入小肠黏膜，在小肠黏膜细胞内重新合成甘油三酯；然后，与脂蛋白形成乳糜微粒，再分泌到淋巴液，通过胸导管进入全身循环系统，在脂蛋白脂肪酶的作用下释放出游离脂肪酸，在微粒体中短链的不饱和脂肪酸在去饱和酶的延长酶的作用下生成长链不饱和脂肪酸，供各组织器官利用。ω-3 PUFA 和 ω-6 PUFA 的代谢途径见图 2-2。

细胞膜磷脂经磷脂酶的水解释放出 AA 和 EPA，经环氧化酶和脂氧合酶作用，生成一系列的活性二十烷酸衍生物，即类二十烷酸（eicosanoids）或类花生酸，主要为前列腺素（prostaglandins，PG）、白三烯（leukotrienes，LT）和血栓素（thromboxanes，TX）；AA 形成 2-系列 PG 和 4-系列 LT，EPA 产生 3-系列 PG 和 5-系列 LT，见图 2-3。

（二）多不饱和脂肪酸的营养学功能

1. 对细胞膜功能的影响

PUFA 在所有细胞膜的组成中发挥着重要的作用，能够维持正常膜蛋白

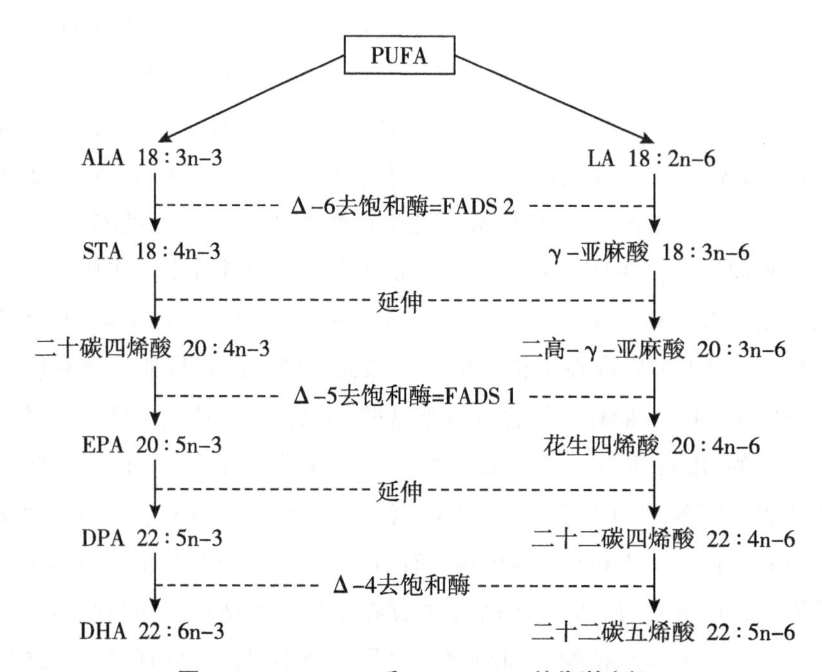

图 2-2 ω-3 PUFA 和 ω-6 PUFA 的代谢途径

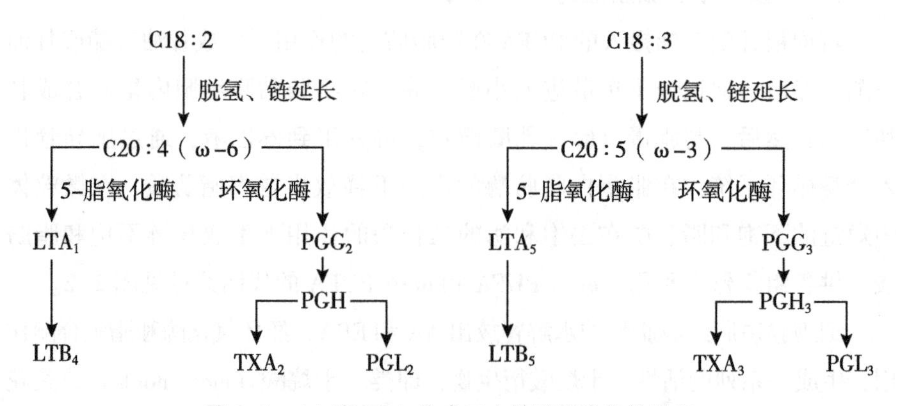

图 2-3 AA 和 EPA 生成二十烷酸衍生物的途径

功能的稳态和影响细胞膜的流动性。有结果显示，PUFA 能改变细胞膜脂质组成和抑制 Caco-2 细胞的生长，从而增加细胞膜的流动性。研究表明，ω-3 PUFA 能改变膜磷脂脂肪酸组成，从而调节心肌细胞中第二信使的信号转导过程。然而，由于 PUFA 的不饱和双键易受自由基攻击发生过氧化反应，因此过多地摄入 PUFA 会导致体内脂质过氧化增强，降低细胞膜的流动性。Yehuda 等（2002）研究发现，LA 和 ALA 本身对神经元膜流动性指数具有影响，能降低神经元膜中的胆固醇含量，降低膜的流动性，并增加细胞对损伤和死亡的易感性，从而使细胞难以发挥其正常功能。另有研究表明，DHA 和 EPA 可以影响精子细胞的膜结构，使精子质膜呈现良好的流动性，从而参与细胞膜中蛋白质介导的细胞应答，影响脂质介导体的产生、细胞信号转导和基因的表达。

2. 对脂类代谢的影响

ω-3PUFA 能抑制脂肪酸合成酶（FAS）、甘油二酯转酰基酶（DGAT）和羟甲基戊二酸单酰辅酶 A（HMG-CoA）还原酶的活性，促进脂肪酸的氧化分解而抑制甘油三酯（TG）的合成，下调肝脏中低密度脂蛋白（LDL）受体而抑制 TC 合成并降低 TC 的吸收，从而降低血清中 TG 和 TC 的含量。李荣刚等（2011）研究表明，饲粮中添加适量的 LA 能降低肉兔血清中 TC 和 LDL 的含量。Haug 等（1987）研究表明，饲粮中添加鱼油可降低血浆中 TG 的含量，同时降低肝脏中 TG 和极低密度脂蛋白（VLDL）的合成。此外，PUFA 可以刺激过氧化物酶和参与诱导线粒体中的解偶联蛋白（UCP），增强线粒体中的 β-氧化，从而加快血脂的分解和清除，降低体脂沉积。研究发现，饲粮中添加鱼油能诱导过氧化物酶体脂肪酸氧化骨骼肌，且使 UCP-3 的含量增加了 2 倍，从而减少脂肪和蛋白质的沉积。

3. 对机体免疫功能的影响

饲粮中添加 PUFA 可以调节淋巴细胞增殖及细胞膜上受体和分子的表达、抗原呈递和自然杀伤细胞的活性，从而起到对细胞免疫反应的影响。Singer 等（1991）试验证明，ω-3PUFA 能减少小鼠淋巴细胞 IL-1 和 IL-2 的分泌，增加巨噬细胞中的 TNF-α 产生、降低自然杀伤（NK）细胞活性，而 ω-6PUFA 则增加小鼠中 IL-2 的产生，并降低 TNF-α 产生和 NK 细胞活性。由此证明，ω-3PUFA 具有免疫增强作用，而 ω-6PUFA 则有相反的作用。Merzouk 等（2008）研究表明 EPA 和 DHA 都减少了豆球蛋白 A（Con-A）刺激的淋巴细胞的 IL-2 分泌，增强了 IL-4 的产生，从而抑制 T 淋巴细胞增殖，降低机体免疫力。此外，ω-3PUFA 能改变信号传递或细胞因子的基因表达、蛋白质翻译等过程，调节细胞因子的分泌，从而影响机体的免疫功能。Fritsche等（2000）研究发现用活的李斯特菌或无菌磷酸盐缓冲液（PBS）感染小鼠，ω-3PUFA饲粮组的小鼠脾脏组织中的IL-2、IL-12、IL-1B、IFN-γ的mRNA表达显著下降，而IL-12和IFN-γ在先天和适应性宿主防御中发挥主要作用，表明ω-3PUFA能有效抵抗宿主感染性疾病。

4. 类二十烷酸的调节作用

AA和EPA产生的类二十烷酸，主要功能就是调节炎性细胞的变化过程，它们在某处相对富集可以引起一系列过程，包括内脏肌肉或血管收缩、扩张，聚集各种细胞。

来自不同系列的类二十烷酸有着不同的生理作用。花生四烯酸产生的前列腺素 E_2（PGE_2）是促炎因子，而ω-3PUFA可以降低TNF-α、NF-κB等促炎因子的表达水平、提高IL-10等抗炎因子表达而抑制炎症反应。此外，ω-3PUFA的活性代谢物（如消退素可以刺激巨噬细胞等）分泌产生抗炎性细胞因子来起到抗炎作用。可见，ω-3PUFA和ω-6PUFA的功能不同，某些活性甚至相反，例如ω-6PUFA中的花生四烯酸是合成促炎类二十烷酸类激素的前体，而ω-3PUFA中的EPA则合成抗炎类二十烷酸类激素。因此，注重二者的平衡才能有利于动物的健康。

（三）多不饱和脂肪酸在畜禽生产上的应用

在妊娠后期和泌乳期饲粮中添加ω-3PUFA可以提高母猪初乳中免疫球蛋白的数量，减少仔猪肠道黏膜抗炎因子的mRNA表达量，减缓母猪和仔猪的应激，进而提高母猪的繁殖性能和仔猪的生长性能，对于断奶仔猪而言，ω-6/ω-3PUEA的比值会显著影响断奶仔猪的生长性能和免疫能力，比值为10时效果最佳。在家禽方面，PUFA可以提高肉鸡的生长性能，添加量为150~250mg/kg时可以提高蛋鸡血清中免疫球蛋白数量，从而提高免疫力。将PUFA应用到反刍动物生产中，不仅可以通过调控乳中脂肪酸组成来提高反刍动物的泌乳性能，还可以改善肉组织中脂肪酸组成，提高肉品质，从而提高反刍动物产品的营养价值。

在自然界中，ω-6PUFA含量非常丰富，但只有少数油脂中含有ω-3PUFA，在饲料中应用大豆油较多，应当在饲料中适当的添加鱼油等富含ω-3PUFA的油脂。只有当二者的比例处于合理的范围内，才能使脂肪酸的价值最大化。

四、小结

脂肪酸按碳链长度可分为短链脂肪酸、中链脂肪酸和长链脂肪酸，碳链长度决定脂肪酸分子大小，影响熔沸点和水溶性等；按饱和程度可分为饱和脂肪酸、单不饱和脂肪酸和多不饱和脂肪酸，双键数量与脂肪酸的抗氧化性能和稳定性有关。中短链脂肪酸具有无残留、易吸收、快速供能等优点，但存在异味、难以被后肠道利用等问题，可以通过与其他饲料添加剂联合使用或优化添加方式来克服其缺点；合理的 ω-6/ω-3PUFA 的比值可以调控畜产品的品质，但富含 ω-6PUFA 和 ω-3PUFA 的产品容易氧化，使用时需要确保饲粮中的抗氧化剂水平。在畜禽饲粮中添加适量脂肪酸可以调节畜禽肠道微生态平衡，增强畜禽的免疫及抗氧化能力，从而提高其生长性能。但不同种类、生理阶段畜禽的适宜添加量、添加形式以及联合的使用效果还需进一步研究。

参考文献

陈少魁，2016. 中链脂肪酸对脂多糖诱导的仔猪肠道和肝脏损伤的调控作用［D］. 武汉：武汉轻工大学.

程雅婷，孔祥峰，2021. 短链脂肪酸的生理作用及其在母猪生产中的应用［J］. 动物营养学报，33（10）：6.

崔悦，康金国，2017. 中链脂肪酸的生物学特点及对仔猪生产性能的影响［J］. 国外畜牧学（猪与禽），37（6）：57-59.

刘聪聪，王树辉，涂治骁，等，2018. 中链脂肪酸对脂多糖诱导的断奶仔猪肠黏膜免疫屏障损伤的保护作用［J］. 中国畜牧杂志，54（10）：70-74.

钮海华，2010. 丁酸钠对断奶仔猪生长、免疫及肠道功能的影响及其机理研究［D］. 杭州：浙江大学.

CHEN J，XU Q，LI Y，et al，2019. Comparative effects of dietary supplementations with sodium butyrate，medium-chain fatty acids，and n-3 polyunsaturated fatty acids in late pregnancy and lactation on the reproductive performance of sows and growth performance of suckling piglets［J］. Journal of Animal Science，97（10）：4 256-4 267.

HABERMANN N，SCHON A，LUND E K，et al，2010. Fish fatty acids alter markers of apoptosis in colorectal adenoma and adenocarcinoma cell lines but fish consumption has no impact on apoptosis-induction ex vivo [J]. Apoptosis, 15 (5): 621-630.

JIANG Y, ZHANG W H, GAO F, et al, 2015. Effects of sodium butyrate on intestinal inflammatory response to lipopolysaccharide in broiler chickens [J]. Canadian Journal of Animal Science, 95 (3): 389-395.

KHATIBJOO A, MAHMOODI M, FATTAHNIA F, et al, 2018. Effects of dietary short and medium-chain fatty acids on performance, carcass traits, jejunum morphology, and serum parameters of broiler chickens [J]. Journal of Applied Animal Research, 46 (1): 492-498.

SAMUEL B S, SHAITO A, MOTOIKE T, et al, 2008. Effects of the gut microbiota on host adiposity are modulated by the short-chain fatty-acid binding G protein-coupled receptor, Gpr41 [J]. Proceedings of the National Academy of Sciences of the United States of America, 105 (43): 16 767-16 772.

SANTOS RR, AWATI A, ROUBOS P, et al, 2019. Effects of a feed additive blend on broilers challenged with heat stress [J]. Avian Pathology, 48 (6): 582-601.

SCHLIEVERT P M, KILGORE S H, KAUS G M, et al, 2018. Glycerol monolaurate (GML) and a nonaqueous five-percent GML gel kill Bacillus and Clostridium spores [J]. mSphere, 3 (6): e00597-e00618.

WANG H B, WANG P Y, WANG X, et al, 2012. Butyrate enhances intestinal epithelial barrier function via upregulation of tight junction protein claudin-1 transcription [J]. Digestive Diseases and Sciences, 5 (12): 3 126-3 135.

WANG J, LU J, XIE X, et al, 2018. Blend of organic acids and medium chain fatty acids prevents the inflammatory response and intestinal barrier dysfunction in mice challenged with enterohemorrhagic Escherichia coli O157: H7 [J]. International Immunopharmacology, 58: 64-71.

XU J, CHEN X, YU S Q, et al, 2016. Effects of early intervention with sodium butyrate on gut microbiota and the expression of inflammatory cytokines in neonatal piglets [J]. PLoS One, 11 (9): 1-20.

ZAHARIA V, VARZESCU M, DJAVADI I, et al, 2001. Effects of short chain fatty acids on colonic Na+ absorption and enzyme activity [J]. Comparative Biochemistry and Physiology Part A: Molecular & Integrative Physiology, 128 (2): 335-347.

专题 3　碳水化合物营养

碳水化合物化学分子由碳、氢和氧按 $C_n : H_{2n} : O_n$ 构成，是畜禽最主要的能量来源。碳水化合物也可作为前体物质合成机体大分子，在畜禽生长与健康中发挥重要作用。弄清不同种类与结构碳水化合物对畜禽营养生理功能的影响是促进其高效利用的关键。本文以猪为例，就碳水化合物营养的相关研究进行综述。

一、碳水化合物的分类

碳水化合物结构复杂、种类繁多，根据其化学分子聚合度（degree of polymerization，DP），可分为糖类（DP 1～2）、寡聚糖（DP 3～9）和多聚糖（DP≥10），多聚糖包括淀粉和非淀粉多糖（NSP），具体见表 3-1。基于在小肠的消化特性，碳水化合物分不可消化和可消化两类。可消化碳水化合物能被宿主小肠消化吸收，包含糖类、部分寡聚糖及多数淀粉。不可消化碳水化合物在前肠不能被利用，需由后肠微生物发酵降解，其主要包括大部分寡糖、抗性淀粉和 NSP。除植物性碳水化合物外，动物性碳水化合物有肝糖原与肌糖原；碳水化合物系统分类见图 3-1。猪饲粮主要单糖是葡萄糖，也有一定量果糖、阿拉伯糖、半乳糖、木糖和甘露糖。猪饲粮主要二糖是蔗糖和乳糖。蔗糖存在于植物性原料中，由葡萄糖和果糖经 α-（1，2）糖苷键连接构成。乳糖仅存在动物乳制品中，由葡萄糖和半乳糖经 β-（1，4）糖苷键连接而成。一些植物性原料还存在少许麦芽糖，由两个葡萄糖经 α-（1，4）糖苷键连接构成。寡糖又称低聚糖，由 3～9 个单糖分子通过糖苷键连接起来，主要包括甘露寡糖（mannanligosaccharide，MOS）、半乳寡糖和果胶寡糖等。MOS 主要来源于酵母细胞壁，不能被猪胃肠道消化酶降解，但可作为激活免疫与调节肠道微生物的益生元（Miguel，2006）。淀粉是植物碳水化合物的最主要形式，由葡萄糖单位构成，是猪最主要能量来源。淀粉按其化学结构可分为直链淀粉（amylose，AM）和支链淀粉（amylopectin，AP）。直链淀粉主要由葡萄糖分子经 α-（1，4）糖苷键形成线形直链多糖。支链淀粉是不规则呈树枝状的大分子，主要由葡萄糖经 α-（1，4）和 α-（1，6）糖苷键连接构成。研究指出淀粉的形态、粒径大小及 AM/AP 比值等决定淀粉物理化学特性（Dona 等，2010）。直链淀粉结构紧凑表面积小而不利于消化，但支链淀粉表面积大，利于与消化酶接触，易被机体消化吸收。报道指出 AP/AM 比值越高，淀粉可消化性越强。

表 3-1　主要的碳水化合物

分类	组成	重要组分
糖类（DP，1~2）	单糖	葡萄糖，果糖，半乳糖
	双糖	蔗糖，乳糖，麦芽糖
	多元醇	山梨糖醇，甘露糖醇，乳糖醇，木糖醇，麦芽糖醇
寡聚糖（DP，3~9）	低聚麦芽糖	麦芽糊精
	葡聚寡糖	棉籽糖，水苏糖，菊粉
多糖（DP≥10）	淀粉	直链淀粉，支链淀粉，抗性淀粉
	非淀粉多糖	纤维素，半纤维素，果胶，阿拉伯木聚糖，β-葡聚糖

除淀粉外，其他多糖碳水化合物均属 NSP 范畴，NSP 主要包含纤维素、果胶和半纤维素等。NSP 是单糖经小肠不能降解的 β-（1，4）糖苷键连接而成，故只能被小肠与大肠微生物发酵产生 SCFAs 等代谢产物被机体利用。根据 NSP 溶水性，可分为可溶与不溶性两类。可溶性 NSP 包括阿拉伯木聚糖、β-葡聚糖、甘露聚糖、菊粉、葡甘露聚糖、甜菜渣与果胶等，而半纤维素、纤维素及木质素是不溶性 NSP。菊粉主要来源于菊苣与菊芋等，是由果糖分子以 β-（1，2）糖苷键连接而形成的果聚糖。因猪前肠无切断 β-（1，2）糖苷键的消化酶，但其能被后肠微生物产生的 β-果糖苷酶降解利

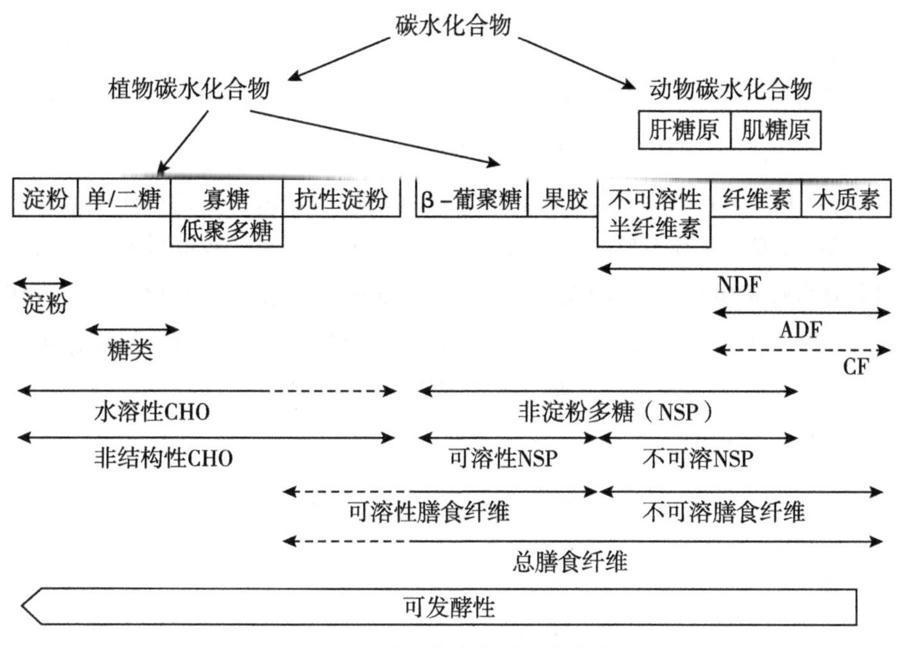

图 3-1 碳水化合物的系统分类

用。纤维素是葡萄糖以 β-（1，4）糖苷键形成的无分支线性聚合物。纤维素以晶体形式呈现，通过氢键将其分子连接形成紧密集合的微纤维，微纤维进一步形成巨型纤维，从而保证植物细胞和组织结构完整性。猪因缺乏降解纤维素的酶，故纤维素常被视为抗营养因子。然而适量添加纤维素可促进胃肠道蠕动，刺激肠道发育，吸附有毒有害物质，同时可被后肠微生物发酵产生 SCFAs，进而改善猪肠道健康（Mudgil 和 Barak，2013）。

二、碳水化合物与生长性能

不同种类与结构碳水化合物对猪生长性能的影响效应不同。淀粉 AM/AP 比值是影响其消化利用的关键，AM 含量越高，淀粉可消化性降低。研究指出仔猪采食量与饲料转化率随 AM 含量提高而下降，但仔猪养分消化率随 AP 含量增加而升高（Gao 等，2020）。饲喂高 AM/AP 淀粉可提高肥育猪平均日增重与饲料转化率（Wang 等，2019），然而不同 AM/AP 淀粉对仔猪生长性能无影响（Yang 等，2015）。NSP 常被视为降低养分与能量利用的抗营养因子，然而摄入适量 NSP 对仔猪生长性能无明显影响。饲粮纤维对养分与能量利用的影响与其组成和来源相关。相较玉米纤维、大豆纤维及小麦麸纤维，采食豌豆纤维可提高仔猪饲料转化率（Chen 等，2014），而饲喂大豆皮仔猪饲料转化率与增重显著低于玉米与小麦麸皮组（Jinbaio 等，2018）。也有学者发现采食小麦麸纤维与菊粉对生长猪生长性能无明显影响（Hu 等，2020）。比较纤维的组分得到，饲粮添加葡聚糖较纤维素与木聚糖显著降低仔猪生长性能（Wu 等，2018）。寡糖是小分子碳水化合物，可作为微生物发酵底物、促进有益菌生成而被视为益生元。饲粮添加寡糖可促进仔猪和生长肥育猪生长，提高母猪繁殖性能。然而也有研究发现添加寡糖促进仔猪生长的功效有限。

三、碳水化合物与肠道功能

肠道对不同种类碳水化合物的消化性有差异，故其对猪肠道功能的影响亦不同。相较玉米淀粉，采食豌豆淀粉可促进仔猪肠道形态发育、消化吸收酶活性，同时上调肠道发育相关基因表达（Han 等，2012）。饲喂高 AM/AP 淀粉时仔猪小肠绒毛高度及绒隐比增加而凋亡率降低，且上调肠道屏障功能相关基因表达，同时降低后肠 pH 值（Gao 等，2020）；饲喂高 AP/AM 淀粉则可促进仔猪空肠蔗糖酶与麦芽糖酶分泌（Guo 等，2020）。NSP 是饲粮影响猪肠道功能的重要组分，饲粮添加纤维可提高猪回肠蔗糖酶与麦芽糖酶活性（Chen 等，2014）。采食豌豆纤维与小麦麸纤维较玉米纤维与大豆纤维可上调 *TLR2* 基因表达及改变肠道微生物结构而增强仔猪肠道屏障功能（Chen 等，2013），且长期饲喂豌豆纤维显著改善生长猪结肠屏障与免疫功能（Che 等，2014）。可溶与不可溶纤维混合添加可进一步增加猪回肠上皮杯状细胞数量（Hino 等，2012），显著促进仔猪养分消化及肠道屏障功能（Chen 等，2019）。NSP 组分不同，对肠道功能产生的效应不同，饲粮添加木聚糖和葡聚糖可促进肠道屏障功能、改善微生态平衡，利于仔猪肠道健康，而添加纤维素却未有以上促进作用（Wu 等，2018）。寡糖不能被猪前肠消化利用，但可作为后肠微生物的底物（Tsukahara 等，2003）。饲粮添加果寡糖可增加仔猪肠黏膜厚度，促进上皮细胞增殖，促进丁酸产生。添加果胶寡糖可缓解轮状病毒引起的仔猪肠道损伤（Mao 等，2003）。添加动物源壳寡糖也显著促进仔猪肠道黏膜生长，上调肠道屏障功能相关基因表达（Jin 等，2017）。

四、碳水化合物与糖脂代谢

有报道指出，采食高 AP/AM 淀粉引起机体血糖与胰岛素浓度快速升高（Regmi 等，2010）。SCFAs 也可作用葡萄糖依赖性促胰岛素多肽（glucose-dependent insulinotropic polype，GIP）与胰高血糖素样肽-1（glucagon-like peptide-1，GLP-1）介导胰岛素分泌，进而维持血糖稳态（Hooda 等，2010）。采食高发酵性纤维或抗性淀粉显著提高猪后肠 SCFAs 浓度，促进血液 GLP-1 增加、GIP 降低，进而调节胰岛素分泌，降低血糖含量（Regmi 等，2011）。摄入高 AP/AM 淀粉仔猪肝脏脂质合成相关酶活性及基因表达显著上调，加剧脂肪沉积（Yin 等，2011），采食高 AM/AP 淀粉则可降低肥育猪背膘厚（Wang 等，2019）。饲粮添加纤维可调节脂质代谢相关基因，进而降低肝脏脂肪沉积（Han 等，2016）。采食抗性淀粉可减少能量摄入与沉积，同时降低生长猪能量利用效率。SCFAs 是发酵型碳水化合物的主要代谢产物，但其供能效率远低于葡萄糖，调整饲粮碳水化合物由酶解型向发酵型转变可降低能量摄入，减少脂肪沉积，利于机体健康（Yin 等，2011）。

五、肠道微生物介导碳水化合物营养的作用

肠道微生物介导碳水化合物对影响宿主的营养效应有重要作用。肠道微生物基因组可编码碳水化合物活性酶基因，该酶可降解复杂多糖与低聚糖。碳水化合物活性酶包括两类，分别是糖苷水解酶与多糖裂解酶（Koropatkin 等，2012），拟杆菌基因组有 260 个编码糖苷水解酶基因（Xu 等，2003）。多糖结构越复杂，需要降解酶的种类越多，肠道微生物组可产生宿主欠缺的分解植物多糖与纤维素的酶。植物多糖碳水化合物被肠道微生物分泌的酶降解，而后以寡糖与单糖进入微生物细胞，最终利用丙酮酸和相关中间体合成 SCFAs。无菌小鼠抵抗高脂高糖食物引起肥胖的机制是微生物缺失提高脂蛋白酯酶抑制因子 Fiaf 表达而降低脂肪沉积，同时刺激 AMPK 活性而促进能量消耗（Bäckhed 等，2007）。肠道微生物厚壁菌门与拟杆菌门均参与对碳水化合物的代谢，双歧杆菌可显著降解黏液糖蛋白及戊糖，

拟杆菌可通过降解淀粉酶及促进淀粉分解与吸收，普雷沃氏菌属可参与木葡聚糖和阿拉伯糖的降解，粪杆菌属与丁糖的生成呈正相关，同时参与寡糖的膜转运及影响丙酮酸磷酸化激酶活性，小杆菌属在丙酸的生成过程中起关键作用，瘤胃球菌有较高的甲酸-乙酰转移酶活性。产乙酸菌则可利用 CO_2 与氢合成获得乙酸，产甲烷菌可将 CO_2 与氢转化为甲烷。此外，提高肠道微生物的多样性可促进利用碳水化合物的基因表达（Koenig 等，2011），但抗生素干预将破坏肠道微生物结构，诱发参与碳水化合物代谢的关键基因表达异常，进而引起小鼠肥胖（Cho 等，2012）。

参考文献

印遇龙，吴信，李铁军，2007. 猪日粮碳水化合物营养研究进展［J］. 动物营养学报，19（Z1）：435-440.

BAGGIO L L，DRUCKER D J，2007. Biology of incretins：GLP-1 and GIP［J］. Gastroenterology，132（6）：2 131.

BINDELLE J，BULDGEN A，WAVREILLE J，et al，2007. The source of fermentable carbohydrates influences the *in vitro* protein synthesis by colonic bacteria isolated from pigs［J］. Animal An International Journal of Animal Bioscience，1（8）：1 126-1 133.

BROWN J，LIVESEY G，ROE M，et al，1998. Metabolizable energy of high non-starch polysaccharide-maintenance and weight-reducing diets in men：experimental appraisal of assessment systems［J］. The Journal of Nutrition，128（6）：986-995.

BÄCKHED F，MANCHESTER J K，SEMENKOVICH C F，et al，2007. Mechanisms underlying the resistance to diet-induced obesity in germ-free mice［J］. Proceedings of the National Academy of Sciences of the United States of America，104（3）：979-984.

CHE L，CHEN H，YU B，et al，2014. Long-term intake of pea fiber affects colonic barrier function，bacterial and transcriptional profile in pig model［J］. Nutrition and Cancer.

CHEN H，MAO X B，CHE L Q，et al，2014. Impact of fiber types on gut microbiota，gut environment and gut function in fattening pigs［J］. Animal Feed Science and Technology，195：101-111.

CHEN H，MAO X，HE J，et al，2013. Dietary fibre affects intestinal mucosal barrier function and regulates intestinal bacteria in weaning piglets［J］. British Journal of Nutrition, 110 (10): 1 837-1 848.

CHEN TT CD, TIAN G, HE J, et al, 2019. Effects of soluble and insoluble dietary fiber supplementation on growth performance, nutrient digestibility, intestinal microbe and barrier function in weaning piglet. Anim Feed Sci Technol, 10.1016/j. anifeedsci. 2019. 114335.

CHENG L K, WANG L X, XU Q S, et al, 2015. Chitooligosaccharide supplementation improves the reproductive performance and milk composition of sows [J]. Livestock Science, 174: 74-81.

CHO I, YAMANISHI S, COXL, et al, 2012. Antibiotics in early life alter the murine colonic microbiome and adiposity [J]. Nature, 488 (7413): 621-626.

CUMMINGS J H, STEPHEN A M, 2007. Carbohydrate terminology and classification [J]. European Journal of Clinical Nutrition, 61: S5-S18.

DONA A C, PAGES G, GILBERT R G, et al, 2010. Digestion of starch: *in vivo* and *in vitro* kinetic models used to characterise oligosaccharide or glucose release [J]. Carbohydrate Polymers, 80 (3): 599-617.

DUAN X D, CHEN D W, ZHENG P, et al, 2016. Effects of dietary mannan oligosaccharide supplementation on performance and immune response of sows and their offspring [J]. Animal Feed Science & Technology, S0377840116301729.

ENGLYST K N, LIU S, ENGLYST H N, 2007. Nutritional characterization and measurement of dietary carbohydrates [J]. European Journal of Clinical Nutrition, 61 (S1): S19.

GAO X, YU B, YU J, et al, 2020. Effects of dietary starch structure on growth performance, serum glucose-insulin response, and intestinal health in weaned piglets [J]. Animals, 10 (3): 543.

GAO X, YU B, YU J, et al, 2020. Influences of dietary starch structure on intestinal morphology, barrier functions, and epithelium apoptosis in weaned pigs [J]. Food & Function, 11 (5): 4 446-4 455.

GERRITS W J, BOSCH M W, JJ VDB, 2012. Quantifying resistant starch using novel, in vivo methodology and the energetic utilization of fermented starch in pigs [J]. Journal of Nutrition, 142 (2): 238-244.

HAN G Q, XIANG Z T, YU B, et al, 2012. Effects of different starch sources on Bacillus spp. in intestinal tract and expression of intestinal development related genes of weanling piglets [J]. Molecular Biology Reports, 39 (2): 1 869-1 876.

HAN H, ZHANG K, DING X, et al, 2016. Effects of dietary nanocrystalline cellulose supplementation on growth performance, carcass traits, intestinal development and lipid metabolism of meat ducks [J]. Animal Nutrition, 2 (3): 192-197.

HAN Y K, HAN K Y, LEE J H, 2005. Effects of insoluble dietary fiber supplementation on performance and nutrient digestibility of weanling pigs [J]. Journal of Animal Science & Technology, 47 (4).

HE J, CHEN D, YU B, et al, 2010. Metabolic and transcriptomic responses of weaned pigs induced by different dietary amylose and amylopectin ratio [J]. PLoS One, 5 (11): e15110.

HE J, CHEN D, ZHANG K, et al, 2011. A high-amylopectin diet caused hepatic steatosis associated with more lipogenic enzymes and increased serum insulin concentration [J]. British Journal of Nutrition, 106 (10): 1 470.

HINO S, TAKEMURA N, SONOYAMA K, et al, 2012. Small intestinal goblet cell proliferation induced by ingestion of soluble and insoluble dietary fiber is characterized by an increase in sialylated mucins in rats [J]. Journal of Nutrition, 142 (8): 1 429.

HOODA S, MATTE J T, ZIJLSTRA R T, 2010. Dietary oat beta-glucan reduces peak net glucose flux and insulin production and modulates plasma incretin in portal-vein catheterized grower pigs [J]. Journal of Nutrition, 140 (9): 1 564-1 569.

HU Y, CHEN DW, YU B, et al, 2020. Effects of dietary fibres on gut microbial metabolites and liver lipid metabolism in growing pigs [J]. Journal of Animal Physiology and Animal Nutrition, 104 (5): 1 484-1 493.

JAN, ERIK, LINDBERG, 2014. Fiber effects in nutrition and gut health in pigs [J]. Journal of Animal Science & Biotechnology (3): 273-279.

JIN W, JIAO Z, CHEN D, et al, 2017. Effects of alginate oligosaccharide on the growth performance, antioxidant capacity and intestinal digestion-absorption function in weaned pigs [J]. Animal Feed Science & Technology, 234.

JINBAIO Z, LIU P, WU Y, et al, 2018. Dietary fiber increases the butyrate-producing bacteria and improves growth performance of weaned piglets [J]. Journal of Agricultural and Food Chemistry, 66 (30).

KIM W T, SHINDE P, CHAE B J, 2008. Effect of lecithin with or without chitooligosaccharide on the growth performance, nutrient digestibility, blood metabolites and pork quality of finishing pigs [J]. Canadian Journal of Animal Science, 88 (2): 283-292.

KOENIG J E, SPOR A, SCALFONE N, et al, 2011. Succession of microbial consortia in the developing infant gut microbiome [J]. Proceedings of the National Academy of Sciences of the United States of America, 108 (S1): 4 578-4 585.

KOROPATKIN N M, CAMERON E A, MARTENS E C, 2012. How glycan metabolism shapes the human gut microbiota [J]. Nature Reviews Microbiology, 10 (5): 323-335.

KRAJMALNIK-BROWN R, ILHAN Z E, KANG D W, et al, 2012. Effects of gut microbes on nutrient absorption and energy regulation [J]. Nutrition in Clinical Practice Official Publication of the American Society for Parenteral & Enteral Nutrition, 27 (2): 201-214.

LEMIEUX F M, SOUTHERN L L, BIDNER T D, 2003. Effect of mannan oligosaccharides on growth performance of weanling pigs1 [J]. Journal of Animal Science, 81 (10): 2 482-2 487.

LI Y, LI J, ZHANG L, et al, 2017. Effects of dietary starch types on growth performance, meat quality and myofibre type of finishing pigs [J]. Meat Science, 131.

LOMBARD V, BERNARD T, RANCURELC, et al, 2010. A hierarchical classification of polysaccharide lyases for glycogenomics [J]. Biochemical Journal, 432 (3): 437-444.

LOO J V, COUSSEMENT P, LEENHEER L D, et al, 1995. On the presence of Inulin and Oligofructose as natural ingredients in the western diet [J]. Critical Reviews in Food Technology, 35 (6): 525-552.

MAO X, XIAO X, CHEN D, et al, 2017. Dietary apple pectic oligosaccharide improves gut barrier function of rotavirus - challenged weaned pigs by increasing antioxidant capacity of enterocytes [J]. Oncotarget, 8 (54): 92 420-92 430.

MARTENS E C, LOWE E C, CHIANG H, et al, 2011. Recognition and degradation of plant cell wall polysaccharides by two human gut symbionts [J]. PLoS Biology, 9 (12): e1001221.

MIGUEL J, 2006. Efficacy of a mannan oligosacharide and antimicrobial on the gasrointestinal microbiota of young pigs [J]. Journal of Animal Science, 84 (S1): 44.

MUDGIL D, BARAK S, 2013. Composition, properties and health benefits of indigestible carbohydrate polymers as dietary fiber: A review [J]. International Journal of Biological

Macromolecules, 61 (Complete): 1-6.

MUSSATTO S I, MANCILHA I M, 2007. Non-digestible oligosaccharides: a review [J]. Carbohydrate Polymers, 68 (3): 587-597.

NOBLET J, LE G G, 2001. Effect of dietary fibre on the energy value of feeds for pigs. Animal Feed Science & Technology, 90 (1): 35-52.

PATRICIA, WOLF, AMBARISH, et al, 2016. H_2 metabolism is widespread and diverse among human colonic microbes [J]. Gut Microbes, 7 (3): 235-245.

REGMI P R, MATTE J J, van KEMPEN TATG, et al, 2010. Starch chemistry affects kinetics of glucose absorption and insulin response in swine [J]. Livestock Science, 134 (1-3): 44-46.

REGMI P R, METZLER-ZEBELI B U, GANZLE M G, et al, 2011. Starch with high amylose content and low *in vitro* digestibility increases intestinal nutrient flow and microbial fermentation and selectively promotes bifidobacteria in pigs [J]. Journal of Nutrition, 141 (7): 1 273-1 280.

REGMI P R, VAN KEMPEN TATG, MATTE J J, et al, 2011. Starch with high amylose and low in vitro digestibility increases short-chain fatty acid absorption, reduces peak insulin secretion, and modulates incretin secretion in pigs1-3 [J]. Journal of Nutrition, 141 (3): 398-405.

ROBERFROID M B, DELZENNE N M, 1998, Dietary fructans [J]. Annual Review of Nutrition, 18 (1): 117-143.

SINGH J, DARTOIS A, KAURL, 2010. Starch digestibility in food matrix: a review [J]. Trends in Food Science & Technology, 21 (4): 0-180.

TANCA A, ABBONDIO M, PALOMB A A, et al, 2017. Potential and active functions in the gut microbiota of a healthy human cohort [J]. Microbiome, 5 (1): 79.

TESTER R F, KARKALAS J, QI X, 2004. Starch—composition, fine structure and architecture [J]. Journal of Cereal Science, 39 (2): 151-165.

TSUKAHARA T, IWASAKI Y, NAKAYAMA K, et al, 2003. Stimulation of butyrate production in the large intestine of weaning piglets by dietary fructooligosaccharides and its influence on the histological Variables of the Large Intestinal Mucosa [J]. Journal of Nutritional Science & Vitaminology, 49 (6): 414-421.

TURNBAUGH P J, LEY R E, MAHOWALDMA, et al, 2006. An obesity-associated gut microbiome with increased capacity for energy harvest [J]. Nature, 444 (7122):

1 027–1 131.

WAN J, YANG K, XU Q, et al, 2016. Dietary chitosan oligosaccharide supplementation improves foetal survival and reproductive performance in multiparous sows [J]. RSC Advances, 6 (74).

WANG H J, PU J N, CHEN D W, et al, 2019. Effects of dietary amylose and amylopectin ratio on growth performance, meat quality, postmortem glycolysis and muscle fibre type transformation of finishing pigs [J]. Archives of Animal Nutrition, 73: 194–207.

WHITE L A, NEWMAN M C, CROMWELL G L, et al, 2002. Brewers dried yeast as a source of mannan oligosaccharides for weanling pigs [J]. Journal of Animal Sciene, 80 (10): 2 619.

WU X Y, CHEN D W, YU B, et al, 2018. Effect of different dietary non–starch fiber fractions on growth performance, nutrient digestibility, and intestinal development in weaned pigs [J]. Nutrition, 51–52: 20–28.

XIANG Z, QI H, HAN G, et al, 2011. Real–time TaqMan polymerase chain reaction to quantify the effects of different sources of dietary starch on Bifidobacterium in the intestinal tract of piglets [J]. African Journal of Biotechnology, 10 (25): 5 059–5 067.

XU J, BJURSELL M K. B, HIMROD J, et al, 2003. A genomic view of the Human–Bacteroides thetaiotaomicron symbiosis [J]. Science, 299 (5615): 2 074–2 076.

YANG C, CHEN D, YU B, et al, 2015. Effect of dietary amylose/amylopectin ratio on growth performance, carcass traits, and meat quality in finishing pigs [J]. Meat Science, 108: 55–60.

YIN F, YIN Y, ZHANG Z, et al, 2011. Digestion rate of dietary starch affects the systemic circulation of lipid profiles and lipid metabolism–related gene expression in weaned pigs [J]. British Journal of Nutrition, 106 (3): 369–377.

YIN Y L, DENG Z Y, HUANG H L, et al, 2004. Nutritional and health functions of carbohydrate for pigs [J]. Journal of Animal & Feed Sciences, 13 (4): 523–538.

ZHANG Q WG, TZIPORIS, 2013. A pig model of the human gastrointestinal tract [J]. Gut Microbes (4): 193–200.

ZIJLSTRA R T, JHA R, WOODWARD A D, et al, 2012. Starch and fiber properties affect their kinetics of digestion and thereby digestive physiology in pigs [J]. Journal of Animal Science, 90 (S4): 49.

专题4 微量元素营养

动物微量元素是动物体内含量低于0.01%的微量元素，主要包括铁（Fe）、铜（Cu）、锰（Mn）、锌（Zn）、碘（I）、硒（Se）、钴（Co）等。它们是维持动物生命和生产必不可少的营养元素，其含量虽少，但在动物体内发挥着重要作用，不能被其他的营养元素所替代。微量元素在动物体内主要通过酶、功能蛋白等发挥作用，直接或间接地参与机体的生理和生化过程，与动物生长、健康和繁殖等密切相关，其缺乏与过量都会给畜禽的代谢、健康和生产带来不良影响。

饲料原料中的微量元素的含量受产地和土壤的影响而存在较大差异，且易与植物中有机成分（如植酸、草酸等）结合，在消化道中不解离而不被动物吸收和利用。动物所需要的微量元素大多通过饲料添加剂形式进行补充。无机盐类微量元素添加剂一直占据市场主导地位，使用较多的为硫酸盐或氧化物、羟基盐（如碱式氯化铜和碱式氯化锌），最近以金属元素与配位体（氨基酸、肽、多糖或有机酸）结合的有机形态的微量元素也得到了大量研究与广泛应用。

一、微量元素的吸收与生物利用率

（一）微量元素的吸收

动物对微量元素的吸收大多数在十二指肠进行，但胃肠道的其他部位也可进行吸收，如铜和锌也可以被瘤胃吸收。微量元素的吸收方式主要有细胞旁吸收和通过跨细胞转运的主动吸收（图4-1）。当摄入高浓度微量元素时，主要利用细胞旁吸收，即矿物质通过紧密连接扩散或随着肠上皮细胞之间的大量水流移动进入血液。在较低浓度下利用跨细胞吸收，即微量元素通过特殊的转运体转运至肠上皮细胞的顶端，与顶端膜上的离子特异性矿物转运蛋白相互作用进入细胞，或利用基底外侧膜的转运体转运至肠上皮细胞（Goff，2018）。

1. 铜的吸收

铜主要在胃和小肠通过跨细胞过程吸收（图 4-1a）。膳食中的可溶性 Cu^{2+}到达胃和十二指肠上皮顶端膜上，刷状缘上铜金属还原酶将其还原为 Cu^{+}，Cu^{+}转运蛋白（CTR1）与其结合，并穿过顶端膜进入肠细胞，而 Cu^{2+}被认为不能穿过顶端膜（Hashimoto 和 Kambe，2015）。这一过程吸收的可溶性铜可多达 40%~60%，CTR1 是穿过顶端膜最重要的途径。此外，有证据表明二价金属转运蛋白 1（DMT1，铁、锌和锰也可以通过）是铜穿过尖膜的次要途径（Lutsenko 等，2007）。所有穿过尖膜的铜离子都将被铜分子伴侣蛋白（Atox1）捕获，其中一种 Atox 将 Cu^{+}转运到 Cu/Zn 超氧化物歧化酶，其他的 Atox 将 Cu^{+}转运到 hephaestin（一种铁吸收所需的蛋白质）和细胞色素 c 氧化酶（Markossian 和 Kurganov，2003）。铜氧化酶与基底外侧膜的 ATP7A 一起将 Cu^{+}转化为 Cu^{2+}，然后释放到间隙，并扩散到血浆中，与白蛋白和组氨酸分子结合，转运到肝脏或进入其他组织。

2. 铁的吸收

铁主要通过肠上皮细胞顶端膜内二价金属转运蛋白 1（DMT1）吸收（图 4-1b）。当机体需要铁时，顶膜 DMT1 的数量上调，并结合 Fe^{2+}穿过顶端膜，顶端膜中的铁还原酶（R）可以将 Fe^{3+}转化为 Fe^{2+}以供吸收。穿过顶端膜 Fe^{2+}被伴侣蛋白（poly-binding protein-1）结合，并转运到基底外侧膜（Shi 等，2008），膜铁转运蛋白（FP）将 Fe^{2+}从细胞内部移动到细胞外液。当 Fe^{2+}进入组织液时，hephaestin 将其氧化为毒性较低的 Fe^{3+}，Fe^{3+}与转铁蛋白结合，经血液运输到身体各组织。

当铁含量充足时，DMT1 的量减少。肠上皮细胞开始产生铁蛋白（FRT），FRT 结合并隔离大部分穿过顶端膜的 Fe^{2+}。铁调素（HPC）是一种由负载铁的肝脏产生的激素，它与 FP 结合，减少铁吸收，阻断 FP 将铁转运出细胞的能力。

在肠道内，铁通常与一些螯合剂（如组氨酸、黏蛋白或果糖）结合，如 Fe-氨基酸复合物可能通过 AA 转运体对铁进行吸收，这些螯合剂通过溶解铁离子和保护其亚铁状态来增强铁的吸收。而有些螯合剂（如草酸盐和木质素）可形成不溶性 Fe 络合物，妨碍吸收。

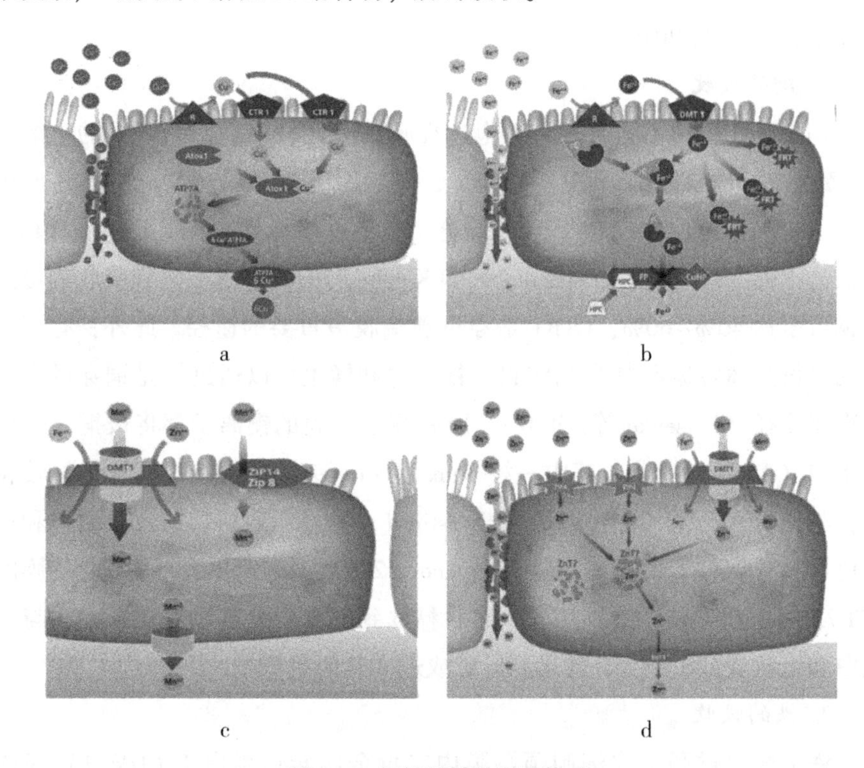

图 4-1　铜铁锰锌的吸收模式

a. 铜的吸收；b. 铁的吸收；c. 锰的吸收；d. 锌的吸收

（引自：Byrne 等，2022）

3. 锰的吸收

锰主要通过主动的跨细胞转运（图 4-1c）。二价金属转运蛋白（如 ZIP14 和 ZIP8）使 Mn（和其他金属）穿过尖膜而吸收。吸附的 Mn 大部分与 α2-巨球蛋白和蛋白结合，少量以游离离子的形式存在于血浆中。一些 Mn 被氧化为 Mn^{3+}，然后与转铁蛋白结合并留在循环中。锰在摄入量较高的情况下，锰可能通过不饱和的细胞旁吸收。

4. 锌的吸收

锌主要通过跨细胞转运过程而吸收，膳食锌特高时可启动细胞旁吸收

（图 4-1d）。肠道内锌离子主要通过锌转运蛋白 4（ZIP4）、其次还通过二价金属转运蛋白 1（DMT1，与铁和锰竞争）被转运穿过尖膜，穿过顶端膜的 Zn^{2+}被锌分子伴侣蛋白（ZnT7）携带至基底侧膜，通过 Zn 肠转运蛋白 1（ZnT1）将 Zn^{2+}移动至组织间液，并与白蛋白（Alb）结合。当机体有足够的 Zn 时，顶端膜中 ZIP4 的量会下调。肠上皮细胞也开始产生大量的金属硫蛋白（MT），MT 与 Zn^{2+}结合，金属硫蛋白作为缓冲液保存过量 Zn 并防止胞质内游离 Zn^{2+}离子的出现，还可将 Zn^{2+}交给 ZnT7 缓慢地输出（Petering 和 Mahim，2017）。

较高的膳食锌（比典型补充量高 5 倍）可驱动细胞旁吸收。对 ZIP4 基因突变造成失去跨细胞途径转运锌的动物（人类、荷斯坦奶牛、西伯利亚哈士奇和马拉特犬）具有重要意义，这些动物对补充锌-AA 复合物也有很好的反应，锌-AA 复合物是由肠上皮细胞的 Na^{+}/AA 同向转运体运输（White 等，2001）。

5. 硒和碘的吸收

硒酸钠和亚硒酸钠是 2 种常用的无机硒来源，硒酸盐离子（SeO_4^{2-}）在小肠下部通过细胞旁途径被非常有效地吸收，吸收后的硒酸盐在细胞外液中通过 ATP 硫酰酶还原为亚硒酸盐（SeO_3^{2-}）。亚硒酸钠很少作为亚硒酸盐离子被吸收，它通过与已被上皮细胞分泌到顶端膜的还原型谷胱甘肽反应，形成硒谷胱甘肽。谷胱甘肽还原酶将肝脏和其他组织中的硒谷胱甘肽转化为硒化物，硒化物可用于制备硒代半胱氨酸 tRNA。肠道中硒代半胱氨酸和硒代蛋氨酸（存在于植物和酵母含硒蛋白中）通过与含硒的半胱氨酸和蛋氨酸相同的跨细胞转运体被小肠吸收。

膳食中 70%~90%的碘能被吸收，通常以碘化物的形式摄入。位于肠上皮顶端表面的钠碘同向转运体将碘带过顶端膜。细胞内 I^{-}水平的增加能够下调钠碘同向转运体的翻译后表达，从而在一定程度上控制肠道的碘吸收水平（Nicola 等，2015）。

（二）不同形态微量元素的消化吸收

动物所需要的微量元素大多通过添加无机盐类添加剂进行补充，使用较多的为硫酸盐或氧化物、羟基盐（如碱式氯化铜和碱式氯化锌）。无机盐进入酸性环境的胃后首先解离成金属离子（如 Zn^{2+}），然后与食糜中的氨基酸或载体蛋白结合，嵌入在黏膜细胞的管腔膜中并被运送到肠膜。然而，游离的阳离子也可能与食物其他成分（如植酸、草酸）形成不可溶的复合物，导致微量元素从粪便中排泄。另外，矿物质二价离子间（Ca^{2+}、Cu^{2+}、Fe^{2+}、Zn^{2+}等）因互相竞争吸收位点而干扰吸收。以羟基氯化物盐类（碱式氯化铜和碱式氯化锌）因其不溶性于水，微溶于略酸环境，对饲料中营养成分破坏少，表现出优于硫酸盐的优势。

有机微量元素是指微量元素的无机盐与有机配位体反应形成的产物的总称，包括金属与特定氨基酸形成的络合物或螯合物、金属蛋白盐、有机酸或与多糖形成复合物。农业农村部《饲料添加剂品种目录》中批准的产品较多。有机形态微量元素的吸收与其配位体有关，以氨基酸、肽或蛋白盐类为配位体的研究较多。报道显示肽-矿物质复合物到达小肠，可通过肽或氨基酸吸收机制被完整地吸收，也可以从复合物中分离出矿物质单独被吸收。羟基蛋氨酸类似是一个没有氨基的前体，它不被 AA 转运体吸收，而是被钠依赖和非钠依赖的单羧酸转运体如 MCT1 吸收，因此羟基蛋氨酸盐可能通过 MCT1 吸收。以多糖为配位体的矿物-多糖螯合复合物可以穿过胃到达小肠，多糖被消化，释放出自由的矿物质离子以供吸收。

有机微量元素吸收利用增强的原因，除了通过其有效的氨基酸或肽转运途径，还可能通过微量元素与有机成分进行络合后，减少其在肠腔内其他潜在螯合剂（如草酸和植酸等）之间的相互作用，有利其被动吸收。另一种解释是有机微量可能增加矿物的水和脂溶性，从而有利于吸收。

（三）不同形态微量元素的生物利用率

动物摄入的微量元素仅有很少一部分能被动物吸收和利用，大部分都随粪便排出体外。因此，不同形态微量元素的评估多采用生物利用率表示，生物利用率定义为摄入的微量元素被吸收、转运到其作用部位并转化为生理活性的比例，一般使用标准来源为参照（一般用硫酸盐，100%），用“相对生物利用度值”或 RBV 值表示。RBV 值大多通过配制不同水平微量元素饲料，选择对被测元素最敏感指标作为响应变量，采用回归模型，计算斜率比获得。最常见指标有生产性能（如增重和料肉比）；选定组织（如胫骨或血浆）微量元素沉积量，如胫骨或血浆中的 Zn，肝脏中的 Cu 或胫骨中的 Mn；或者某元素反应性生物标志物（如基因或蛋白质表达的变化，或元素依赖性酶的活性）（Huang 等，2009）。

二、微量元素的功能与应用

（一）微量元素的生理功能

微量元素是动物维持生命必不可少的营养元素，它通过酶、功能蛋白等形式对动物生长、维持健康和繁殖等发挥重要作用。表 4-1 列出近年来对微量元素功能和缺乏症的研究成果。

表 4-1　动物机体微量元素主要生理作用与缺乏症

	功能	缺乏症
铁	血红蛋白成分，通过血红素将氧气从肺运送到组织；线粒体含铁酶，通过三羧循环氧化产生细胞能量；通过肌红蛋白将氧转运到细胞和肌肉组织； 对免疫功能和脂质代谢有重要作用	贫血； 抑制生长和血容量； 动物性能下降，食欲和体重下降； 呼吸痉挛并最终死亡
铜	几种金属酶的基本成分； 参与多种代谢反应，包括细胞呼吸、组织色素沉着、血红蛋白形成（铜蓝蛋白）和结缔组织发育； 防止氧化应激	肌无力、缺铁性贫血、色素减退、类似坏血病的骨骼改变、结缔组织合成缺陷、毛发异常、神经组织髓鞘化受损和神经缺陷、脂质代谢改变和心脏功能障碍
锰	多种酶的组成部分； 构成骨的有机基质，促进软骨发育； 参与钙和碳水化合物的代谢； 促进生物素，维生素 B_1 和维生素 C 利用； 影响肝脏脂肪代谢、胆碱代谢	幼畜生长发育受损、骨骼异常、生殖功能异常、共济失调、糖脂代谢受损、黏多糖合成受损； 家禽骨质疏松（肌腱滑脱），薄蛋壳质量，胚胎小鸡的软骨营养不良，产蛋量和孵化率降低
锌	许多重要金属酶的成分； 与细胞复制及软骨和骨的发育密切相关，参与蛋白质合成、碳水化合物代谢等多种生化反应	生长迟缓、采食量减少、骨骼形成异常、脱发、皮炎、羊毛/毛发/羽毛生长异常和生殖障碍，胎儿异常； 降低卵孵化率； 角化不全，腹泻和胸腺萎缩
碘	参与甲状腺激素的合成，基础代谢旺盛，促进糖、脂肪的氧化利用及蛋白质的合成	甲状腺肿大
硒	防止有害自由基对不饱和脂肪酸的氧化，调节免疫系统，解毒作用和抗癌作用	白肌病、营养性肝坏死

（续表）

	功能	缺乏症
铬	降低胆固醇，增加高密度脂蛋白，改善营养物质消化。铬对机体免疫、动物繁殖和生产性能都有有益的影响	影响碳水化合物和蛋白质的代谢

（引自：Byrne 等，2022）

（二）添加微量元素的应用效果

畜禽日粮中添加微量元素对动物健康、生产性能和畜产品品质的影响一直是营养和饲料行业的研究热点。

1. 铁

与硫酸亚铁相比，补充有机铁（富马酸亚铁、氨基酸铁）可显著提高断奶仔猪平均日增重、红细胞数量和血红蛋白浓度。试验发现在母猪日粮中添加乳铁蛋白可改善母猪的繁殖性能，显著提高仔猪初生窝重和平均初生重。但哺乳母猪饲喂各种形式的高水平的铁（如螯合铁）并不能使母乳中铁含量提高到仔猪需要水平。母乳中含铁甚少（1mg/L），新生仔猪仍需要补铁（肌注）预防贫血。

家禽卵内注射铁可以提高鸡的体重和体质量，降低血清胆固醇和总脂量。补充铁的有机来源提高了肉鸡的生产性能。在家禽饲料中添加有机铁可以提高生产性能、免疫力和抗氧化能力。饲粮铁含量会影响种鹅产蛋期平均蛋重、繁殖性能、蛋黄色泽及血液理化指标。综上所述，铁的添加有助于能量供应和蛋白质代谢，提高免疫和抗氧化能力。

2. 铜

正常动物铜的需要量仅为3~10mg/kg。而通过高铜（100~200mg/kg 硫酸铜形式）促进仔猪日增重和饲料利用率（3.9%~8.1%）已在养猪生产上使用了数十年。由于高铜使用造成粪便中铜含量偏高对环境造成污染，各国均对猪料中铜在不同阶段的使用量进行了限制。

虽然铜的促生长机制并不完全清楚，但一般认为可能与其在消化道的抗菌作用、参与体液免疫（促进抗体产生）和细胞免疫有关。高铜还刺激仔猪脂肪酶和磷脂酶的活性，从而提高脂肪消化率，说明铜可系统性地发挥促生长作用（NRC，2012）。高铜（175~250mg/kg）上调肠道组织中脂肪酸合成酶（FAS）和乙酰辅酶 A 羧化酶（ACC）的 mRNA 转录来增加脂肪生成和脂肪酸摄取；高铜通过上调骨骼肌中脂肪酸转运蛋白（FATP）、脂肪酸结合蛋白（FABP）和肉碱棕榈酰转移酶 1（CPT1）的 mRNA 转录来改善体脂量。Gonzalez-Esquerra 等（2019）发现，高铜还可影响下丘脑食欲调节基因及 ghrelin 的 mRNA 的表达，加脂肪酸摄取、转运和氧化相关基因的 mRNA 丰度。表明饲粮高铜可能通过脂质吸收和代谢促进猪的生长和改善饲料利用率。

选择高效的铜源替代硫酸铜以降低猪饲料中铜含量有大量研究，其中以有机铜和碱式氯化铜报道较多。与硫酸铜相比，低剂量的羟基蛋氨酸铜可以提高仔猪的生长性能和眼肌面积。小肽螯合铜可以替代无机铜，作为仔猪饲粮的铜源。柠檬酸铜优于硫酸铜和碱式氯化铜，饲粮中添加 90mg/kg 柠檬酸铜可提高仔猪的生长性能，降低腹泻率（李垚，2019）。

3. 锌

自 1989 年 Poulsen 研究发现，在断奶仔猪料中添加 2 000～3 000mg/kg 的锌（以氧化锌形式）可降低断奶后仔猪腹泻率和提高仔猪增重。高剂量氧化锌在仔猪生产中便开始广泛应用。研究人员对高锌的替代和机制进行了大量的研究工作，结果发现添加等量的其他锌源（如硫酸锌、蛋氨酸锌、乳酸锌）替代氧化锌并未出现同样的效果，甚至出现中毒（如碳酸锌）（NRC，2012）。高锌添加造成粪样中锌含量过高引起的环境污染已受到各国及国际组织重视，欧盟从 2022 年 1 月已开始禁止高锌的使用。添加改性形式的氧化锌（如纳米氧化锌、包被氧化锌、负载氧化锌）替代常规氧化锌已有大量的报道，多数显示有促生长、防腹泻和改善粪便评分的效果。

添加有机形态锌（氨基酸锌、蛋白锌）对肉鸡生产性能、母猪和奶牛的繁殖性能、蹄质健康都有明显效果。有机锌改善了肉鸡的生长性能、体液免疫、抗氧化性能、营养物质消化和生肉中的锌含量，并降低了肉中的脂质过氧化。添加有机锌通过提高免疫球蛋白（IgA、IgM 和 IgG）水平对肉鸡的免疫能力产生积极影响，还可能改善细胞反应。

4. 锰

蛋鸡饲粮补充有机锰或无机锰可以提高蛋壳腺中蛋白多糖和糖蛋白相关基因的表达，从而提高蛋壳强度和厚度，且有机锰效果更好，有机锰通过减少蛋壳乳突间距来增加蛋壳的韧性。锰参与结缔组织、骨髓和脂质的形成，以及神经组织的维护。锰的补充与膜中糖胺聚糖含量的提高有关，糖基转移酶是一种参与形成蛋白聚糖的酶，蛋白聚糖是有机基质的组成部分，蛋白质基质影响方解石晶体的大小和方向，膜糖胺聚糖的增加支持乳头按钮向外生长，形成结构良好的栅栏层柱状单位（Xiao 等，2015）。随着饲粮中锰含量的增加，蛋鸡蛋壳强度和韧度增加，破蛋率降低。

5. *硒*

硒可以防止有害自由基对不饱和脂肪酸的氧化，可改善肉品质量，减少肉的滴水损失。可能原因是硒通过 GSH-Px 保护细胞膜结构的完整和功能正常，减少细胞损伤，可以阻止胞液外流，从而减少了肌肉渗出汁液。此外，GSH-Px 还通过影响肉品中的脂质过氧化过程和冷冻期内的硫代巴比妥酸反应物质生成量（TBARS 值），提高饲粮中硒含量可增加畜禽产品中的硒沉积量，生产出富硒蛋或富硒肉，富硒肉蛋对人类健康有重要意义，且随着硒含量增加，肉中脂质过氧化物减少，改善肉产品的风味和颜色，增加货架时间（贾刚等，2020）；富硒蛋还具有较高的蛋白高度、哈氏单位、蛋壳厚度、蛋壳强度。

硒能影响雄性生殖器官的发育和精子生成，提高母猪的受胎率。研究表明，适宜硒能提高母猪乳汁乳脂率、产仔数、仔猪初生重和断奶仔猪数量并增强仔猪免疫力，还可缓解母猪夏季热应激（Zhang 等，2020）。适量硒可改善公鸡精液品质，提高血液中睾酮和促黄体激素含量；可提高种蛋受精率和孵化率（Wang 等，2018），缺硒引起公鸡睾丸抗氧化酶活性和抗凋亡相关蛋白表达量降低，促凋亡蛋白相关蛋白表达量和丙二醛（MDA）含量升高。补硒能调节免疫系统，影响吞噬细胞的杀菌活性，增强雏鸡细胞免疫功能（Sun 等，2017）。硒增强雏鸡对传染性法氏囊病（IBD）的抵抗力，降低 IBD 雏鸡死亡率。

6. 钴

钴通过维生素 B_{12} 参与机体造血和营养物质的消化、代谢过程，以及与蛋白质、脂肪和碳水化合物的代谢有关。在反刍动物体内，钴能刺激瘤胃的代谢，促进牛对尿素的利用和对纤维素的消化，并提高牛的生长速度以及牛奶中乳脂和乳蛋白的含量。在绵羊饲料中添加0.5~1.6mg/kg的氯化钴，能刺激羊羔生长，增加羊毛产量。此外，钴还能增加反刍动物血液中血红蛋白和红细胞的浓度，增强牛羊的繁殖能力。

7. 铬

铬对动物生长、代谢、降低脂质和蛋白质过氧化等方面具有重要作用。饲粮中补充铬可以改善营养物质消化，提高FCR，增加体重，促进肌肉发育。饲粮中铬对免疫反应和抗氧化防御系统有重要影响。铬还可以缓解家禽生产中环境和生理等应激反应。饲粮中添加铬可增强禽流感病毒（AIV）疫苗接种鸡的免疫功能。

（三）有机形态微量元素应用效果

与无机形态的微量元素添加剂相比，有机形态微量元素的生物学效价报道不一，但添加有机微量元素对畜禽生产性能和健康状态有大量的正效应报道。仔猪保育阶段饲喂蛋白质盐的猪比饲喂硫酸盐形式的猪增重速度更快（Creech等，2004）。母猪饲粮使用蛋白盐形式的微量元素时，仔猪出生体重、窝活仔数比无机组均多（Peters等，2008）。母猪饲粮补充有机锰对蹄损伤、生殖性能、矿物质状态和粪便矿物质排泄等参数有一定影响（Ma等，2019）。Zhang等（2021）研究表明，用低浓度（1/3）的OTM代替高剂量的ITM不会对仔猪的生长性能产生不利影响；在低水平下，用OTMs完全替代ITMs可以改善IgG，减少粪便中铜、锌、铁和锰的排泄，从而减轻环境污染。

在家禽饲料中添加有机形态微量元素对家禽的体重增长、饲料转化效率、免疫状态和蛋壳品质有积极的影响。Pereira等（2020）在蛋鸡饲粮中添加一半剂量的有机锌、锰和铜代替无机来源的锌锰铜，可改善蛋鸡从产蛋开始到产蛋高峰期的生产性能，其机制可能与促进骨骼和输卵管发育、促进激素分泌和免疫系统支持有关。Bortoluzzi等（2020）报道，肉鸡在艾美球虫攻击下使用蛋白质形式的微量矿物质更为有益，可能原因是肠道功能受损时有机形态微量矿物质能得到最大限度的吸收。

有机微量元素可提高奶牛的产奶量、乳品质和平均日增重（ADG），降低呼吸问题的发生率，改善胴体特性和肉质以及提高繁殖效率。肉牛饲料中使用60%的OTM代替ITM，其健康和性能有所改善，死亡率降低了57%，牛呼吸系统疾病（BRD）死亡率降低了69%（Holder等，2016）。另一项研究证实（Rossi等，2020），有机微量元素改善肉牛生长性能、健康和抗氧化状态以及胴体和肉品质，还显著降低BRD的发生率。Pomport等（2021）在奶牛饲料中添加有机微量元素后，产奶量、蛋白质合成和牛奶乳糖含量提高，体细胞计数也始终较低，乳腺炎的发生率也较低，妊娠率也有所提高。

有机形态的微量元素被认为是增效减排的有效措施。有试验表明，断奶仔猪料用有机代替无机形式的微量元素，猪生长性能、血液参数、抗氧化状态、免疫指标没有产生不利影响，还提高了IgG水平，减少粪便中Cu、Zn、Fe、Mn的排出，减轻环境污染（李垚等，2016；Zhang等，2021）。肉鸡饲料中添加50%有机组（无机组的一半）肉鸡存活率最高，且全期料重比平均日增重最好。且不影响胴体产量和肉品质，但降低了粪便中矿物质的排泄量。

纳米形式的微量元素已经开始在学术上得到更多的研究。纳米微量元素较低的添加水平就可以改变肠道环境（Yausheva等，2018），其被认为具有更强的抗菌和免疫调节活性，提高了生物利用度，减少了GIT内的拮抗相互作用，降低了金属元素的环境排放（Scott等，2018；Hassan等，2020）。

三、小结

微量元素对动物生理生化功能、免疫性能、健康指标和生产性能均有较大的影响，不同形态和来源的微量元素（饲料原料、不同无机盐、不同配位体的有机盐）在肠道环境中吸收效率存在较大差异。充分有效地利用饲料原料中微量元素，开发性价比较高的配位体有机微量元素，可避免营养成分间相互拮抗，对增强微量元素的功效价及降低对环境中排放具有重要意义。

参考文献

车丽涛，李岑曦，徐娜娜，等，2020. 乳铁蛋白对大河乌猪繁殖性能及母猪与仔猪铁营养、血细胞参数、免疫指标和猪β-防御素基因表达的影响［J］. 动物营养学报，32（7）：3 089-3 098.

方热军，谢亮，薛俊敬，等，2019. 猪日粮中铜、铁、锰、锌减量使用技术研究进展［J］. 饲料工业（22）：1-5.

吉莹利，林雪，杨婷，等，2019. 不同硒源对蛋鸡蛋品质、血清及蛋黄抗氧化指标的影响［J］. 中国家禽，41（8）：20-24.

贾刚，田刚，方热军，等，2020. 单胃动物微量元素营养研究进展［J］. 动物营养学报，32（10）：4 659-4 673.

李垚，李玲，苏全，等，2016. 小肽螯合铜、铁、锰、锌、硒对仔猪生长性能及代谢影响［J］. 东北农业大学学报，47（2）：46-53.

李志惠，曹娟，陈利，2019. 羟基蛋氨酸螯合铜对断奶仔猪和育肥猪生长性能及组织铜含量的影响［J］. 中国饲料，6：37-41.

隋福良，李文立，王贺飞，等，2019. 饲粮铁添加水平对产蛋期种鹅生产性能、繁殖性能、蛋品质及血液生理生化指标的影响［J］. 动物营养学报，31（6）：2 634-2 641.

文超越，李勇，邢伟刚，等，2017. 饲粮减少矿物元素对育肥猪生长性能、肉品质、血清生化指标以及骨骼肌矿物元素含量的影响［J］. 动物营养学报，29（2）：597-604.

吴学壮，闻治国，胡洪，等，2019. 斜率比法评定肉仔鸡对铜源的相对生物学利用率［J］. 动物营养学报，31（4）：1 596-1 603.

虞龙飞，易江，黄明星，等，2022. 不同锌源及添加水平对肉仔鸡生长性能的影响及其生物学利用率评价［J］. 动物营养学报，34（2）：924-938.

朱冠宇，李征，张立昌，等，2017. 硒代蛋氨酸对蛋用种公鸡繁殖性能及血液生殖激素的影响［J］. 黑龙江畜牧兽医（21）：1-4.

ABDALLAH A G，EL-HUSSEINY O M，ABDEL-LATIF K O，2009. Influence of some dietary organic mineral supplementations on broiler performance［J］. International Journal of Poultry Science，8：291-298.

ALDRIDGE B E，SADDORIS K L，RADCLIFFE J S，2007. Copper can be absorbed as a Cu-peptide chelate through the PepT1 transporter in the jejunum of weanling pigs［J］. Journal of Animal Science，85：154-155.

ASHRY G M E，HASSAN A A M，SOLIMAN S M，2012. Effect of feeding a combination of Zinc，manganese and copper methionine chelates of early lactation high producing dairy cow［J］. Food and Nutrition Sciences，3：1 084-1 091.

BROOM L J，MONTEIRO A，PIÑON A，2021. Recent advances in understanding the influence of zinc, copper, and manganese on the gastrointestinal environment of pigs and poultry [J]. Animals, 11: 1 276.

BURK R F, 1989. Recent developments in trace element metabolism and function: newer rolesof selenium in nutrition [J]. Journal Nutrition, 119 (7): 1 051-1 054.

BURKETT J, STALDER K, POWERS W, et al, 2009. Effect of inorganic and organic trace mineral supplementation on the performance, carcass characteristics, and fecal mineral excretion of phasefed, growfinish swine [J]. Asian - Australasian Journal Animal Science; 22: 1 279-1 287.

BYRNE L, MURPHY RA, 2022. Relative bioavailability of trace minerals in production animal nutrition: A review [J]. Animals (Basel), 12 (15): 1981.

CHEN J, ZHANG F T, GUAN W T, et al, 2019. Increasing selenium supply for heat-stressed or actively cooled sow s improves piglet prew eaning survival, colostrum and milk composition, as w ell as maternal selenium, antioxidant status and immunoglobulin transfer [J]. Journal of Trace Elements in Medicine and Biology, 52: 89-99.

CHEN X, MA X M, YANG CW, et al, 2022. Low level of dietary organic trace elements improve the eggshell strength, trace element utilization, and Intestinal Function in Late-Phase Laying Hens [J]. Frontiers in Veterinary Science, 9: 903615.

CREECH B L, SPEARS J W, FLOWERS W L, et al, 2004. Effect of dietary trace mineral concentration and source (inorganic vs. chelated) on performance, mineral status, and fecal mineral excretion in pigs from weaning through finishing [J]. Journal of Animal Science, 82: 2 140-2 147.

CROMWELl G L, LINDEMANN M D, MONEGUE H J, et al, 1998. Tribasic copper chloride and copper sulfate as copper sources for weanling pigs [J]. Joural Animal Science, 76 (1): 118-123.

DOZIER W A, DAVIS A J, FREEMAN M E, et al, 2003. Early growth and environmental implications of dietary zinc and copper concentrations and sources of broiler chicks [J]. British Poultry Science, 44: 726-731.

FACCIN J E G, TOKACH M D, WOODWORTH J C, et al, 2022. A Survey of added vitamins and trace minerals in diets Utilized in the U. S. Swine Industry [J]. Kansas Agricultural Experiment Station Research Reports: Vol. 8: Iss. 10. https: //doi. org/10. 4148/2378-5977. 8388

FRANKLIN S B, YOUNG M B, CIACCIARIELLO M, 2022. The Impact of Different

Sources of Zinc, manganese, and copper on broiler Performance and Excreta Output [J]. Animals (Basel), 12 (9): 1 067.

GHEISARI A A, RAHIMI-FATHKOOHI A, TOGHYANI M, et al, 2010. Effects of organic chelates of zinc, manganese, and copper in comparison to their inorganic sources on performance of broiler chickens [J]. Joural of Animal & Plant Sciences, 6: 630-636.

GLOVER C N, WOOD C M, 2008. Absorption of copper and copper-histidine complexes across the apical surface of freshwater rainbow trout intestine [J]. Jounal of Comparative Physiology. B, 178: 101-109.

GOFF J P, 2018. Invited review: Mineral absorption mechanisms, mineral interactions thataffect acid-base and antioxidant status, and diet considerations to improve mineral status [J]. Jounal of Dairy Science, 101 (4): 2 763-2 813.

HASHIMOTO A, KAMBE T, 2015. Mg, Zn and Cu Transport Proteins: A Brief Overview from Physiological and Molecular Perspectives [J]. Jounal of Nutritional Science and Vituminology, 61 (Suppl): S116-S118.

HASSAN S, HASSAN F, REHMAN M S, 2020. Nano-particles of trace minerals in poultry nutrition: Potential applications and future prospects [J]. Biology Trace Element Research, 195: 591-612.

HOLDER V B, JENNINGS J S, COVEY T L, 2016. Effect of total replacement of trace minerals with Bioplex© proteinated minerals on the health and performance of lightweight, high-risk feedlot cattle [J]. Journal of Animal Science, 94: 120.

HUANG Y L, LU L, LI S F, et al, 2009. Relativebioavailabilities of organic zinc sources with different chelation strengths for broilers fed a conventional corn-soybean meal diet [J]. Journal of Animal Science, 87: 2 038-2 046.

HUANG Y M, LI W Y, XU D N, et al, 2016. Effect of dietary selenium deficiency on the cell apoptosis and the level of thyroid hormones in chicken [J]. Biological Trace Element Research, 171 (2): 445-452.

JENKITKASEMWONG S, WANG C Y, MACKENZIE B, et al, 2012. Physiologic implications of metal-ion transport by ZIP14 and ZIP8 [J]. Biometals, 25 (4): 643-655.

LIN Y, SUN Z J, ANSARI A R, et al, 2020. Impact of maternal selenium supplementation from late gestation and lactation on piglet immune function [J]. Biological Trace Element Research, 194 (1): 159-167.

LUTSENKO S, LeSHANE E S, SHINDE U, 2007. Biochemical basis of regulation of human copper-transporting ATPases [J]. Arch Biochem Biophys, 463 (2): 134-148.

MA L, HE J, LU X, et al, 2019. Effects of low-dose organic trace minerals on performance, mineral status, and fecal mineral excretion of sows. [J]. Asian-Australasian Journal of Animal Science, 33: 132-138.

MAGEE D F, DALLEY A F Ⅱ, 1986. Digestion and the Structure and Function of the Gut [J]. Karger (Basel, Switzerland) (8).

MANANGI M K, VAZQUEZ-AÑON M, RICHARDS J D, et al, 2012. Impact of feeding lower levels of chelated trace minerals versus industry levels of inorganic trace minerals on broiler performance, yield, footpad health, and litter mineral concentration [J]. Journal of Applied Poultry Research; 21: 881-890.

MARKOSSIAN K A, KURGANOV B I, 2003. Copper chaperones, intracellular copper trafficking proteins. Function, structure, and mechanism of action [J]. Biochemistry (Mosc), 68 (8): 827-837.

MAVERAKIS E, FUNG M A, LYNCH P J, et al, 2007. Acrodermatitis enteropathica and an overview of zinc metabolism [J]. Jounal of American Academy of Dermatology, 56 (1): 116-124.

MILES R D, O'KEEFE S F, HENRY P R, et al, 1998. The effect of dietary supplementation with copper sulfate or tribasic copper chloride on broiler performance, relative copper bioavailability, and dietary prooxidant activity [J]. Poultry Science, 77: 416-425.

NOLLET L, van DER KLIS J D, LENSING M, et al, 2007. The effect of replacing inorganic with organic trace minerals in broiler diets on productive performance and mineral excretion [J]. Journal of Applied Poultry Research; 16: 592-597.

PAN Y, YONG X M, 2021. The strategies for the supplementation of vitamins and trace minerals in pig production: surveying major producers in China [J]. Animal Bioscience, 34 (8): 1 350-1 364.

PAYNE R L, SOUTHERN L L, 2005. Changes in glutathione peroxidase and tissue selenium concentrations of broilers after consuming a diet adequate in selenium [J]. Poultry Science; 84: 1 268-1 276.

PEI X, XIAO Z P, LIU L J, et al, 2019. Effects of dietary zinc oxide nanoparticles supplementation on grow the performance, zinc status, intestinal morphology, microflora population, and immune response in w eaned pigs [J]. Journal of the Science of Food and Agriculture, 99 (3): 1 366-1 374.

PETERS J C, MAHAN D C, 2008. Effects of dietary organic and inorganic trace mineral levels on sow reproductive performances and daily mineral intakes over six parities [J]. Journal of Animal Science, 2 247-2 260.

POMPORT P H, WARREN H E, TAYLOR-PICKARD J, 2021. Effect of total replacement of inorganic with organic sources of key trace minerals on performance and health of high producing dairy cows [J]. Journal of Applied Animal Nutrition, 9: 23-30.

QIU J L, ZHOU Q, ZHU J M, et al, 2020. Organic trace minerals improve eggshell quality by improving the eggshell ultrastructure of laying hens during the late laying period [J]. Poultry Science, 99: 1 483-1 490.

RICHARDs J D, ZHAO J, HARRELL R J, et al, 2010. Trace mineral nutrition in poultry and swine [J]. Asian-Australasian Journal of Animal Science, 23: 1 527-1 534.

ROSSI C, GROSSI S, COMPIANI R, et al, 2020. Effects of different mineral supplementation programs on beef cattle serum Se, Zn, Cu, Mn concentration, health, growth performance and meat quality [J]. Large Animal Review, 26: 57-64.

SAUER A K, PFAENDER S, HAGMEYER S, et al, 2017. Characterization of zinc amino acid complexes for zinc delivery in vitro using Caco-2 cells and enterocytes fromhiPSC [J]. Biometals, 30 (5): 643-661.

SAVARAM VENKATA RR, BHUKYA P, RAJU MVLN, et al, 2021. Effect of Dietary supplementation of organic trace minerals at reduced concentrations on performance, Bone Mineralization, and Antioxidant Variables in Broiler Chicken Reared in Two Different Seasons in a Tropical Region [J]. Biological Trace Element Research, 199 (10): 3 817-3 824.

SCOTT A, VADALASETTY K P, CHWALIBOG A, et al, 2018. Copper nanoparticles as an alternative feed additive in poultry diet: A review [J]. Nanotechonology Reviews, 7: 69-93.

SPEARS J, 1989. Recent Developments in Trace Element Metabolism and Function [J]. Journal of Nutrition, 119: 1 050.

SUN Z P, LIU C, PAN T R, et al, 2017. Selenium accelerates chicken dendritic cells differentiation and affects selenoproteins expression [J]. Developmental & Comparative Immunology, 77: 30-37.

ŚWIĄTKIEWICZ S., ARCZEWSKA-WLOSEK A., JÓZEFIAK D, 2014. The efficacy of organic minerals in poultry nutrition: Review and implications of recent studies [J]. World's Poultry Science Journal, 70: 475-486.

To V P T H, MASAGOUNDEr K, LOEWEN M E, 2021. Critical transporters of methionine and methionine hydroxy analogue supplements across the intestine: What we know so far and what can be learned to advance animal nutrition [J]. Comparative Biochemistry and Physiology. Part A., 255: 110908.

VEUM T L, BOLLINGER D W, ELLERSIECK M R, 1995. Proteinated trace mineral and condensed fish protein digest in weanling pig diets [J]. Journal of Animal Science, 73: 308.

VIEIRA R, FERKET P, MALHEIROS R, et al, 2020. Feeding low dietary levels of organic trace minerals improves broiler performance and reduces excretion of minerals in litter [J]. British Poultry Science, 61: 574-582.

WALDVOGEL-ABRAMOWSKI S, WAEBER G, GASSNER C, et al, 2014. Physiology of iron metabolism [J]. Transfusion Medicine & Hemotherapy, 41 (3): 213-221.

WANG S, XU Z, YIN H, et al, 2018. Alleviation mechanisms of selenium on cadmium-spiked in chicken ovarian tissue: perspectives from autophagy and energy Metabolism [J]. Biological Trace Element Research, 186 (2): 521-528.

YAUSHEVA E, MIROSHNIKOV S, SIZOVA E, 2018. Intestinal microbiome of broiler chickens after use of nanoparticles and metal salts [J]. Environmental Science and Pollution Research, 25: 18 109-18 120.

ZHANG S H, WU Z H, HENG J H, et al, 2020. Combined yeast culture and organic selenium supplementation during late gestation and lactation improve prew eaning piglet performance by enhancing the antioxidant capacity and milk content in nutrient-restricted sows [J]. Animal Nutrition, 6 (2): 160-167.

ZHANG W F, TIAN M, SONG J S, et al, 2021. Effect of replacing inorganic trace minerals at lower organic levels on growth performance, blood parameters, antioxidant status, immune indexes, and fecal mineral excretion in weaned piglets [J]. Tropical Animal Health and Production, 53: 121.

ZHANG Y N, WANG J, ZHANG H J, et al, 2017. Effect of dietary supplementation of organic or inorganic manganese on eggshell quality, ultrastructure, and components in laying hens [J]. Poultry Science, 96 (7): 2 184-2 193.

ZHU Z P, LEI Y, HY S D, et al, 2019. Effects of the different levels of dietary trace elements from organic or inorganic sources on grow th performance, carcass traits, meat quality, and faecal mineral excretion of broilers [J]. Archives of Animal Nutrition, 73 (4): 324-337.

专题 5　维生素营养

维生素是维持动物健康所必需的一类营养素，其化学本质为小分子有机化合物。在调节物质代谢、促进动物生长发育和维持动物正常生理功能等方面发挥着重要的作用，维生素与碳水化合物、脂肪和蛋白质三大营养物质不同，在天然食物中仅占极少比例，但又为动物所必需。多种维生素作为不同代谢途径中酶的辅因子，参与各种代谢过程。维生素长期缺乏可使多种代谢途径受影响而导致某种疾病，如果过量也会使动物产生不良反应，甚至有可能造成中毒。维生素是个庞大的家族，现阶段发现的有几十种，大致可分为脂溶性维生素（包括维生素 A、维生素 D、维生素 E 和维生素 K）和水溶性维生素（包括维生素 B 族和维生素 C 两类）。本专题将重点对维生素的营养生理功能进行综述，主要包括维生素与抗氧化功能、维生素与免疫机能、维生素与繁殖性能、维生素与骨骼健康和维生素与肉品质等。

一、维生素与抗氧化功能

多种维生素具有抗氧化功能，常见的抗氧化维生素如维生素 C 和维生素 E 为动物营养学家广泛关注。维生素 C 又称抗坏血酸，显酸性，有氧化型维生素 C 和还原型维生素 C 两种形式，理化性质不稳定，其分子式为 $C_6H_8O_6$，共有 4 种异构体：L-抗坏血酸、L-异抗坏血酸、D-抗坏血酸和 D-异抗坏血酸。维生素 C 是目前公认的人体所必需的水溶性维生素。维生素 C 是高效抗氧化剂，可减轻抗坏血酸过氧化物酶基底的氧化应力，维持酶分子中自由巯基的还原状态以保持巯基酶的活性，从而延长细胞的寿命。维生素 C 还能促进胶原蛋白的合成，是胶原脯氨酸羟化酶和胶原赖氨酸羟化酶维持活性的辅因子之一。维生素 C 可以促进铁吸收，缓减维生素 A、维生素 E、维生素 B_2、维生素 B_{12}和泛酸缺乏症状。此外，维生素 C 通过调节肝细胞中多种酶的活性，参与机体排毒过程，但大量使用则有血栓、泌尿结石和肾损伤等风险。维生素 C 是还原当量的供体，可以还原 O_2、硝酸盐、细胞色素 a 和细胞色素 c 等化合物。维生素 C 可以帮助维持酶（包括 α-酮戊二酸和 O_2 依赖的组蛋白去甲基化酶）的金属辅因子（如单加氧酶中 Cu^{2+} 和双加氧酶中的 Fe^{2+}）处于还原状态。维生素 E 是另一种主要的抗氧化维生素，以其强大的抗氧化能力及促繁殖能力在保障动物健康方面发挥着重要作用。维生素 E 的主要生理学功能：抗自由基氧化，保护机体免受毒害；促进生殖，促进性激素分泌。提高精子活力和精液质量，提高生育能力；延缓衰老和软化血管，改善脂质代谢。维生素 E 是细胞和亚细胞膜磷脂中多不饱和脂肪酸的过氧化的抑制剂（Fang 等，2002）。生育酚能将一个酚氢转移到已过氧化的多不饱和脂肪酸的过氧自由基，可以破坏自由基链反应，从而发挥抗氧化作用。非自由基的氧化产物与葡萄糖醛酸的 2-羟基共轭结合后，通过胆汁酸排出体外。在此反应中，生育酚在发挥其功能后不会再被循环利用，必须从饲粮中补充。生育酚在高氧浓度溶液和暴露于高 O_2 分压的组织中（如红细胞膜、呼吸树膜、视网膜和神经组织）能有效发挥抗氧化作用（Traber，2007）。通过保持细胞膜的完整性，维生素 E、α-生育酚对维持脂双层结构、细胞黏附、营养转运和基因表达是必需的。此外，通过影响蛋白质与膜和脂质与膜的相互作用，维生素 E 可以改变细胞内蛋白质和脂质的运输及细胞号转导（Zingg，2015）。因为活性氧可能引起疾病，所以抗氧化营养物质（包括维生素 E）可以预防不育、肌肉和神经系统变性、心脏功能障碍、皮肤病变与衰老。

二、维生素与免疫机能

合理营养是维持机体正常免疫机能的重要条件，营养不良人群的免疫机能下降，对感染的易感性增加，病死率增高。一些维生素被证实对先天性和后天适应性免疫系统有免疫增强和调节作用，在维持黏膜完整性以及促进免疫细胞和免疫分子的表达和分化方面具有重要的影响。目前，已知参与动物机体免疫调节的维生素主要包括维生素 A、维生素 D、维生素 C 和维生素 E 等。维生素 A 作为“抗感染维生素”，发挥重要的免疫调节作用。维生素 A 对动物的抗感染能力、细胞因子及相关基因表达水平的影响十分明显。维生素 A 参与细胞免疫过程，能增强 T 细胞的抗原特异性反应、细胞免疫信号传导和抗原识别能力。维生素 A 可以起到有丝分裂原作用，刺激 IL-2 和干扰素的分泌，诱导淋巴细胞增殖。维生素 A 可促进巨噬细胞处理抗原，或直接作用于 B 细胞参与抗体的合成。此外，生理浓度的维生素 A 能有效促进 T 细胞增殖。不同形式的维生素 A 产生免疫效应的途径不同。视黄醇通过 B 淋巴细胞的介导来增加免疫球蛋白的合成；视黄酸可介导 T 淋巴细胞产生淋巴因子并促进免疫球蛋白的合成；胡萝卜素则通过增强脾细胞增殖反应和巨噬细胞产生细胞毒因子，以及抑制肿瘤细胞转移来促进免疫功能。维生素 A 可降低自由基、单线态氧等反应活性，从而调节免疫功能。维生素 A 还可诱导猪防御素基因 pBD-1 和 pBD-3 的表达（陈金永，2010）。维生素 A 缺乏可导致 NK 细胞功能下降，削弱巨噬细胞的吞噬和杀菌作用；还可改变对 T 细胞依赖的抗原抗体反应，抑制 IgA、IgG 和 IgE 的反应，但可增强 IgG 对病毒性感染的反应。

维生素 D 对免疫系统的影响主要由细胞内特异性 1，25-（$OH)_2D_3$ 受体（VDR）所调控。由于淋巴细胞和单核细胞是 1，25-（$OH)_2D_3$ 的靶细胞，维生素 D 可调节两类细胞的增殖与分化以及由免疫器官向外周血的转移。此外，维生素 D 通过调节 IL-1、IL-2、IL-3、IFN-γ、TNF-α 及免疫球蛋白修饰免疫反应。其免疫机制在于：维生素 D_3 通过激活相应 Toll 样受体，诱导关键酶 1α 羟化酶（Cyp27B1）基因表达，形成 1，25-（$OH)_2D_3$，再激活维生素 D 受体，进而调节免疫功能。维生素 D 还具有一定的抗病毒功能，其机制与调节猪体内 RIG-I、IPS-1 和 TLR3 的表达有关，且 RIG-I 信号途径是其实现抗病毒作用的信号转导通路之一（赵叶，2013）。当血液中 1，25-（$OH)_2D_3$ 水平很高或很低时，都会出现免疫抑制，但不同浓度下引起免疫抑制的机制不同。当血液中维生素 D 浓度很高时，通过刺激产生 TGFβ-1 和 IL-4，可抑制炎性 T 细胞的活性。当血液中维生素 D 浓度很低时，一方面引起低血钙，影响依赖于钙的免疫抑制效果；另一方面，通过抑制表达 VDR 的 T 细胞增殖，导致 $CD4^+/CD8^+$ 下降（Konowalchuk 等，2013）。

维生素C对抑制细胞内外的自由基反应，维持免疫系统结构和功能的完整性有重要作用。白细胞中维生素C含量大约是血清中的150倍。维生素C能刺激猪体内白细胞的产生，促进抗体的合成，提高机体对多种传染病的抵抗力。中性粒细胞和单核细胞中维生素C含量均很高。维生素C能增强中性粒细胞的趋化特性。维生素C可限制肾上腺类固醇激素生成过多，从而促进免疫。维生素C缺乏会抑制细胞免疫反应和杀菌力，但不影响抗体产量。限制采食量处于应激条件下的动物，需要在饲粮中添加维生素C。

维生素E作为细胞内抗氧化剂，不仅能稳定多不饱和脂肪酸以及合成与分解代谢的中间产物不被氧化破坏，而且影响花生四烯酸的代谢和前列腺素的功能。维生素E通过抑制前列腺素-2和皮质酮的生物合成促进体液、细胞免疫和细胞吞噬作用以及提高IL-2含量来增强机体的整体免疫机能。当机体缺乏维生素E时，脂质过氧化反应产生的自由基可导致细胞膜流动性发生改变，造成淋巴细胞膜受体分布发生变化进而影响淋巴细胞对抗原的识别与结合能力。维生素E对免疫的促进作用具有显著的剂量效应关系。

此外，也有报道称其他维生素具有免疫调节作用。叶酸与机体免疫系统的发育和机能的发挥密切相关。猪体内的叶酸水平会影响免疫细胞的增殖和凋亡，也会影响免疫分子的表达，从而对机体抗病力发挥重要作用。叶酸严重缺乏时，胸腺重量和胸腺细胞数量迅速降低，总淋巴细胞数量以及抑制性T细胞比例和数量也降低，辅助性T细胞比例大受影响，脾脏T细胞比例略有降低而且功能发生变化，总淋巴细胞比例略有降低。叶酸中等程度缺乏，胸腺T细胞比例和数量略有降低，脾淋巴细胞对T细胞丝裂原的反应性发生变化。维生素B_6可在一定程度上阻断Ca^{2+}，抑制细胞凋亡，维生素B_6的辅酶形式5′-磷酸吡多醛可显著降低胞内外糖皮质激素受体复合物的热稳定性；维生素B_6的类似物B6PR具有抗氧化、保护细胞、激活免疫调节系统、抑制细胞氧化损伤和凋亡等。维生素B_6缺乏会导致核酸合成减少，进而影响淋巴细胞的增殖分化；维生素B_6缺乏时，淋巴细胞的成熟、增殖及细胞活性均受到抑制，胸腺萎缩，淋巴细胞分化成熟机能改变，迟发型超敏反应强度减弱，抗体的生成也间接受到损伤。核黄素在体内以黄素单核酸和黄素腺嘌呤二核酸形式参与氧化还原反应，可以刺激免疫器官发育和异嗜性白细胞产生，增强抗感染能力和抗体生成。核黄素缺乏时，机体黏膜完整性受损，屏障作用破坏，黏液分泌减少，抵抗微生物侵袭能力降低，谷胱甘肽还原酶活性降低，生物膜中不饱和脂肪酸发生氧化。生物素可提高细胞免疫强度、免疫球蛋白及细胞因子水平，有利于圆环病毒-2（PCV-2）引起的淋巴组织损伤的修复。生物素通过在基因水平影响IL-2和IFN-γ进而影响它们在各免疫器官中的翻译和合成，并通过IL-2和IFN-γ基因表达的合成产物来实现对动物机体的免疫调节。

三、维生素与繁殖性能

维生素对于维持动物正常繁殖机能有着至关重要的作用，维生素缺乏会导致动物繁殖机能障碍甚至不育。维生素A的缺乏会导致畜体性欲变差，公畜睾丸精细管变性，母畜不发情或者发情不规律、受胎率低、胎儿发育异常、死胎和流产。维生素A在胚胎的正常发育过程中起着关键作用。Tharnish和Larson（1992）通过试验证明，在母牛饲粮中加入维生素A可使其初次受胎率提高28%。在羊上分别发现短期注射维生素A可使畜体排卵数增加，但是并不能长期影响胚胎总数，只能短期暂时增加。需要注意的是维生素的使用不能过量，Ward和Morriss-Kay（1997）通过研究发现，过量使用维生素A也会影响动物胚胎的生长。维生素A为卵泡的成熟、黄体和子宫上皮细胞的正常功能发挥、子宫内环境的维持、胚胎发育等生理过程所必需。维生素A可刺激三级卵泡合成雌激素和黄体合成孕酮。刘光芒（2006）研究发现，维生素A通过提高小鼠视黄醇结合蛋白和子宫总分泌蛋白的含量进而提高胚胎存活率。研究还发现维生素A的水平与*Hox*基因的表达量有关，维生素A缺乏会抑制*Hox d*3基因的表达，进而引起胚胎相应的器官发育畸形。Lindemann等（2008）在5个试验站对182头母猪及443仔猪进行试验，在断奶和配种时给1和2胎次的小母猪肌内注射250 000 IU或500 000 IU的高剂量维生素A，均可显著增加窝产仔数和断奶仔猪数。维生素A或β-胡萝卜素可能在卵母细胞成熟、排卵、受精、胚胎的早期存活及其发育方面起着积极作用，从而提高母猪的繁殖性能。

在妊娠30d和泌乳21d时给母猪肌内注射维生素D，发现母猪受胎率、窝产仔数和断奶成活率显著增加。对人类及啮齿类动物的研究表明，维生素D通过调节钙结合蛋白*D*9 *k*基因及*HOXA*10基因表达影响胚胎附殖，从而影响雌性产仔性能。研究表明，断奶开始饲喂维生素 D 缺乏饲粮的雌性大鼠比饲喂维生素 D 充足饲粮的大鼠配种率降低和产仔率降低约 50%，总体繁殖力降低约 75%，窝产仔数降低 30%。Lauridsen 等（2010）给母猪饲喂添加 200IU/kg、800IU/kg、1 400IU/kg 和 2 000IU/kg 的维生素 D 饲粮，发现不同水平的维生素 D 对母猪繁殖性能没有显著影响，但是补 1 400IU/kg 和 2 000IU/kg 的高剂量维生素 D 的母猪死胎数量减少。

维生素 E 与动物繁殖机能密切相关，能促进促甲状腺素和促肾上腺皮质激素及促性腺激素的产生，增强卵巢机能，使卵泡增加黄体细胞。维生素 E 在调控动物生殖机能中也扮演着重要角色，如促进繁殖性能、调节性激素代谢、促进性腺发育等。文信旺等（2009）试验发现，在产前一定时期内注射亚硒酸钠和维生素 E 对奶牛自身繁殖和犊牛生长发育有较好的作用。Zhu 等（2009）研究发现，补充维生素 E 可以提高雄性山羊的附睾重量，增加曲细精管和生精细胞的数量，增大附睾小管曲细精管的直径。维生素 E 还是一种有效的脂溶性抗氧化剂，它能给脂类的自由基提供一个氢，与游离的电子发生作用，从而抑制多种不饱和脂肪酸的氧化。当母猪缺乏维生素 E 时，卵巢机能下降，性周期异常，不能受精，胚胎发育异常或出现死胎。母猪饲粮中补充维生素 E，不仅能提高受胎率，减少胎儿死亡，增加窝产仔数，而且能增强仔猪的抗应激能力，减少断奶前仔猪死亡，缩短母猪断奶至发情间隔。但是由于胎盘屏障母体的维生素 E 不能很好地转运至胎儿，使初生仔猪血清中维生素 E 含量很低。为了维持组织中维生素 E 水平，有必要添加 0.1mg/kg 无机硒和 22mg/kg 维生素 E。当维生素 E 缺乏时，可引起睾丸退化，进而降低生殖细胞数量，减少精子生成。饲粮中添加维生素 E 降低了动物应激敏感性的状态。降低种公猪的应激敏感性对其繁殖能力尤为重要，因此给应激特别敏感的种公猪饲粮中添加抗氧化剂是有益的。事实上，研究也证实饲粮中供给硒和维生素 E 可改善公猪精液质量，维生素 E 可聚集在精子和睾丸组织中，但不是在公猪的精浆中（李德发，2020）。

维生素 C 具有较强的抗应激作用，可以通过缓解应激，改善母畜繁殖性能、增强其抗应激能力。在妊娠期任何阶段若停止饲喂维生素 C 24~38d，将出现胎儿水肿、皮下和骨膜下出血，且骨骼钙化显著降低。因此，维生素 C 对于维持卵巢的正常功能十分重要，对于三级卵泡的成熟和黄体功能尤其重要。在预产期前 5d 开始每天给妊娠母猪喂 1g 维生素 C，其初生仔猪脐带出血迅速停止。补喂抗坏血酸母猪所产仔猪 3 周龄体重显著高于对照组。由于胎盘转移维生素 C 的效率随着母体血清维生素 C 含量的升高而降低，因此仔猪从母体获得维生素 C 的主要途径是乳汁而不是胎盘。热应激时添加抗坏血酸可改善种公猪受精率。饲喂 300mg/kg 的维生素 C 可改善公猪的精液产量和质量，在炎热条件下尤其如此；饲粮添加 700mg/kg 维生素 C 可改善种公猪的运动评分（李德发，2020）。

叶酸对胚胎存活和提高畜禽繁殖性能有重要作用。妊娠前期猪胚胎细胞内 RNA 浓度与胚胎存活率高度相关。在母猪受孕第 45d，胎盘重、胎儿长度与净重、胎儿蛋白质含量、胚胎 RNA 含量及 RNA 与 DNA 的比值随叶酸添加量增加而明显增加，可见母体叶酸对胚胎组织发育有重要影响（Harper 等，1994）。同时，叶酸可增加子宫前列腺素 E_2 的分泌，降低胚胎细胞中雌二醇的合成量，从而有利于提高胚胎成活率，改善母猪的繁殖性能。Matte 等（1992）研究发现，妊娠母猪粮中添加 5mg/kg 或 15mg/kg 叶酸可提高仔猪窝增重，但泌乳饲粮添加叶酸对仔猪生产性能并无改善作用。刘静波（2010）在妊娠母猪饲粮中添加 0、10mg/kg 和 30mg/kg 叶酸发现，高剂量叶酸显著提高母猪和新生仔猪血清叶酸水平，但对母猪繁殖性能无显著影响，但高剂量叶酸在一定程度上可以缓解宫内发育迟缓对新生仔猪发育的负面影响。此外，也有报道称核黄素、烟酸、维生素 B_6、生物素、维生素 B_{12}和胆碱与畜禽繁殖性能有关（李德发，2020）。

四、维生素与骨骼健康

维生素营养与动物骨骼健康密切相关，尤其是维生素 D，其又称抗佝偻病维生素，其化学本质是类固醇衍生物，已被证明是钙内稳态的重要生物调节因子之一。维生素 D 家族主要成员包括麦角钙化醇和胆钙化醇。维生素 D_3 是自然界存在的维生素 D 形式，由 7-脱氢胆固醇生成。由饲粮摄入维生素 D 在胆盐和脂肪存在的条件下，由肠道吸收，被动扩散进入肠细胞。无论是通过小肠吸收的维生素 D_3，还是经皮肤光合作用合成的维生素 D_3，都必须先通过特异的维生素 D 结合蛋白（Vitamin D binding protein,

DBP）转运到肝脏中，在肝细胞内质网和线粒体中经25-羟化酶作用，脱氢生成25-羟基维生素 D_3，再进入肾脏，在肾小管细胞线粒体的1-α羟化酶催化下，转化为最终活性形式1，25-二羟基维生素 D_3，然后被转运到肠道、肾脏或其他靶组织中，通过结合靶器官上的维生素D受体而发挥广泛的生理功能。维生素D的主要生理学功能：调节钙、磷代谢，促进肠内钙、磷吸收，协同甲状旁腺激素，促进骨质钙化，维持血钙和血磷的平衡；促进骨骼的正常发育生长；调节白血病细胞、肿瘤细胞及皮肤细胞的生长分化；是一种良好的选择性免疫调节剂。维生素D器官间代谢是发挥其有效生物活性所必需的。在哺乳动物的肝脏及鸟类的肝脏和肾脏中，维生素 D_3 通过维生素 D_3-25-羟化酶转化为25-羟基维生素 D_3。该酶活性涉及细胞色素P450依赖性的混合功能加氧酶。25-羟基维生素 D_3 是维生素 D_3 在血液循环中的主要形式，也是肝脏中的主要储存形式。在肾脏的肾小管、骨骼和胎盘中，25-羟基维生素 D_3 通过25-羟基维生素 D_3-1-羟化酶进步转化为1，25-二羟基维生素 D_3（骨化三醇）。低钙血症、低磷血症和甲状旁腺激素能促进1-羟化酶活性，而降低1，25-二羟基维生素 D_3 酶的活性。维生素 D_3-25-羟化酶和25-羟基维生素 D_3-1-羟化酶是线粒体酶。维生素 D_2 在动物体内的转化与维生素 D_3 相同。1，25-二羟基维生素 D_3 与维生素D结合蛋白相结合，在血浆中转运。维生素D激素（1，25-二羟基维生素 D_3 或1，25-二羟基维生素 D_2）与核中的骨化三醇受体相结合，从而促进基因转录和特定mRNA的形成，以合成钙和磷酸盐的结合蛋白。1，25-二羟基维生素 D_3 具有3个重要生理作用：①激活肠上皮细胞维生素D依赖的钙和磷酸盐转运系统；②刺激破骨细胞释放钙和磷酸盐；③增强肾脏对钙和磷酸盐的重吸收。在从正常饲粮摄入矿物质的情况下，大约65%和80%通过肾小球滤过的钙和磷酸盐在近端肾小管内被重吸收。因此，维生素D对于调节钙和磷代谢以及骨钙化和生长至关重要。例如，为满足妊娠期和泌乳期胎儿和哺乳需要，母猪对钙需要量急剧增加，这种高钙需求导致钙从骨骼中被动员，很容易导致母猪骨骼脆弱，引起跛腿甚至骨折，造成母猪的淘汰。妊娠期维生素D缺乏对胎儿骨骼发育也会产生不利影响。维生素D可以通过调节钙、磷平衡间接影响骨骼代谢，也可直接作用于成骨细胞影响骨骼的降解。

五、维生素与肉品质

畜禽维生素营养与其肉品质也密切相关，主要包括维生素 A、维生素 E 和维生素 C。维生素 A 参与对畜禽肌内脂肪的调控。维生素 A 的衍生物视黄酸参与脂肪细胞的分化和增殖调控，因此视黄酸缺乏可能会直接影响肌内脂肪细胞的增殖和肌内脂肪含量。D'Souza 等（2003）证明，生长-育肥猪采食维生素 A 缺乏饲粮，肌内脂肪含量提高了 54%，Olivares 等（2009）则指出，给猪饲喂含 100 000 IU 维生素 A 饲粮对于肌内脂肪含量倾向高的基因型猪，其肌内脂肪含量确实有提高，但高瘦肉率猪的肌内脂肪含量则没有增加。有证据表明，维生素 A 缺乏或超量的饲粮具有增加肌内脂肪/大理石花纹评分的潜力，但是维生素 A 的添加量、猪的不同饲喂阶段，以及与其他饲料原料和饲料添加剂的相互作用在很大程度上还不清楚。也有研究表明，维生素 E 和维生素 C 会影响畜禽脂肪和肉色的稳定性。维生素 E 能淬灭自由基链式反应，以此保护细胞膜的完整性。它可以阻止猪肉在冷藏和零售展示期间脂肪和肌红蛋白的氧化，所以在生长-育肥猪饲粮中添加超过营养需要量的维生素 E，被普遍认为是可以改善猪肉质的营养调控措施。饲粮中添加 100~200mg/kg 的 dl-α-生育酚乙酸盐可以有效延迟鲜肉（Boler 等，2009；Monahan 等，1994）、肉馅（Boler 等，2009；Phillips 等，2001）、烹饪前猪肉（Guo 等，2006）和熟猪肉（Coronado 等，2002）的脂质氧化。脂肪氧化与色素氧化呈正相关，早期研究表明，猪饲粮中添加 dl-α-生育酚乙酸盐也可以改善鲜猪肉的肉色稳定性（Monahan 等，1994），但是大多数的研究没有观察到猪饲粮中添加 dl-α-生育酚乙酸盐或其天然存在的立体异构体 dl-α-生育酚乙酸盐，对鲜猪肉的肉色或冷藏期间肉色稳定性是否有益处。猪通常可以在肝脏中利用 D-葡萄糖生成满足营养需要的维生素 C，但饲粮中补充维生素 C 对肉品质的影响目前并不是很确定。有报道称，给即将屠宰的猪皮下注射维生素 C 可以降低 PSE 胴体的发生率。但也有研究指出，不论是短期还是长期补充维生素 C 都不影响猪肉肉色和吸水力。没有证据表明，猪饲粮中补充维生素 C 会改善背最长肌脂质的氧化稳定性（Gebert 等，2006）。Eichenberger 等（2004）甚至报道，给猪喂高水平维生素 C 的饲粮，升高了背最长肌在冷藏期间的硫代巴比妥酸值。饲粮中停止补充维生素 C，猪血液中维生素 C 水平会迅速降回到基线（Pion 等，2004）。因此，补充维生素 C 对脂肪和肉色的效果可能与维生素 C 的补充时间有密切联系，似乎后者是发挥维生素 C 改善脂肪和肉色作用的关键。

由此可见，维生素营养与畜禽生产和机体健康息息相关，尽管维生素在动物营养生理作用的研究已取得一定进展，但各种维生素的营养生理功能仍有极大的挖掘空间，不同动物在不同生理阶段和饲养环境条件下对各种维生素的需求量及作用机理还需更加系统深入地研究。

参考文献

陈金永，2010. 猪 β-防御素基因表达特点及维生素 A 的调节作用［D］. 雅安：四川农业大学.

李德发，2020. 中国猪营养需要［M］. 北京：中国农业出版社.

刘光芒，2006. 铁与维生素 A 水平对小鼠子宫分泌蛋白及胚胎存活的影响［D］. 雅安：四川农业大学.

刘静波，2010. 宫内发育迟缓仔猪代谢和生产缺陷及其营养调控效应［D］. 雅安：四川农业大学.

卢娜，宗学醒，王雅晶，等，2018. 不同类型维生素 D_3 对奶牛产奶性能，血液指标及钙磷代谢的影响［J］. 动物营养学报，30：2 997-3 004.

荣爽，徐凯，李婷婷，等，2020. 维生素与免疫功能［J］. 营养学报，42：5.

田允波，1991. 维生素 A 胡萝卜素与牛的繁殖机能［J］. 甘肃畜牧兽医，21：3.

王峻，尹守铮，张妮娅，等，2016. 维生素 C 对肉鸡体内氧化还原状态的影响［J］. 湖北农业科学，55：966-970.

文信旺，黄香，李秀良，等，2009. 亚硒酸钠维生素 E 在奶牛繁殖方面应用的试验观察［J］. 广西畜牧兽医，25：2.

杨秋霞，2012. 维生素 E 对蛋种鸡生产性能、抗氧化、脂类代谢及 OBR 基因表达的影响［D］. 保定：河北农业大学.

赵叶，2013. 不同猪种抗病毒相关模式识别受体基因表达差异及维生素 D 的抗病毒作用与机制［D］. 雅安：四川农业大学.

BARELLA L，ROTA C，STöCKLIN E，et al，2004. α-Tocopherol affects androgen metabolism in male rat［J］. Annals of the New York Academy of Sciences，1031：

334-336.

BOLER D D, GABRIEL S R, YANG H, et al, 2009. Effect of different dietary levels of natural-source vitamin E in grow-finish pigs on pork quality and shelf life [J]. Meat Science, 83: 723-730.

Christakos S, Dhawan P, Verstuyf A, et al, 2016. Vitamin D: metabolism, molecular mechanism of action, and pleiotropic effects [J]. Physiological Reviews, 96: 365-408.

COLSTON K W, CHANDER S K, MACKAY A G, et al, 1992. Effects of synthetic vitamin D analogues on breast cancer cell proliferation in vivo and in vitro [J]. Biochemical Pharmacology, 44: 693-702.

CORONADO S A, TROUT G R, DUNSHEA F R, et al, 2002. Effect of dietary vitamin E, fishmeal and wood and liquid smoke on the oxidative stability of bacon during 16 weeks' frozen storage [J]. Meat Science, 62: 51-60.

DELUCA H F, 2016. Vitamin D: historical overview [J]. Vitamins and Hormones, 100: 1-20.

DELVIN E, SALLE B, GLORIEUX F, et al, 1986. Vitamin D supplementation during pregnancy: effect on neonatal calcium homeostasis [J]. The Journal of Pediatrics, 109: 328-334.

DITTMER K, THOMPSON K, 2011. Vitamin D metabolism and rickets in domestic animals: a review [J]. Veterinary Pathology, 48: 389-407.

DOMOSŁAWSKA A, ZDUNCZYK S, FRANCZYK M, et al, 2018. Selenium and vitamin E supplementation enhances the antioxidant status of spermatozoa and improves semen quality in male dogs with lowered fertility [J]. Andrologia, 50: e13023.

D'SOUZA D N, PETHICK D W, DUNSHEA F R, et al, 2003. Nutritional manipulation increases intramuscular fat levels in the Longissimus muscle of female finisher pigs [J]. Australian Journal of Agricultural Research, 54: 745-749.

EICHENBERGER B, PFIRTER H P, WENK C, et al, 2004. Influence of dietary vitamin E and C supplementation on vitamin E and C content and thiobarbituric acid reactive substances (TBARS) in different tissues of growing pigs [J]. Archives of Animal Nutrition, 58, 195-208.

FANG Y Z, YANG S, WU G, 2002. Free radicals, antioxidants, and nutrition [J]. Nutrition, 18: 872-879.

FERRARO P M, CURHAN G C, GAMBARO G, et al, 2016. Total, dietary, and supplemental vitamin C intake and risk of incident kidney stones [J]. American Journal of Kidney Diseases, 67: 400-407.

GEBERT S, EICHENBERGER B, PFIRTER H P, et al, 2006. Influence of different dietary vitamin C levels on vitamin E and C content and oxidative stability in various tissues and stored m. longissimus dorsi of growing pigs [J]. Meat Science, 73, 362-367.

GUO Q, RICHERT B T, BURGESS J R, 2006. Effects of dietary vitamin E and fat supplementation on pork quality [J]. Journal of Animal Science, 84: 3 089-3 099.

HARPER A F, LINDEMANN M D, CHIBA L I, et al, 1994. An assessment of dietary folic acid levels during gestation and lactation on reproductive and lactational performance of sows: a cooperative study [J]. Journal of Animal Science, 72: 2 338-2 344.

HILL A, CLASEN K C, WENDT S, et al, 2019. Effects of vitamin C on organ function in cardiac surgery patients: a systematic review and meta-analysis [J]. Nutrients, 11: 2103.

HOLICK M F, 2020. Sunlight, UV-radiation, vitamin D and skin cancer: how much sunlight do we need? [J]. Sunlight, Vitamin D and Skin Cancer, 1268: 19-36.

HONG Z, LUO H, HUI M, et al, 2009. Effect of vitamin E supplementation on development of reproductive organs in Boer goat [J]. Animal Reproduction Science, 113: 93-101.

KONOWALCHUK J D, RIEGER A M, KIEMELE M, 2013. Modulation of weanling pig cellular immunity in response to diet supplementation with 25-hydroxyvitamin D_3 [J]. Veterinary Immunology and Immunopathology, 155: 57-66.

LAURIDSEN C, HALEKOH U, LARSEN T, et al, 2010. Reproductive performance and bone status markers of gilts and lactating sows supplemented with two different forms of vitamin D [J]. Journal of Animal Science, 88: 202-213.

LINDEMANN M D, BRENDEMUHL J H, CHIBA L I, et al, 2008. A regional evaluation of injections of high levels of vitamin A on reproductive performance of sows [J]. Journal of Animal Science, 86: 333-338.

MATTE J J, CHRISTIANE L G, GERMAIN J B, 1992. The role of folic acid in the nutrition of gestating and lactating primiparous sows [J]. Livestock Production Science, 32: 131-148.

MAWER E B, Davies M, 2001. Vitamin D nutrition and bone disease in adults [J]. Reviews in Endocrine and Metabolic Disorders, 2: 153–164.

MCDOWELL L R, WILLIAMS S N, HIDIROGLOU N, et al, 1996. Vitamin E supplementation for the ruminant [J]. Animal Feed Science and Technology, 60: 273–296.

MONAHAN F J, ASGHAR A, GRAY J I, et al, 1994. Effect of oxidized dietary lipid and vitamin E on the colour stability of pork chops [J]. Meat Science, 37: 205–215.

NORMAN A W, 2008. From vitamin D to hormone D: fundamentals of the vitamin D endocrine system essential for good health [J]. The American Journal of Clinical Nutrition, 88: 491S–499S.

Olivares A, Daza A, Rey A I, et al, 2009. Interactions between genotype, dietary fat saturation and vitamin A concentration on intramuscular fat content and fatty acid composition in pigs [J]. Meat Science, 82: 6–12.

PADAYATTY S J, LEVINE M, 2016. Vitamin C: the known and the unknown and Goldilocks [J]. Oral Diseases, 22: 463–493.

PHILLIPS A L, FAUSTMAN C, LYNCH M P, et al, 2001. Effect of dietary α-tocopherol supplementation on color and lipid stability in pork [J]. Meat Science, 58: 389–393.

PION S J, VAN HEUGTEN E, SEE M T, et al, 2004. Effects of vitamin C supplementation on plasma ascorbic acid and oxalate concentrations and meat quality in swine [J]. Journal of Animal Science, 82: 2 004–2 012.

QIANG J, WASIPE A, HE J, et al, 2019. Dietary vitamin E deficiency inhibits fat metabolism, antioxidant capacity, and immune regulation of inflammatory response in genetically improved farmed tilapia (GIFT, Oreochromis niloticus) fingerlings following Streptococcus iniae infection [J]. Fish & Shellfish Immunology, 92: 395–404.

SCARLETT W L, 2003. Ultraviolet radiation: sun exposure, tanning beds, and vitamin D levels. What you need to know and how to decrease the risk of skin cancer [J]. Journal of Osteopathic Medicine, 103: 371–375.

SURAI P F, KOCHISH I I, 2019. Nutritional modulation of the antioxidant capacities in poultry: the case of selenium [J]. Poultry Science, 98: 4 231–4 239.

THARNISH T A, LARSON L L, 1992. Vitamin A supplementation of Holsteins at high concentrations: progesterone and reproductive responses [J]. Journal of Dairy Science, 75: 2 375–2 381.

TRABER M G, 2007. Vitamin E regulatory mechanisms [J]. Annual Review of Nutrition,

27: 347-362.

WARD S J, MORRISS-KAY G M, 1997. The functional basis of tissue-specific retinoic acid signalling in embryos [J]. Seminars in Cell and Developmental Biology, 8: 429-435.

ZINGG J M, 2015. Vitamin E: a role in signal transduction [J]. Annual Review of Nutrition, 35: 135-173.

专题 6　能量表达体系与模型

能量是一个抽象的概念，我们将其定义为做功的能力。动物的维持、生长、繁殖和生产等所有生命活动都需要能量的驱动，因此能量对于动物而言是最重要的营养因素。饲料能量主要来源于碳水化合物、脂肪和蛋白质这三大有机营养物质。动物采食饲料后，三大有机营养物质经消化吸收进入体内，储存于三大有机营养物质化学键中的化学能在糖酵解、三羧酸循环或氧化磷酸化过程中释放出能量，最终以 ATP 的形式满足机体需要，也可以蛋白质和脂肪的形式沉积在体内或产品中（陈代文和余冰，2020）。

哺乳动物和禽饲料能量的主要来源是碳水化合物。因为碳水化合物在常用植物性饲料中含量最高、来源丰富。脂肪主要存在于植物种子和动物脂肪中，是含能量最高的营养物质，单位重量下，脂肪在体内代谢产生的能量约为碳水化合物的 2.25 倍，但脂肪在饲料中含量较少，不是主要的能量来源。蛋白质必须先分解成氨基酸，氨基酸脱氨基后再氧化释放能量。一方面，蛋白质在动物体内不能完全氧化，作为能源的利用率较低；另一方面在脱氨基过程中产生的氨对动物有害。因此，蛋白质不宜作为能源使用。然而，鱼类对碳水化合物的利用率较低，其有效供能物质尚属蛋白质，其次是脂肪。此外，当动物处于绝食、饥饿、产奶、产蛋等状态，饲料来源的能量难以满足需要时，也可依次动用体内储存的糖原、脂肪和蛋白质来供能，以应一时之需。但是，这种由体组织先合成后降解的供能方式，其效率低于直接用饲料供能的效率。近年来，能量的表达体系与能量模型是动物营养学的研究热点。

一、能量表达体系

饲料中的能量不能完全被动物利用，在动物体内的代谢过程中总有不可避免的能量损失，其中可被动物利用的能量称为有效能。动物生产的最终目的是使家畜以最高效率将摄取的能量贮存于机体有机营养物质（蛋白质、脂肪和碳水化合物）中。饲料能量在动物体内的代谢遵循能量守恒定律（热力学第一定律），即能量在转化的过程中总量保持不变，只是从一种形式转化为其他形式。能量守恒定律是评定饲料有效能，以及研究动物对饲料能量的利用和动物对有效能需要量的基本理论依据。

（一）饲料能量的转化

饲料能量是根据养分在氧化过程中所释放的热量而测定，并以能量单位表示。能量仅能在规定的标准条件下进行测定，因此所有给定的单位能量均是绝对相等的。能量的国际单位为“焦耳”（joule，简写为 J），常用千焦耳（kJ）或兆焦耳（MJ）；能量的传统热量单位为“卡路里”（calorie，简写为 cal），常用千卡（kcal）或兆卡（Mcal）。两者的换算关系为：1 cal = 4.184 J、1 kcal = 4.184 kJ 和 1 Mcal = 4.184 MJ。根据饲料能量的代谢过程，可将其划分为总能（gross energy，GE）、消化能（digestible energy，DE）、代谢能（metabolizable energy，ME）和净能（net energy，NE）（图 6-1）。

1. 总能（GE）

饲料中有机物完全氧化燃烧所释放的能量为 GE，饲料的 GE 含量取决于其氧化的程度即碳加氢与氧的比率。所有的碳水化合物都有相似的比率，因此具有相似的 GE 值（约 17.5 MJ/kg DM）；而甘油三酯含有较少的氧，因此 GE 值（约为 39 MJ/kg DM）远高于碳水化合物；各种脂肪酸因碳链的长度不同而在 GE 含量上有所差异，因此短链脂肪酸的能值含量较低。蛋白质含有额外的可氧化的元素——氮（有的蛋白质中还含有硫），因此蛋白质的能值高于碳水化合物（部分饲料及营养物质的总能值见表 6-1）。GE 仅反映饲料中贮存的化学能总量，而与动物无关，不能反映动物对能量的利用情况。例如，燕麦秸秆和玉米具有相同的 GE 值，但二者对动物的营养价值却相差较大。因此，GE 不能准确反映动物对饲料能量的利用情况，但却

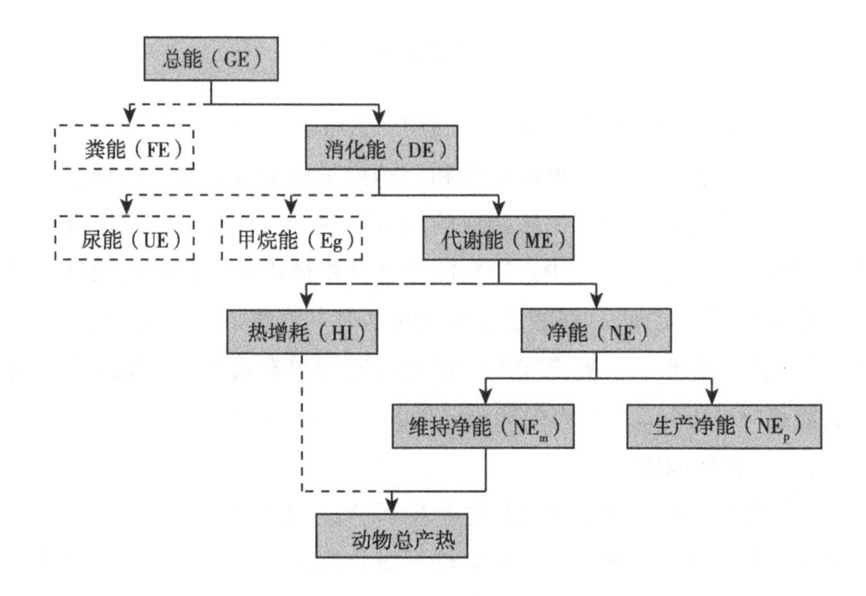

图 6-1 饲料能量在动物体内的分配

是评定饲料有效能的基础。

2. 消化能（DE）

动物摄入饲料 GE 后，一部分被吸收，其余由粪排出体外。DE 是饲料可消化养分所含的能量，即动物摄入饲料 GE 与粪能（fecal energy，FE）之差。按上式计算的消化能称为表观消化能（apparent digestible energy，ADE）。实际上，粪中的消化道微生物及其代谢产物、消化道分泌物和经消化道排泄的代谢产物以及消化道黏膜脱落细胞均为含能物质，这三者所含的能量称为代谢粪能（fecal energy from metabolic origin products，F_mE，m 代表代谢来源），从 FE 中减去 F_mE 后计算的消化能称为真消化能（true digestible energy，TDE）。真消化能所反映的饲料能值比表观消化能更为准确，但难以测定，故营养学研究中多用表观消化能。通常 FE 是饲料 GE 最大的损失途径，损失比例因动物种类和饲料类型不同而异。吮乳幼龄动物不到 10%，马约 40%，猪约 20%，反刍动物采食精饲料时为 20%~30%，采食粗饲料时为 40%~50%，采食低质粗饲料时可达 60%。

表 6-1　部分饲料及营养物质的总能值（kJ/g，以干物质为基础）

饲料	总能值	脂肪	总能值	蛋白质	总能值	碳水化合物	总能值
玉米籽实	18.5	乳脂	38.07	脱脂牛肉	22.18	葡萄糖	15.65
燕麦籽实	19.6	牛油	39.33	酪蛋白	24.69	蔗糖	16.48
燕麦秸	18.5	玉米油	39.33	卵清	23.83	淀粉	17.49
大豆	23.0	椰子油	37.42	谷蛋白	25.10	纤维素	17.49
米糠	22.1	硬脂酸	39.87	尿素	10.54		
麸皮	19.0	油酸	39.75	尿酸	11.46		
干草	18.9	乙酸	14.60	丙氨酸	18.26		
亚麻籽	21.4	丙酸	20.75	酪氨酸	24.73		
		丁酸	24.04				
		平均	39.33	平均	23.85	平均	17.15

3. 代谢能（ME）

代谢能是指饲料 DE 减扣尿能（urinary energy，UE）及甲烷能（Eg）后剩余的能量，即 ME = DE-（UE+Eg）= GE-FE-UE-Eg。

尿能（UE）指尿中有机物所含的总能，主要来自蛋白质的代谢产物尿氮，如尿素、尿酸、肌酐等。尿氮在哺乳动物中主要为尿素，在禽类主要为尿酸。每克尿氮的能值为：反刍动物 31 kJ，猪 28 kJ，禽类 34 kJ。尿能的损失量比较稳定。猪的尿能损失占总能的 2%~3%，反刍动物为 4%~5%。影响尿能损失的因素主要是饲料结构，特别是饲料蛋白质水平、氨基酸平衡状况及饲料中有害成分的含量，饲料蛋白质水平增高，氨基酸不平衡，氨基酸过量和能量不足导致氨基酸脱氨基供能等，均可提高尿氮排泄量，增加尿能损失，降低代谢能值；若饲料含有芳香油，动物吸收后经代谢脱毒产生马尿酸，并从尿中排出，增加尿能损失。

甲烷能（Eg）指由动物消化道微生物发酵产生的气体经肛门、口腔和鼻孔排出而导致能量损失。单胃动物消化道微生物发酵主要在大肠，产生的甲烷较少，可以忽略不计。反刍动物消化道（主要是瘤胃）微生物发酵产生的气体量大，甲烷能的损失量与饲料性质及饲养水平有关。低质饲料所产甲烷量较大，并且气体能占总能比例随采食量增加而下降，处在维持饲养水平时，气体能约占总能的 8%；而在维持水平以上时，占 6%~7%。因此，测定反刍动物代谢能值时，必须考虑 Eg 损失。

对于反刍动物 UE 和 Eg 可准确预测，因此通常可以由饲料 DE 预测 ME，即 $ME=a\times DE$，a 介于 0.81～0.86，即 14%～19%的 DE 经尿和甲烷而损失。除高精料饲粮外，其他饲粮均可用 a 为 0.81 或 0.82，例如英国农业和食品研究委员会（AFRC，1993）用 DE×0.81 预测 ME，而美国国家科学研究委员会（NRC，2007）则用 DE×0.82。

尿能除来自饲料养分吸收后在体内代谢分解的产物外，还有部分来自体内蛋白质动员分的产物，后者称为内源氮，所含能量称为内源尿能（urinary energy from endogenous origin products，U_eE）。饲料代谢能可分为表观代谢能（apparent metabolizable energy，AME）和真代谢能（true metabolizable energy，TME）。计算公式如下：

$$
\begin{aligned}
AME &= ADE-(UE+Eg)\\
&= (GE-FE)-(UE+Eg)\\
&= GE-(FE+UE+Eg)\\
TME &= TDE-[(UE-U_eE)+Eg]\\
&= [GE-(FE-F_mE)]-UE-Eg+U_eE\\
&= GE-(FE+UE+Eg)+(F_mE+U_eE)\\
&= AME+(F_mE+U_eE)
\end{aligned}
$$

TME 反映饲料的营养价值比 AME 准确，但测定更麻烦，故实践中常用 AME。

氮校正代谢能（N-corrected metabolizable energy，ME_n）是根据体内沉积进行校正后的代谢能，主要用于家禽。家禽粪尿在泄殖腔混合后排出，所以测定代谢能比消化能容易。测定饲料的代谢能时，一般都利用处于生长期的中雏，因而在实验期内必然有增重，即伴随有氮沉积，饲料种类不同，氮沉积量不同。为便于比较不同饲料的代谢能值，应消除氮沉积量对代谢能值的影响，即根据氮沉积量对代谢能进行校正，使其成为氮沉积为零时的代谢能。校正公式为：

$$AME_n = AME-RN\times 34.39$$

$$TME_n = TME-RN\times 34.39$$

式中：RN（total nitrogen retained）为家禽每日沉积的氮量（g），可为

正值、负值和零计算时将符号代入；34.39 为每克尿氮所对应的能量。

4. 净能（NE）

净能是饲料中用于动物维持生命和生产产品的能量，即饲料 ME 减扣饲料在体内的热增耗（heat increment，HI）后剩余的能量。计算公式为：

NE = ME−HI = GE−DE−UE−Eg−HI

HI 又称为特殊动力作用或食后增热，是指动物在采食、消化、吸收和代谢营养物质的过程中消耗能量后的产热量，根据体内的作用，NE 可分为维持净能（net energy for maintenance，NE_m）和生产净能（net energy for prodcton，NE_p）。NE_m指用于维持生命活动、随意运动维持体温恒定的量；NE_m最终以热的形式散失，因此动物的产热量（heat production，HP）即为 HI 和 NE_m之和。饲料提供的 NE 超出维持需要的部分将用于不同形式的生产，如增重、产蛋、产奶产毛等。

影响热增耗的因素主要有动物种类、饲料组成和饲养水平。在动物种类方面，反刍动物采食后的热增耗比单胃动物的更大、更持久，原因是反刍动物在咀嚼、反刍和消化发酵过程中消耗较多的能量。同时，瘤胃中产生的挥发性脂肪酸在体内产生的热增耗比葡萄糖多。如反刍动物利用禾本科籽实和饲草时，热增耗分别占代谢能的 50%和 60%。在饲料组成方面，不同营养物质的热增耗不同。蛋白质热增耗最大，脂肪的热增耗最低，碳水化合物居中。饲粮中蛋白质含量过高或者氨基酸不平衡，会导致大量氨基酸在动物体内脱氨分解，将氨转化成尿素及尿素的排泄都需要能量，并以热的形式散失；同时，氨基酸碳架氧化时也释放大量的热量。饲粮中粗纤维水平及饲料形状会影响消化过程产热及挥发性脂肪酸中乙酸的比例，因此影响热增耗的产生。饲粮缺乏某些矿物质（如磷、钠）或维生素（如核黄素）时，热增耗也会增加。在饲养水平方面，当动物饲养水平提高时，动物用于消化吸收的能量增加。同时，体内营养物质的代谢也增强，因而热增耗会增加。

（二）不同动物采用的能值体系

1. 单胃动物

能量类饲料在家禽饲粮中占有较大比例，准确评定家禽饲料原料有效能值对于节约饲料资源、降低饲养成本至关重要。家禽饲料原料有效能值的评定一直使用ME体系。但是ME体系没有考虑动物对饲料摄食和消化过程产生的热增耗（HI）。不同营养物质引起的HI不同，蛋白质的HI最大，脂肪的HI最低，碳水化合物居中。ME体系高估了粗蛋白质（CP）和粗纤维（CF）的能量利用率，低估了粗脂肪（EE）和淀粉的能量利用率。与ME体系相比，净能（NE）体系考虑了不同营养物质消化代谢利用的差异，能够最真实地反映家禽或猪维持能量需要量和生产能量需要量。

国内在评定猪、鸡等单胃动物对饲料能量的利用效率时通常以测定料的消化能和代谢能为主，且很多研究人员采用饲喂试验进行实测，进展较快。

2. *反刍动物*

但国内近年来关于反刍动物饲料能量实测的研究并不多，相关报道多为计算值。各国现行反刍动物饲料能量价值评定和动物能量需要量体系主要分为两大类，即净能体系和代谢能体系。自1987年冯仰廉等（2000）研究人员在试验实测和整理相关试验材料的基础上提出以消化能预测产奶净能值的模型后，我国奶牛和肉牛营养需要都相继采用了净能体系，一些反刍动物饲料的有效能评定也开始采用净能指标。但是将所有反刍动物饲料的净能值全部实测也不太现实，因为反刍动物饲料净能值的测定需要大量的试验动物和呼吸测热室等大型专业设备，我国目前能够完成反刍动物饲料净能值实测的科研机构非常少。世界各国均通过一定数量有代表性的饲料实测净能数据来推导净能与消化能或代谢能之间的回归模型，从而计算出饲料的净能值（刁其玉，2018）。

二、能量模型

能量模型本质上是动物的能量摄入与动物生产性能或生产效率间关系的一整套规则。这种模型既可以用来预测动物不同能量摄入量时所应表现出的实际生产性能，也可以用来计算为达到某一预定生产水平所需要的能量供给量（卢德勋，2004）。能量模型目前是作为科学工具而不是作为实践应用工具，但它可以融合所有已有的科学试验数据，并且对鉴别科学知识的空白具有价值。最简单的能量模型包括两套数据：一套是关于动物的能量需要，另一套是饲料的能量值。理论上，两套数据在表述时都应该使用相同的术语来表示。例如，如果动物每天生长 1 kg，需要贮存 15 MJ 的能量，动物生长的能量需要即可用 15 MJ/kg 来表示。如果能够实现该增重的饲料中的净能为 5 MJ/kg，那么实现该增重的饲料的进食量就很容易计算得到：15 MJ/5 MJ/kg=3 kg。在这个例子中，不管是动物对能量的需要量，还是饲料中能量值都是用净能来表示，所用的体系即为净能体系。然而，饲料的净能值并不是一个固定值，而是随不同动物所采食的饲料中能量用途的不同而不同。由于饲料的代谢能用于维持需要的效率要比用于生长（或是用于产乳、产蛋）的效率高，因此，同一种饲料至少有两个净能值。鉴于此原因，可能用变化较小的能量术语表述饲料的能值更可取。实际上，大多数能量模型都使用代谢能来衡量饲料的能值。当饲料能量用代谢能表示，而动物的需要量用净能表示时，显然两者不可能等同。为使两者一致，需要在能量体系中额外加入一个参数，称之为转换系数。因此，在上面给的例子中，如果饲料能量值用 10 MJ/kg 的代谢能表示，转换系数可以用 k_g 来表示，即表示代谢能用于增重净能的利用效率。如果 k_g 值为 0.5，饲料的净能值就可以计算为：10 MJ/kg×0.5=5 MJ/kg。

转换系数的使用使能量模型比仅建立在动物能量摄入和排出基础上的能量体系更加烦琐和复杂。因此，就有可能将摄入的能量根据其来源再分为由蛋白质、脂肪和碳水化合物提供的代谢能。同样，能量沉积也可以根据去向被分为以蛋白质形式贮存的能量和以脂肪形式贮存的能量。转换系数目前可以包括营养物质摄入和贮存相关的生物化学途径。

（一）反刍动物的能量模型

反刍动物的能量模型在欧洲的应用种类繁多，在这里没法把每一种都进行详细描述。在英国农业研究委员会（ARC）的反刍动物能量模型中，饲料能量值用代谢能表示，日粮代谢能值由组成日粮的饲料相加计算得到。动物的能量需要用净能的绝对值表示。其转换系数的特征是可以一系列公式来预测代谢能用于维持、生长和泌乳的效率（表 6-2）。这些预测是根据日粮的代谢能浓度，因此不是用 MJ/kg 来表示，而是用 ME/GE（有时称为“代谢率”）来表示。用代谢率乘以 18.4，即可以转换为 MJ ME/kg DM，18.4 是在饲料干物质中的总能平均浓度（虽然这个系数对于高灰分含量饲料太高而对于高蛋白质或高脂含量同料又太低）。虽然维持（k_m）、泌乳（k_l）和代谢率（q_m）不同。从另外一种方式来看，对于劣质饲料（q_m=0.4），生长和育肥（kg）只是k_m的50%，而对于优质饲料（q_m=0.4），k_g是k_m的74%。

表 6-2　反刍动物代谢能用于维持、生长和泌乳的效率

代谢率（q_m）	0.4	0.5	0.6	0.7
代谢能浓度（MJ/kg DM）	7.4	9.2	11.0	12.9
维持（k_m）	0.643	0.678	0.714	0.750
生长和育肥（k_g）	0.318	0.396	0.474	0.552
泌乳（k_l）	0.560	0.595	0.630	0.663
公式：$k_m=0.35q_m+0.503$				
$k_g=0.78q_m+0.006$				
$k_l=0.35q_m+0.420$				

荷兰、比利时、法国、德国、瑞士、意大利和奥地利的能量模型有许多共同特征，以荷兰模型作为例子讲述。由可消化养分计算得出饲料的代谢能含量，并将其转换为净能值。对于生长动物，这种转化的基础是动物的生产水平是一个常数1.5，因此，饲料代谢能用于维持和生产混合功能的平均效率（k_{mp}）对于已知代谢能浓度的饲料就有一个唯一值。因此，每种饲料在维持和生产（NE_{mp}）上被给予一个净能值，但是它除以大麦的假定的NE_{mp}（6.9 MJ/kg或8 MJ/kg DM）就转化为一个单位值。对于泌乳奶牛维持和泌乳相应的净能值的计算是假定当ME/GE=0.57（即M/D=10.5 MJ/kg），而且ME/GE是每单位0.4的成比例变化k_l为0.60。例如，如果M/D=11.5 MJ/kg，ME/GE=0.62，饲料泌乳净能（NE_l）=0.62×11.5=7.1 MJ/kg DM。减少NE_l预期值的2.5%，这使得计算更加复杂，考虑到奶牛正常的高饲养水平，于是把NE_l值转化为一个单位值（再次假定大麦含有6.9 MJ NE/kg）。除了应用于奶牛，NE_l值还用于配制幼年产奶动物的日粮（即青年母牛被作为后备奶牛进行饲养）。

在使用总可消化养分体系许多年以后，美国给肉牛和奶牛换成了净能体系，这些在美国国家研究委员会（NRC）的出版物中有描述。代谢能计算是用0.82乘以消化能，而消化能是根据每千克TDN 4.409 Mcal（18.45 MJ）计算。对于肉牛，饲料有两个净能值，维持净能（NE_m）和增重净能（NE_g），这些是用每种饲料的干物质的代谢能（ME）含量计算，用到下列等式：

$$NE_m = 1.37ME - 0.138ME^2 + 0.0105ME^3 - 1.12$$

$$NE_g = 1.42ME - 0.174ME^2 + 0.0122ME^3 - 1.65$$

式中：ME为干物质代谢能含量，所有的能量值用Mcal/kg DM表示。

这些等式估计含11 MJ（2.63 Mcal）ME/kg DM的饲料的NE_m和NE_g。分别是7.2 MJ/kg DM和4.6 MJ/kg DM，与此相比，英国ARC体系的值（表6-2）是7.9和5.2。对于一种劣质饲料，含7.4 MJ（1.77 Mcal）ME/kg DM，美国的值是3.9 MJ NE_m和1.6 MJ NE_g，而相应的英国值分别是4.8和2.4 MJ。因此，美国值要比源于英国体系的值明显低，对于低代谢能的饲料这种差异特别大。

美国体系中泌乳净能（NE_l）的计算来自TDN，消化能或代谢能是用与荷兰体系中所用的相似等式计算。例如，含10或12 MJ ME/kg DM的饲料的计算得美国体系含6.0或7.1 MJ NE_l/kg DM，而在荷兰体系中为5.8或7.2 MJ NE_l。正像在荷兰体系与相关欧洲体系一样，机体维持和乳合成的净能需要表示为NE_l。

（二）猪的能量模型

作为衡量饲料能量的一种尺度，如果饲料代谢能的利用效率（即k系数）之间有差异的话，净能要优于代谢能（和消化能）。对于许多猪日粮，通常k系数在相当程度上是不变的，然而，纤维性饲料就有特殊性，如发酵性消化的终产物在猪体内的利用效率更小（正如它们在反刍动物体内一样）。英国农业研究委员会（ARC），在1981年出版的《猪的营养需要》中提出，与挥发性脂肪酸代谢相关的甲烷和热损失一起降低了发酵的消化能的净能值，不到源于从小肠吸收养分的消化能的净能值的2/3。

当k_g再进一步被划分为蛋白质贮存（k_p）和脂肪贮存（k_f）时，这些系数是不同的。因此，在英国和美国，用单独的k_p值（0.56）和k_f值（0.74）来计算猪的生长的能量需要，对于猪，这些差别变得重要，因为要选择贮存更少的脂肪和更多的蛋白质的猪的育种策略的缘故。

尽管 k 系数存在这些不同，但是大多数国家猪的能量体系是建立在消化能或代谢能的基础上，虽然在某些情况下接受了纤维性饲料的更低的代谢能的净能值进行了修正。在英国使用的体系建立在消化能基础上，虽然代谢能是更常用的量度。有人提出这两种量度是相对接近的（如 $ME=0.96\times DE$），虽然纤维性饲料在消化道后段产生甲烷，系数是 0.90 而不是 0.96。

（三）家禽的能量模型

相对于猪饲料而言，有人认为家禽对饲料代谢能的利用具有相对不变的效率。有关家禽测热研究进展产生的结果不支持这一观点，特别是呈现出由日粮脂肪提供的代谢能的利用效率要大于由碳水化合物提供的。因此，已经有了对家禽净能体系更进一步的计划，这将包含由代谢能估计净能的等式，但是这些还没有被采用。家禽的代谢能很容易测得，因为粪和尿一起排出，这对家禽的能量体系来说是有利因素。

三、小结

能量定义为做功的能力。动物体的所有生命活动和生产产品都需要能量。能量单位为焦耳。饲料能量主要来源于碳水化合物、脂肪和蛋白质三大有机营养物质，其中碳水化合物为最主要的能量来源。

根据饲料能量在体内的转化过程，将饲料能量划分为总能、消化能、代谢能和净能。

能量模型本质上是动物的能量摄入与动物生产性能或生产效率间关系的一整套规则。这种模型既可以用来预测动物不同能量摄入量时所应表现出的实际生产性能，也可以用来计算为达到某一预定生产水平所需要的能量供给量。

参考文献

陈代文，余冰，2020. 动物营养学 [M]. 4 版 . 北京：中国农业出版社 .

刁其玉，2018. 饲料配方师培训教材 [M]. 北京：中国农业科学技术出版社 .

卢德勋，2004. 系统动物营养学导论 [M]. 北京：中国农业出版社 .

AFRC，1993. Energy and Protein Requirements of RuminantsAn advisory manual prepared by the AFRC technical committee on responses to nutrients [M]. Wallingford, UK: CAB International.

NRC, 2007. Nutrient requirements of small ruminants: sheep, goats, cervids and new world camelit [M]. Washington D. C.: National Academy Press.

第二部分

动物营养调控

专题7　动物采食量调控

动物的采食是一种复杂的活动，包括觅食、识别、定位感知、食入和咀嚼吞咽等一系列过程。饲料在采食后，养分被消化吸收、参与体内代谢，并在体内沉积，所有这些活动和过程均会影响动物的采食量。动物采食量主要受中枢神经系统的调控，而其他器官如感觉器官、胃肠道、肝、血液和脂肪组织也通过神经-体液的反馈作用参与采食量的调节（陈代文和余冰，2020）。

一、中枢神经系统对采食量的调控作用

中枢神经系统（central nervous system，CNS）是调节采食量的关键因素，其作用是使动物产生饥饿感和饱感，调节食欲的大小，从而引起采食的开始和停止，控制采食量。已有足够的实验证据表明，脊椎动物的下丘脑是调节采食量的中枢部位。下丘脑存在与采食量相关的两个区域，即下丘脑左右两侧的腹内侧核（ventromedial hypothalamus，VMH；或 ventromedial hypothalamic nuclei，VMN）和下丘脑的外侧区（lateral hypothalamus，LH；或 lateral hypothalamic area，LHA）。电极刺激 VMN 可以使饥饿动物正在进食的行为立即终止，破坏 VMN，则动物的进食量增加，产生肥胖。相反，如果破坏 LHA，动物的进食量则明显减少，导致消瘦。因此，LHA 和 VMN 分别被称为“饥饿中枢”和“饱食中枢”。

在破坏下丘脑的饱食和饥饿中枢后，尚不能阻止禁食后代偿性进食反应，这提示除这两个区域外，脑组织中尚有其他部位参与摄食的调控。研究表明，摄食是在神经系统严密控制之下的一种行为活动。神经系统对摄食行为的调节就是多核团和多神经元形成的一种网络系统，包括下丘脑中弓状核（Areuate Nueleus，ARC）、室旁核（paraventricular nucleus，PVN）、

背中核（dorsomedial nueleus，DMN）和视交叉上核（suprachiasmatic nucleus，SCN）等共同完成对摄食行为的调节。其中ARC、LHA是食欲信号合成和释放的区域，PVN是食欲信号相互作用的区域。PVN从大脑的许多区域接受投影，包括ARC、孤束核（Nucleus Tractus Solitarii，NTS）等，而SCN、VMN、DMN是调控食欲信号的区域。位于下丘脑的弓状核包含两种具有相反作用的神经元：刺豚鼠相关肽（agouti-related peptide，AgRP）/神经肽Y（neuropeptide Y，NPY）神经元（刺激食欲）和阿黑皮质素原（pro－opiomelanocortin，POMC）/可卡因－安非他命调节转录因子（cocaineand amphetamine-regulated transcript，CART）神经元（抑制食欲）。胃饥饿素（ghrelin）刺激动物采食，但瘦素（leptin）抑制动物采食。

外周各种摄食相关信号（如胰岛素、瘦素、葡萄糖等）传入中枢后，在下丘脑进行加工和整合，并做出相应的调控，最终通过神经肽Y和刺豚鼠相关肽途径来促进采食或阿黑皮质素原和可卡因-安非他命调节转录因子途径来抑制采食（图7-1）。下丘脑弓状核部位的血脑屏障通过感知外周血

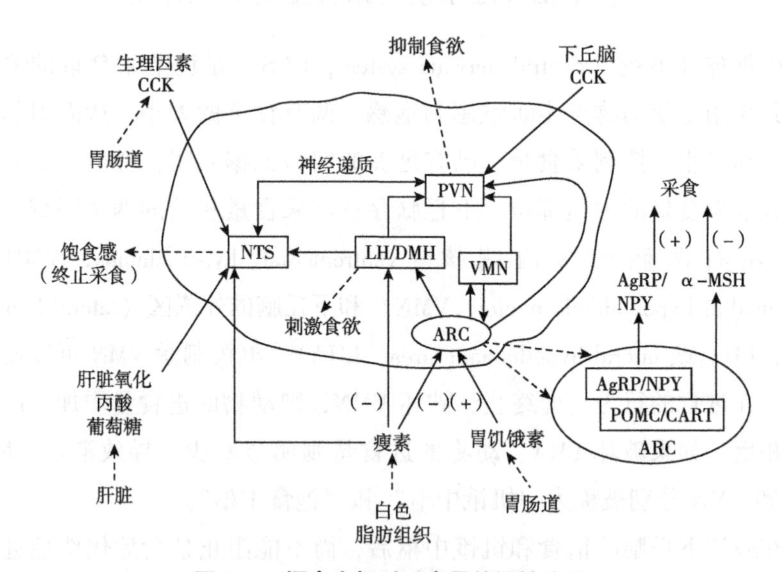

图7-1 摄食中枢对采食量的调控作用

注：CCK（cholecystokinin），胆囊收缩素；α－MSH（α－melanocyte－stimulating hormone），促黑素细胞激素；POMC（pro-opiomelanocortin），阿黑皮素原。(+)，刺激；(-)，抑制（资料来源：Sartin等，2011）。

液信号的变化，对比促进采食的信号及抑制采食的信号的强弱，对信号进行加工、整合，最终促进或抑制动物的采食。

二、外周组织器官对采食量的调控作用

外周组织器官如感觉器官、胃肠道、肝、血液和脂肪组织主要通过神经-体液的反馈作用参与采食量的调节。

（一）感觉器官对采食量的调控作用

动物通过视觉、嗅觉、味觉、触觉、听觉等感觉器官参与采食量调控，能够感受饲料的色、香、味、质地和声音，决定食物被接受程度和采食量。嗅觉和味觉是高等动物辨别和摄取食物的第一感觉系统。研究表明，在动物的鼻腔黏膜上皮的嗅细胞中存在大量的嗅觉受体（嗅觉感受器），能感受从鼻腔和口腔吸入的气味物质。不同的受体相互组合，使动物能够识别上万种不同的气味。不同物种的嗅觉灵敏度差异较大，其主要原因是鼻腔内嗅上皮的面积和嗅觉受体的数量存在差异。猪的嗅上皮面积最大，为 $288cm^2$、犬为 $139cm^2$、人仅为 $5cm^2$；嗅觉敏感神经元数量分别为：猪 5.76 亿个、犬 2.78 亿个、人仅 1 000 万个。嗅觉受体数量分别为：小鼠 913 个、犬 872 个、人 339 个、鸡 283 个。因此，猪和犬的嗅觉比较敏感。

目前已经确认的基本味觉有 5 种：甜味、鲜味、咸味、酸味和苦味。其中甜味与碳水化学物（如糖）有关，鲜味与蛋白质营养（如氨基酸、寡肽）有关，咸味和酸味分别来自盐和酸，苦味则与有毒物质或抗营养物质有关。在舌、会厌和软腭上皮分布有许多小凸起（味乳头），每个乳头上含有数量不同的味蕾，每个味蕾含有 50～150 个味觉受体细胞（有物种差异）。不同区域的味觉细胞对不同成味物质的敏感性不同。不同物种之间的味觉差异，主要来自味觉受体数量及结构的不同。例如，阿斯巴甜（人工合成的甜味剂）能与人的甜味受体结合，产生很浓的甜味，但不能与猪及啮齿类的受体结合产生甜味。鸡缺乏甜味受体，而猫科动物的甜味受体基因产生了变异，因此，鸡与猫科动物没有甜味觉。

（二）消化道对采食量的调控作用

消化道壁上存在许多紧张度受体和化学受体，它们能感受由于进食而引起的食糜容量和化学成分的变化。在这些部位充满物料，可增强迷走神

经活动，从而兴奋下丘脑饱感中枢，使动物停食；胃肠运动紧张或胃的排空等引起的压力变化，经迷走神经传入中枢负反馈调节动物采食。

对猪和家禽而言，胃内食糜容量并不是一个限制其采食量的主要因素，但是如果食糜容量超过一定极限，也会限制其采食量。胃和肠道壁的紧张度也对动物饱觉有影响。十二指肠分泌的胆囊收缩素能对食糜流通速度特别是脂肪和蛋白流通速度作出反应，往往会刺激肠壁的受体将信息传递到中枢神经系统，使动物采食量降下来。

反刍动物瘤胃容积是一个限制采食量的重要因素。瘤胃壁上有紧张度感受器，通过迷走神经将瘤胃的紧张度信息传送到大脑。此外，还有其他化学和代谢因子影响反刍动物采食量。瘤胃壁上也同样分布着一些化学物质，如对挥发性脂肪酸敏感的化学感受器。

（三）肝脏对采食量的调控作用

肝脏的动物的营养物质代谢、血浆蛋白质、免疫物质和激素合成等重要器官。研究表明，肝脏的脂肪酸氧化程度与动物采食密切相关。脂肪酸氧化对于动物采食的决定作用在于通过肝脂肪酸氧化改变了能量状态，因此最终取决于肝脏 ATP 的产量变化给大鼠注射乙酰 CoA 脱氢酶的抑制剂（巯基乙酸）后，显著降低了脂肪酸的氧化，并提高了大鼠对高脂饲粮的采食；脂肪酸的氧化水平越低，对采食行为的刺激越大。此外，给大鼠注射一种降血糖药物（帕莫酸甲酯），它能够抑制肉碱棕榈酰转移酶活性，而后者是长链脂肪酸转运至线粒体内的限速酶，最终可以刺激大鼠的采食行为。巯基乙酸诱导的采食行为可以通过切除迷走神经、肝脏分支迷走神经阻断，帕莫酸甲酯对采食的刺激表现为剂量依赖性，降低了肝脏的能量状态（肝脏 ATP 含量，ATP/ADP 比值以及磷酸化水平）。这些研究均表明降低脂肪酸的氧化水平可以促进采食行为，这种对采食的刺激是通过迷走神经来改变肝脏的能量储存状态。

三、采食的短期调节和长期调节

动物的采食行为是短期控制和长期控制机制在中枢神经系统的统一指挥下的综合反映。短期调节是指对每次采食的开始和终止（即摄食的开始和停止）的控制，主要通过饲料或特定营养素激活胃肠道中的激素和神经信号通路实现。采食的营养物质含量如氨基酸、饲料的物理性状等可直接作用于胃肠道中的神经感受器，也可通过刺激胃肠道产生一些食欲相关的调节肽来激活特殊的信号通路，从而将饱食信号传递到中枢整合。因为短期调节方式的存在，动物不会出现完全禁食，也不会出现无休止的摄食。

采食量的长期控制即在较长时间内维持机体能量平衡和对采食量的调节，它通过一些信号分子如 leptin、胰岛素、ghrelin 等激活下丘脑的神经内分泌途径来实现。采食量的长期调节取决于体内能量储备以及脂肪储备，通过外周特殊信号分子激活下丘脑的神经和神经-内分泌途径来实现。关于采食的长期调节，最典型的是脂肪稳衡理论学说，脂肪稳衡理论学说认为动物采食是为了保持体内有一定量的脂肪储备，若动物体内脂肪处于亏损状态，则动物的采食量趋于提高，以弥补体内脂肪的损失。研究表明，反馈信号可能是通过调节脂肪组织的体液因素（即胰岛素和肾上腺素能物质）或脂肪组织自身产生的体液因素（如 leptin），将体内脂肪贮备状况传递给 CNS，来调节采食量。

四、采食的物理调节和化学调节

物理调节主要与胃肠道容积或消化道食糜的体积有关，该方式通过胃肠道紧张度、体内温度变化等来调节采食量，其中胃肠道紧张度最重要。胃肠道紧张度是最重要的物理机械特性，是确定动物每次采食量大小的重要因素之一。在动物的胃肠道中存在压力受体，能够感受紧张度变化，并将信息通过神经传递到饱中枢，控制采食行为。物理调节的另一途径是热稳衡理论。该理论认为，动物采食是为了保暖和或防止体温过低，而停止采食是为了防止体温过高。已发现，动物体内（如内脏器官和下丘脑）广泛分布着热敏感受体，对下丘脑进行降温处理，可导致动物采食；相反，则抑制动物采食。

化学调节主要是通过消化道食糜成分和吸收的养分浓度的变化来调节采食量。调控采食量的化学因素有：葡萄糖、挥发性脂肪酸、氨基酸、矿物元素、游离脂肪酸、渗透压、pH 值、激素等，其中葡萄糖和挥发性脂肪酸是最重要的因素。这些化学因素通过与消化道或其他部位的受体结合，直接作用于下丘脑的摄食中枢，或通过改变内分泌和贮存的能量间接地作用于中枢神经的摄食中枢，进而调节畜禽采食量。

采食量的化学调节和物理调节是采食量短期调节的主要方式。但二者的相对重要程度因动物和饲粮的能量浓度不同而异，并存在一个能量浓度阈值，即胃肠道容积成为限制采食因素时的饲粮能量浓度。在该阈值以下，以物理调节为主；在该阈值以上，以化学调节为主。单胃动物由于其胃肠道容积有限，以化学调节为主；而反刍动物则以物理调节为主。

五、采食调控因子

（一）促食因子

1. 神经肽 Y

神经肽 Y（neuropeptide Y，NPY）是一种内源性的食欲信号传递因子，强烈刺激动物采食，调节多种食欲促进因子和抑制因子，是目前被认同的最重要的促食下丘脑神经肽。NPY 集中分布在下丘脑的弓状核部位，通过投射纤维输送到室旁核、腹内侧核、外侧区、背内侧核等核团，刺激摄食中枢。NPY 能够在动物中枢神经系统水平上调节采食，并且能够特异性地刺激动物对碳水化合物的采食（Marsh 等，1998）。NPY 不仅能刺激正常的采食，而且还具有时间和剂量累积效应（吕继蓉，2011）。

2. 刺豚鼠相关肽

刺豚鼠相关肽（agouti-related peptide，AgRP）是由下丘脑弓状核内的 AgRP/NPY 神经元所产生的一种神经肽。AgRP 能够通过选择性地与促黑皮质素受体紧密结合，阻断 α-促黑激素（α-MSH）的作用，从而促进动物的采食；AgRP 还能够直接与黑皮质激素受体 4（MC4R）作用，是 MC4R 的逆向拮抗剂（Haskell-Luevano 和 Monck，2001）。AgRP 竞争结合黑皮质激素受体 3（MC3R）和 MC4R 后，拮抗 α-MSH 介导的 G 蛋白活化，降低细胞内环磷酸腺苷（cAMP）的含量，进而增强动物食欲。Tachibana 等（2001）研究提示，AgRP 能够增加蛋鸡的采食量，并且降低 α-MSH 对采食的抑制作用，表明 AgRP 能够增强蛋鸡的食欲，提高采食量。

3. 食欲素

食欲素（orexin，ORX）又名增食因子，仅分布在下丘脑的摄食中枢。ORX 编码 ORXA 和 ORXB 二种神经肽，主要作用是调控动物的采食量和能量平衡（Yamamoto，2002）。Székely 等（2002）研究报道，在小鼠脑室内注射 ORXA，30min 后导致小鼠食欲旺盛。ORX 还能刺激消化液分泌，促进胃的运动。ORX 和 NPY 在促进摄食中还具有相互协同的作用。López 等（2002）研究报道，注射 ORX 显著提高了大鼠 NPY mRNA 表达量。但是在禽类的一些研究中发现，下丘脑 ORX 并不影响鸡的采食量。关于家禽 ORX 的研究有待进一步加强，以尽快明确其对家禽的调节机制以及与其他激素和神经肽的关系。

4. 胃饥饿素

胃饥饿素（ghrelin）是在胃内分泌细胞及下丘脑弓状核中发现的一种小肽。胃饥饿素具有刺激垂体前叶释放生长激素、增强动物食欲、调节能量平衡、促进胃酸分泌等多种功能。Kamegai 等（2001）研究报道，胃饥饿素能够显著提高小鼠的采食量以及 NPY 和 AgRP 的 mRNA 表达量。Asakawa 等（2001）研究报道，胃饥饿素能够促进大鼠的胃肠运动以及胃酸的分泌。以上研究表明，胃饥饿素能够增强哺乳动物的食欲，提高采食量。但是，禽类的胃饥饿素与哺乳动物的胃饥饿素相比在结构上不同，而且对采食的调控作用也不同。Furuse 等（2001）研究发现，对雏鸡脑室注射胃饥饿素能够显著抑制雏鸡的摄食行为。Saito 等（2005）研究报道，对 4 日龄雏鸡脑室注射胃饥饿素，促进皮质酮的分泌释放呈剂量和时间依赖性，抑制雏鸡的采食量。腹腔注射胃饥饿素会导致肉鸡产生厌食症。Geelissen 等（2006）研究报道，胃饥饿素同样能够降低鸡的采食量。上述研究表明，胃饥饿素能够抑制家禽的采食量。胃饥饿素对家禽采食的影响是一个复杂的调控过程，其具体作用效果和机制还有待于更多地深入研究。

5. 单磷酸腺苷活化蛋白激酶

单磷酸腺苷活化蛋白激酶（AMPK）作为一种进化上保守的丝氨酸/苏氨酸蛋白激酶，以异源三聚体复合物的形式存，AMPK 在维持机体能量平衡过程中发挥着重要的作用，被誉为“细胞能量感受器”。在葡萄糖代谢、脂肪代谢、细胞生长等过程中 AMPK 扮演着重要角色。其在调节细胞代谢和维持机体能量代谢平衡中也发挥着重要作用。营养物质通过影响胞内 AMPK 的活性来调节动物的采食。研究发现，下丘脑的各个区域都有 AMPK 的表达。机体应激（营养应激、锻炼、局部缺氧等）可激活 AMPK。AMPK 可以通过中枢和外周途径来调控食欲，激活的 AMPK 可以通过促进食欲，而 AMPK 活性受到抑制时则发挥相反的作用。有研究发现，下丘脑活化的 AMPK 可通过影响 NPY/AGRP 神经元兴奋，抑制胞内丙二酰辅酶 A 含量从而促进动物采食 AMPK 可能通过激活下丘脑中枢促采食神经元（NPY/AgRP）来发挥促采食作用。

（二）抑食因子

1. 阿黑皮质素原

阿黑皮质素原（POMC）是重要的下丘脑抑制食欲因子之一，主要分布于下丘脑、垂体前叶以及脂肪等组织中，在采食行为、体重和能量稳态调控中具有重要作用。POMC 是黑皮质素（melanocortin，MC）、α-MSH、促脂解素和 β-内啡肽的前体物质。MC 与黑皮质素受体（melanocortin receptors，MCRs）结合，在调节动物采食、能量代谢、表皮色素沉积、皮脂腺分泌和繁殖等生理过程中起着重要的作用，MC4R 在控制食欲和体重稳态中具有重要作用。徐绍华（2012）研究表明，在脑室内注射 MC4R 的激动剂能够抑制采食，并且注射选择性拮抗物可导致采食过盛。Klovins 等（2004）研究发现，当哺乳动物中枢 POMC 的表达激发时，其产物 α-MSH 通过黑皮质素受体 MC3R 和 MC4R 激活交感神经系统，从而减少摄食。

2. 可卡因-安非他命调节转录因子

可卡因-安非他命调节转录因子（cocaineand amphetamine-regulated transcript，CART）广泛分布在动物的中枢神经系统、外周神经系统和外周组织，尤其是下丘脑和胃肠道。研究表明，CART 能够降低动物的采食量，且存在剂量效应。Tachibana 等（2003）研究报道，脑室内注射 CART 能显著抑制饥饿处理后的肉鸡的采食行为。有研究表明，CART 抑制动物的摄食很可能是通过影响胃酸分泌和胃排空，进而引起内脏器官的机械性刺激并传递饱感信号。Okumura 等（2000）研究发现，CART 能够降低大鼠采食量，同时还降低其胃液、胃酸的分泌量以及胃的排空速度。以上研究表明，CART 能够通过作用于下丘脑以及胃肠道来降低家禽食欲和饲料消化速率等途径降低采食量。

3. 胆囊收缩素

胆囊收缩素（cholecystokinin，CCK）是一种能引起胆囊收缩和促进胰液中各种酶分泌的胃肠道多肽激素，广泛存在于消化系统、中枢及外周神经系统，对动物采食具有抑制作用。CCK 具有刺激胰酶分泌、胆囊收缩、参与胃肠运动功能的调节和引起饱感等作用。家禽体内至少存在 CCK-A 和 CCK-B 两种受体。CCK 与受体结合后通过迷走神经传输到终端设备，激活孤束核中 POMC 神经元，通过其受体（MC4R）发出饱感信号，产生抑制食欲的作用。在生理情况下，饲料进入胃肠道后，对消化道的物理和化学刺激导致外周 CCK 释放，胃扩张刺激循环血中的 CCK 与胃迷走神经上的 CCK-A 受体结合，转化为神经冲动，上传至延髓的孤束核（NTS）进而抑制下丘脑的摄食中枢。Savory 等（1980）研究报道，CCK 能够降低鸡的采食量，且呈剂量梯度相关。

4. *瘦素/瘦蛋白*

瘦素/瘦蛋白（leptin）是由脂肪细胞分泌的一种蛋白质激素，可以作用于中枢或外周组织而调节采食量，在调节机体能量平衡及脂肪沉积方面发挥着重要作用（Ashwell 等，1999）。leptin 的分泌主要受控制脂肪组织代谢的主要激素的调节，胰岛素刺激其分泌，而 β3-肾上腺素兴奋剂降低脂肪组织中 leptin 基因的表达。leptin 基因的表达也受养分摄入量和光照周期增加而调控。血清瘦素水平及脂肪组织中 leptin 的 mRNA 量与肥胖程度呈正相关，研究表明，脑组织中 leptin 浓度与血液中的浓度高度相关，且 leptin 与下丘脑部位的亲和力很高，可抑制 NPY 的分泌，而 NPY 具有强烈的食欲刺激作用。

当体重降低（即出现负能量平衡状态），脂肪细胞分泌 leptin 减少，通过血液到达大脑的 leptin 也相应减少，导致分解通路抑制和合成通路激活，其结果是增加采食量和能量沉积。相反，在能量正平衡状态，leptin 分泌量增加，合成通路被抑制，而分解通路被激活，导致采食量减少和体重降低。leptin 受体存在于下丘脑弓形核 POMC 和 AgRP 神经元，它可以调节中枢黑素皮质素系统，从而调节能量平衡。研究表明，短期高剂量或长期低剂量注射瘦素均能降低小鼠下丘脑 NPY mRNA 的表达量，同时提高了与厌食相关的 POMC mRNA 表达量（Proulxk，2002）。Boswell 等（2015）研究报道，瘦素通过调节 AGRP 和 POMC 等基因的表达来调控采食量。

5. 胰岛素

胰岛素是由胰腺 β 细胞产生并分泌的，可以渗透进入脑脊液；而且在下丘脑的关键区域存在胰岛素受体，胰岛素在动物采食量调节中扮演重要角色。张志岐等（2013）研究表明，胰岛素与其相应受体结合可以调节下丘脑 VMN 中 POMC 神经元的 ATP 敏感性钾通道活性，通过磷脂酰肌醇 3-激酶（PI3K）信号途径进一步影响细胞内活性氧（ROS）水平，以调节能量状态和食欲。进入中枢的胰岛素可与下丘脑弓状核神经元上相应受体结合，激活胰岛素受体信号，抑制 NPY/AgRP 神经元表达，促进 POMC 神经元合成及分泌，抑制动物的采食。胰岛素还能与 leptin 共同作用，抑制下丘脑中腺苷—磷酸激活蛋白激酶的活性，增加细胞中乙酰辅酶 A 羧化酶活性，提高丙二酰辅酶 A 活性，降低家禽的采食量（Wolfgang 等，2006）。

研究表明，给动物体外注射胰岛素的部位不同，对采食量的调节效应不同。在外周注射大量的胰岛素可刺激动物采食量提高，其机理在于诱导产生了低血糖症。若同时灌注葡萄糖以防止产生低血糖症，则使采食量下降。在中枢神经系统注射胰岛素，亦使采食量下降，若持续注射，还可使体重减轻。在 VMH 注射抗胰岛素的抗体，可增加动物的采食量和体重。

参考文献

蔡元，罗玉柱，臧荣鑫，等，2021. 妊娠早期饲粮中添加 N-氨甲酰谷氨酸对母羊早期胚胎存活及相关血液指标的影响［J］. 草业学报，30：170-179.

郭颖，苏玉虹，王军，等，2013. AA 肉鸡下丘脑 NPY 基因表达与采食量的相关分析［J］. 畜牧与兽医，45（12）：28-32.

贺维朝，王浩，张会艳，等，2022. 饲粮添加虾青素对 69~74 周龄蛋鸡生产性能、蛋品质、抗氧化能力、生殖激素和卵泡数量的影响［J］. 动物营养学报，34：2 383-2 392.

孔祥峰，刘雅婷，2020. 母猪肠道微生态与繁殖生理研究进展［J］. 猪业科学，37：64-66.

李蓉，秦廷洋，齐智利，2017. 黑皮质素受体 4 对采食和能量代谢调控机制的研究进展［J］. 畜牧与兽医，49（1）：110-113.

梁华，窦玉凤，孙延星，2018. 日粮蛋白质水平对反刍动物繁殖能力的影响及调控［J］. 农牧与食品机械，8：89-90.

林长光，刘景，刘亚轩，等，2019. 不同饲粮能量结构对后备母猪初情日龄、血清代谢产物和激素浓度的影响［J］. 动物营养学报，31：2 891-2 897.

刘磊，宋志刚，2011. 家禽食欲的外周调节激素研究进展［J］. 中国家禽，33（5）：44-46.

龙定彪，陈代文，张克英，等，2006. 胆囊收缩素对动物采食量的影响［J］. 动物营养学报，18（S1）：316-322.

吕继蓉，2011. 饲料风味剂对猪采食量和采食行为的影响及机理研究［D］. 雅安：四川农业大学.

王延忠，吴德，徐盛玉，等，2008. 能量水平和来源对后备母猪卵母细胞质量及相关基因表达的影响［J］. 畜牧兽医学报，39：1 671-1 678.

吴德，卓勇，吕刚，等，2014. 母猪情期启动营养调控分子机制的探讨［J］. 动物营养学报，26：3 020-3 032.

武思同，敖日格乐，王纯洁，等，2021. 慢性热应激期营养调控对放牧妊娠牛生殖激素含量、免疫功能及抗氧化能力的作用［J］. 动物营养学报，33：1 545-1 554.

夏天保，张盼盼，田方圆，等，2015. 家禽下丘脑采食调控机制研究进展［J］. 中国家禽，37（7）：45-49.

夏天保，2015. Visfatin 对蛋公雏采食量和下丘脑食欲调控因子的影响［D］. 郑州：河南农业大学.

谢晓婕，周安国，王之盛，2007. CART 肽对动物采食量和摄食行为的影响［J］. 动物营养学报，19（S1）：503-507.

徐绍华，2012. 能量水平与糖皮质激素在肉仔鸡采食调控中的作用［D］. 泰安：山东农业大学.

徐运杰，2011. 神经和激素对家禽采食量的调控［J］. 江西饲料（4）：1-4.

袁丽霞，2009. 鸡下丘脑食欲和能量稳态调节相关基因表达的品种差异以及 Leptin 的程序化作用［D］. 南京：南京农业大学.

张志岐，束刚，江青艳，2013. 下丘脑对脂类的营养感应及其参与食欲调控的机制［J］. 动物营养学报，25（7）：1 395-1 405.

ASAKAWA A，INUI A，KAGA O，et al，2001. Ghrelin is anappetite-stimulatory signal from stomach with structural resemblance to motilin［J］. Gastroenterology，120（2）：337-345.

ASHWELL C M，CZERWINSKI S M，BROCHT D M，et al，1999. Hormonal regulation of leptin expression in broiler chickens［J］. American Journal of Physiology Regulatory，

Integrative and Comparative Physiology, 276 (1): R226-R232.

BOSWELL T, DUNN I C, 2015. Regulation of the avian central melanocortin system and the role of leptin [J]. General and Comparative Endocrinology, 221: 278-283.

Faverdin P, Bareille N, Heide D, et al, 1999. Lipostatic regulation of feed intake in ruminants [C]. Regulation of Feed Intake Zodiac Symposium.

FURUSE M, TACHIBANA T, OHGUSHI A, et al, 2001. Intracerebroventricular injection of ghrelin and growth hormone releasing factor inhibits food intake in neonatal chicks [J]. Neuroscience Letters, 301 (2): 123-126.

GEELISSEN S M E, SWENNEN Q, VAN DER GEYTEN S, et al, 2006. Peripheral ghrelin reduces food intake and respiratory quotient in chicken [J]. Domestic Animal Endocrinology, 30 (2): 108-116.

HASKELL-LUEVANO C, MONCK E K, 2001. Agouti-related protein functions as an inverse agonist at a constitutively active brain melanocortin-4 receptor [J]. Regulatory Peptides, 99 (1): 1-7.

KAMEGAI J, TAMURA H, SHIMIZU T, et al, 2001. Chronic central infusion of ghrelin increases hypothalamic neuropeptide Y and agouti-related protein mRNA levels and body weight in rats [J]. Diabetes, 50 (11): 2 438-2 443.

KLOVINS J, HAITINA T, FRIDMANIS D, et al, 2004. The melanocortin system in Fugu: determination of POMC /AGRP/MCR gene repertoire and synteny, aswell as pharmacology and anatomical distribution of the MCRs [J]. Molecular Biology and Evolution, 21 (3): 563-579.

LÓPEZM, SEOANE L M, GARC ÍA M C, et al, 2002. Neuropeptide Y, but not agouti-related peptide or mel-anin-concentrating hormone, is a target peptide for orexin-A feeding actions in the rat hypothalamus [J]. Neuroendocrinology, 75 (1): 34-44.

MARSH D J, HOLLOPETER G, KAFER K E, et al, 1998. Role of the Y5 neuropeptide Y receptor in feeding and obesity [J]. Nature Medicine, 4 (6): 718-721.

OKUMUR A T, YAMADA H, MOTOMURA W, et al, 2000. Cocaine-amphetamine-regulated transcript (CART) acts in the central nervous system to inhibit gastric acid secretion via brain corticotropin-releasing factor system [J]. Endocrinology, 141 (8): 2 854-2 860.

Patterson J L, Ball R O, Willis H J, et al, 2002. The effect of lean growth rate on puberty attainment in gilts [J]. Journal of Animal Science, 80: 1 299-1 310.

PROUL X K, RICHARD D, WALKER C D, 2002. Leptinregulates appetite-related neuropeptides in the hypothalamus of developing rats without affecting food intake [J]. Endocrinology, 143 (12): 4 683-4 692.

SAITO E S, KAIYA H, TACHIBANA T, et al, 2005. Inhibitory effect of ghrelin on food intake is mediated by the corticotropin-releasing factor system in neonatal chicks [J]. Regulatory Peptides, 125 (1/2/3): 201-208.

SARTIN J L, WHITLOCK B K, DANIEL J A, 2011. Triennial growth symposium: neural regulation of feed intake: modification by hormones, fasting, and disease1, 2 [J]. Journal of Animal Science, 89 (7): 1 991-2 003.

SAVORY C J, GENTLE M J, 1980. Intravenous injections of cholecystokinin and caerulein suppress food intake in domestic fowls [J]. Experientia, 36 (10): 1 191-1 192.

SZÉKELYM, PÉTERV ÁRI E, BALASK Ó M, et al, 2002. Effects of orexins on energy balance and thermoregulation [J]. Regulatory Peptides, 104 (1/2/3): 47-53.

TACHIBANA T, SUGAHARA K, OHGUSHI A, et al, 2001. Intracerebroventricular injection of agouti-related protein attenuates the anorexigenic effect of alpha-mel-anocyte stimulating hormone in neonatal chicks [J]. Neuroscience Letters, 305 (2): 131-134.

TACHIBANA T, TAKAGI T, TOMONAGA S, et al, 2003. Central administration of cocaine-and amphetamine-regulated transcript inhibits food intake in chicks [J]. Neuroscience Letters, 337 (3): 131-134.

WOLFGANG M J, LANE M D, 2006. Control of energy homeostasis: role of enzymes and intermediates of fatty acid metabolism in the central nervous system [J]. Annual Review of Nutrition, 26 (1): 23-44.

YAMAMOTO T, NOZAKI - TAGUCHI N, CHIBAT, 2002. Analgesic effect of intrathecally administered orexin-A in the rat formal in test and in the rat hot plate test [J]. British Journal of Pharmacology, 137 (2): 170-176.

YAMAMOTO Y, UETA Y, DATE Y, et al, 1999. Down regulation of the prepro-orexin gene expression in genetically obese mice [J]. Brain Research Molecular Brain Research, 65 (1): 14-22.

专题 8　肠道菌群调控与健康

肠道是机体重要的消化和免疫器官，其在维持动物健康与生产性能方面发挥着重要作用。随着高通量测序技术的飞速发展，人们逐渐认识到定植于肠道的微生物参与了宿主肠道屏障、饲料消化、营养物质吸收和能量利用等诸多生理生化过程。人和动物试验均表明，肠道微生物在防止病原菌定植、调节宿主营养和代谢、促进肠道黏膜和肠道免疫系统的发育、维护肠道黏膜结构的完整性、调节宿主肠道天然免疫和获得性免疫应答起着至关重要的作用（Kabat 等，2014;），而且肠道微生物还可通过微生物-肠道-脑（肝）轴影响机体其他组织的功能和免疫应答（Arpaia 等，2013）。相反，肠道微生物失衡将导致动物肠道黏膜结构的破坏、免疫功能紊乱、抵抗力下降和其他炎症性疾病的发生（Khosravi 和 Mazmanian，2013）。近年来，人们对人和动物肠道微生物的研究和了解越来越深入，了解肠道微生物组成和功能有助于为从肠道菌群方向入手改善动物健康和提高生产性能提供参考。

一、肠道微生物组成与影响因素

（一）肠道微生物组成

肠道微生物（gut microbiota）是指定居在胃肠道内所有微生物的总称，包括细菌、病毒、真菌和古生菌，其中细菌占绝大多数，其中又以厌氧菌为主，其数量是需氧和兼性厌氧菌的 100~1 000 倍（Eisenstein，2020）。由于解剖结构及生理特性的差异，胃肠道的不同区域肠道菌群的定植数量（以每克或毫升肠内容物计算）及种类有所区别。胃内由于胃酸的存在，微生物的数量偏少（$0\sim10^3$ 个），近端小肠虽然 pH 值较胃区升高，但由于肠蠕动致肠液流动较快，微生物较难定植（0~10^5个）。胃和近端小肠分布的微生物以需氧且耐酸的链球菌、乳杆菌为主，厌氧菌稀少。远端小肠（回肠）是一个过渡区，它比上肠道有着更丰富的细菌数量（10^3~10^7个）且微生物多样性增多，逐渐以属于厌氧菌的双歧杆菌、类杆菌属为主，兼有需氧菌链球菌。大肠（结肠、家禽盲肠）由于肠内容物周转缓慢，因此是微生物定植的主要部位，其特点是细菌数量最多（10^{11}~10^{12}个）且丰度最大，分布的微生物以严格厌氧菌为主，如双歧杆菌、类杆菌属、消化球菌、优杆菌等（Mackie 等，1999）。不同动物间肠道微生物组成存在差异。

（二）影响肠道微生物组成的因素

宿主肠道中的微生物组成并不是一成不变的，而是受宿主体内或体外环境影响处于动态变化中。影响肠道微生物组成的因素可以归纳为 4 类（李卓君等，2022）：①宿主因素，主要包括肠道部位、年龄和生长阶段、宿主遗传（品种）和性别等；②管理和环境因素，如断奶、饲养模式、猪舍环境等；③饲料因素，主要包括饲料类型、成分、能量、蛋白质含量和氨基酸平衡等；④抗生素使用和添加剂，如抗生素、益生菌、益生元、精油和有机酸等。

二、肠道微生物功能与调控

肠道微生物随着动物生长发育而不断发生变化，当肠道发育趋于成熟时，肠道微生物的多样性和数量也趋于稳定。肠道微生物区系是一个复杂且庞大的系统，通过促进宿主肠道发育、提高养分利用率和增强宿主免疫力等在维持动物机体健康和提高生产性能方面发挥至关重要的作用。

（一）肠道微生物与消化吸收功能

肠道微生物完全依赖于宿主为其生长提供必需的营养，肠道微生物群中的单个物种受到来自可利用营养物质和其他细菌种类的选择性压力，通过发酵特定的营养物质和影响代谢产物的生成来增加其自身的适应度、生长和生存能力，并通过调节肠道饱腹感影响宿主的食欲和饮食行为（Van de Wouw 等，2017），参与宿主体内氨基酸的合成、脂肪代谢、糖酵解和发酵等代谢途径，为机体提供氨基酸和酶等营养物质，在动物的生长发育方面发挥着重要作用（Mu 等，2022）。例如，肉鸡的仔鸡饲粮由富含碳水化合物的碎料组成，有利于乳酸菌的生长，乳酸的产生反过来降低十二指肠和空肠的 pH 值，阻碍变形菌门的生长（Rinttilä 和 Apajalahti，2013），其产生的 β-葡聚糖酶和胆盐水解酶参与非淀粉多糖和脂质代谢。双歧杆菌参与维生素 B_1、维生素 B_2、维生素 B_6、维生素 K 等以及蛋白质的合成。丁酸梭菌将乙酸、乳酸等代谢产物转化成丁酸，而丁酸是肠道上皮细胞的大部分能量来源，能够抑制大肠杆菌的增殖和定植，促进双歧杆菌和乳酸菌的增殖。丁酸梭菌还能促进 B 族维生素合成，同时促进维生素 E 的吸收。吴娟娟（2015）以无菌鸡为模型，研究肠道微生物对仔鸡肠道形态的影响，结果表明饲粮添加乳酸杆菌或盲肠内容物能显著降低仔鸡十二指肠、空肠和回肠隐窝深度，提高绒毛高度/隐窝深度比值，表明肠道微生物能改善鸡肠道发育，进而影响养分的利用率。

（二）肠道微生物与肠道屏障功能

肠道屏障是指机体胃肠道能够防止肠腔内的病原菌和毒素等有害物质穿过肠黏膜进入其他组织、器官和机体内血液循环的结构和功能的总体。肠道屏障是主要由 4 个部分组成的动态系统，分别是物理（机械）、化学、微生物和免疫屏障。物理屏障主要由定植在肠道底部位置的肠道干细胞分化而成的多种肠道上皮细胞以及胞间连接复合体组成，其中发挥主要作用的是细胞间的紧密连接，调节肠通透性；化学屏障由消化酶、糖蛋白、黏蛋白和抑菌物质组成，防止肠上皮细胞损伤和细菌易位；免疫屏障是指与肠道相关的淋巴组织和免疫球蛋白、补体和细胞因子等免疫因子，防止病原体入侵。微生物屏障是由大量的肠道微生物组成的系统，阻止病原菌对机体的入侵，维护肠道菌群稳定、保护机体屏障功能，对肠炎的发生和发展有着重要的调控作用。

研究表明，肠道菌群及其代谢产物能影响动物体胃肠道内病原微生物的定植、肠道上皮屏障功能和宿主动物的自身代谢等。在调控生物屏障中起主要作用是紧贴肠黏膜的膜菌群，膜菌群通过与肠黏膜紧密地黏附和定植，作为肠道中本身的优势菌群与外来病原菌争夺定植和生长所必需的营养成分，抑制病原菌的生长。其中厌氧菌通过分泌短链脂肪酸（short-chain fatty acids，SCFA）和乳酸等代谢物降低肠道内的 pH 值，抑制病原微生物的生长（Wells 等，1987）。除了直接发挥作用，肠道微生物还能通过其代谢产物影响肠道上皮屏障完整性，进而调节维持肠道稳态（Alam 和 Neish，2018；Li 等，2018），并与免疫细胞互作影响宿主健康。例如，拟杆菌门、厚壁菌门和双歧杆菌等产生的 SCFA 调节机体渗透平衡和肠道通透性，增强机体免疫功能。乳酸菌、双歧杆菌等产生的多种维生素（维生素 K_2、维生素 B_2、维生素 B_6等）调节生物膜形成。大肠杆菌等产生的吲哚衍生物（吲哚、吲哚-3-丙酸、5-羟基吲哚和 5-羟基色胺等）能作为机体的抗氧化剂，保护机体的神经和细胞，调节宿主的肠道上皮屏障功能。双歧杆菌、拟杆菌和乳酸菌等产生的胆汁酸代谢物（胆酸和脱氧胆酸等）调节肠道上皮屏障，并且具有一定的抗菌作用。因此，改善肠道微生物失衡是利用肠道微生物提高肠道上皮屏障功能的关键靶点。了解肠道微生物对肠道上皮屏障功能的调节机制，有望利用对动物体有益的肠道微生物及其代谢产物维持动物健康，改善或治疗动物肠道疾病（Ghosh 等，2021）。

（三）肠道微生物与免疫功能

肠道菌群可以根据功能将其分类为益生菌、中性菌及致病菌。益生菌包括乳酸杆菌、双歧杆菌、丁酸梭菌和拟杆菌等，能够合成维生素和参与营养物质的消化和合成，促进动物宿主消化和肠道蠕动，并且抑制致病菌的定植和生长，分解对机体有害的物质，促进免疫系统的功能等。中性菌，即条件性致病菌，是一类非致病菌或者潜在致病菌组成的，主要在肠道菌群稳态失衡时大量增殖，进而引起宿主疾病。致病菌是指能进入肠道并定植，损害肠道引起肠道及机体发病的一类病原微生物总称。

在胃肠道免疫中发挥重要作用的是分泌型 IgA（secretory IgA，sIgA），肠道微生物可以通过依赖 T 细胞和非依赖 T 细胞 2 种方式调控 sIgA 的产生，阻止病原体在肠道中的黏附与定植能力，进而维持肠道屏障功能。肠壁的免疫细胞和上皮细胞的各种类型模式识别受体位于细胞膜和细胞质上，能够根据微生物不同产生一系列促炎或抗炎反应，分泌相应细胞因子和神经递质。当肠道菌群组成发生变化时，激活炎症信号通路，促进肿瘤坏死因子-α（TNF-α）、IL-6 等炎症因子的释放（王海昆等，2018）。肠道微生物群，特别是革兰阴性菌能激活树突状细胞（dendritic cells，DCs）诱导浆细胞释放 sIgA（He 等，2007）。

三、肠道微生物—肠—脑（肝）轴

（一）肠道微生物与肠脑轴

早在19世纪就有研究表明，大脑和肠道之间的双向交流可以改变宿主的情绪和生理状态以及脑肠轴（brain-gut axis，GBA）功能（Zhou和Foster，2015），但机制尚未完全阐明。Luczynski等（2016）和Sudo等的研究（2004）表明，肠道微生物群可能在社交和压力相关行为以及情绪和精神障碍中发挥关键作用。Sarkar等（2016）描述了大脑和肠道共同维持宿主健康，包括机体生理（如免疫调节、炎症、肥胖和能量平衡）和心理（如动机、情绪和认知功能以及应激反应）。在Xie（2017）进行的一项研究中，来自重度抑郁症患者的粪便微生物群移植导致小鼠出现抑郁和焦虑行为，但使用健康个体的粪便移植时则不会，表明肠道微生物组成在维持宿主行为和健康方面的重要性。这些发现表明肠道菌群可能通过GBA参与宿主生理的改变。

共生菌群通过争夺营养物质和空间以及分泌SCFA或其他抗菌物质保护宿主免受病原体的侵害。肠道微生物群的缺失和微生物群落的紊乱与免疫系统功能低下、代谢降低和胃肠道发育不良和心理障碍有关（Hanning和Diaz-Sanchez，2015）。在无菌动物上，无肠道菌群条件下胃肠道的组织学和生理变化已被广泛研究。Sudo等的研究（2004）表明，在生命早期阶段接触微生物对出生后下丘脑-垂体-肾上腺（hypothalamus-pituitary-adrenal，HPA）轴的发育至关重要，与小鼠应激反应相关的神经通路可由肠道微生物群调节。5-羟色胺（5-HT）是由色氨酸通过色氨酸羟化酶（Tryptophan hydroxylase，TPH）生成的。在双歧杆菌治疗大鼠的应激条件下，5-羟色氨酸（5-HTP）的血浆浓度显著增加（Desbonnet等，2010）。此外，Reigstad等（2015）报道称，在小鼠中，原生和人类来源的肠道微生物群在蛋白质和基因表达水平上增加了TPH1表达，且微生物源性SCFA亦影响人胚胎癌细胞中TPH1蛋白和基因的表达。Hromádková等（2020）报道，犊牛结肠中乳酸菌和大肠杆菌的丰度与血清素受体和α-肾上腺素受体的表达呈正相关，这表明早期肠道菌群与GBA之间存在潜在联系。虽然这项研究是基于相关性的，但进一步了解动物早期肠道微生物群和GBA方面的因果（双向）关系至关重要。

（二）肠道微生物与肠肝轴

肝脏和肠道起源于同一胚层，有着很多解剖和功能上的联系。自从1998年马歇尔提出了“肠-肝轴”（gut-liver axis）的概念之后，关于肠道与肝脏疾病关系的研究越来越引起人们的关注。肝脏是人体最大的器官，具有双重供血系统，其中75%来自门静脉系统，25%来自肝动脉，而门静脉主要收集来自大肠、小肠、胰腺、脾、胆囊、胃、食管下段等腹腔脏器的静脉血入肝脏。因此肝脏与肠道之间存在密切的联系形成“肠-肝轴”。

SCFA是肠道内膳食纤维发酵的主要产物，并被认为可预防相关的代谢综合征。其中，乙酸盐、丙酸盐和丁酸盐是肠道发酵中含量最丰富的SCFA，占动物日常能量消耗量的10%左右。除了提供能量，SCFA还可促进肠黏膜上L-分泌细胞增加胰高血糖素样肽的分泌，降低血糖（Den Besten等，2015）。转运至肝脏后，SCFA可抑制过氧化物酶体增殖物激活受体（peroxisome proliferator activated receptor γ，PPAR γ）的表达和活性，并调节肝脏脂质代谢（Gao等，2018）。研究发现，非酒精性脂肪肝病（non alcoholic fatty liver disease，NAFLD）患者肠道内普遍存在细菌过度生长的现象，特别是革兰氏阴性细菌，导致LPS的产生。肠道菌群生态失衡还会产生大量的内源性乙醇，破坏肠道黏膜屏障，导致LPS渗入门静脉，引起血清中LPS水平升高，转运至达肝脏，激活TLR4-NF-κB反应，引起炎症和免疫反应（Leung等，2016）。肠道中胆汁酸的浓度与肠道菌群组成之间存在紧密联系，彼此互相平衡和牵制。肠道中胆汁酸水平过低利于肠道菌群中的革兰氏阴性菌生长，生产LPS。然而，肠道中胆汁酸水平过高有利于厚壁菌门中的革兰氏阳性菌生长，其中一些菌群能将宿主肠道内的初级胆汁酸7α-脱羟基化，影响胆汁酸次级代谢，改变肠道内胆汁酸的组成，通过胆汁酸的肝肠循环影响肝脏炎症反应（Ridlon等，2014）。

四、小结

肠道微生物与宿主之间的关系相互依存、相互制衡，但对微生物机理的研究还处于初级阶段。增强肠道微生物稳态，阐明肠道微生物作用机理对防止病原菌的入侵与抑制其增殖，增强机体的免疫力有着重要的意义。

利用肠道微生物的可塑性对改善肠道菌群平衡、促进肠道健康具有实际价值。在生产中，利用膳食营养素和功能性饲料添加剂调控畜禽肠道微生物，有助于缓解断奶、环境变化等应激因素对畜禽生长的不利影响，保障高效生产。

参考文献

李卓君，陈春香，钟小菊，等，2022. 猪肠道微生物组成，影响因素及其对重要经济性状的影响研究进展［J］. 中国畜牧兽医（7）：49.

王海昆，崔旻，姚萍，2018. 肠道菌群变化对肠上皮细胞 Myd88 蛋白及炎症因子的影响［J］. 中国微生态学杂志，30（9）：5.

吴娟娟，2015. 肠道菌群对仔鸡肠道黏膜结构、免疫功能及脂肪代谢的影响［D］. 南昌：江西农业大学.

ALAM A，NEISH A，2018. Role of gut microbiota in intestinal wound healing and barrier function［J］. Tissue Barriers，6（3）：1539595.

ARPAIA N，CAMPBELL C，FAN X，et al，2013. Metabolites produced by commensal bacteria promote peripheral regulatory T-cell generation［J］. Nature，504（7480）：451-455.

BUFFIE C G，PAMER E G，2013. Microbiota-mediated colonization resistance against intestinal pathogens［J］. Nature Reviews Immunology，13（11）：790-801.

DEN BESTEN G，BLEEKER A，GERDING A，et al，2015. Short-chain fatty acids protect against high-fat diet-induced obesity via a PPARγ-dependent switch from lipogenesis to fat oxidation［J］. Diabetes，64（7）：2 398-2 408.

DESBONNET L，GARRETT L，CLARKE G，et al，2010. Effects of the probiotic Bifidobacterium infantis in the maternal separation model of depression［J］. Neuroscience，170（4）：1 179-1 188.

EISENSTEIN M，2020. The hunt for a healthy microbiome［J］. Nature，577（7792）：S6-S8.

GAO B，WANG R，PENG Y，et al，2018. Effects of a homogeneous polysaccharide from Sijunzi decoction on human intestinal microbes and short chain fatty acids in vitro［J］. Journal of Ethnopharmacology，224：465-473.

GHOSH S，WHITLEY C S，HARIBABUB，et al，2021. Regulation of intestinal barrier function by microbial metabolites［J］. Cellular and Molecular Gastroenterology and

Hepatology, 11 (5): 1 463-1 482.

HANNING I, DIAZ-SANCHEZ S, 2015. The functionality of the gastrointestinal microbiome in non-human animals [J]. Microbiome, 3: 51.

HE B, XU W, SANTINI PA, et al, 2007. Intestinal bacteria trigger T cell-independent immunoglobulin A2 class switching by inducing epithelial-cell secretion of the cytokine APRIL [J]. Immunity, 26 (6): 812-826.

HROMADKOVA J, SUZUKI Y, PLETTSS, et al, 2020. Effect of colostrum feeding strategies on the expression of neuroendocrine genes and active gut mucosa-attached bacterial populations in neonatal calves [J]. Journal of Dairy Science, 103 (9): 8 629-8 642.

KABAT A M, SRINIVASAN N, MALOY K J, 2014. Modulation of immune development and function by intestinal microbiota [J]. Trends in Immunology, 35 (11): 507-517.

KHOSRAVI A, MAZMANIAN S, 2013. Disruption of the gut microbiome as a risk factor for microbial infections [J]. Current Opinion in Microbiology, 16 (2): 221-227.

LEUNG C, RIVERA L, FURNESS J B, et al, 2016. The role of the gut microbiota in NAFLD [J]. Nature Reviews Gastroenterology & Hepatology, 13 (7): 412-425.

LI Z, QUAN G, JIANG X, et al, 2018. Effects of metabolites derived from gut microbiota and hosts on pathogens [J]. Frontiers in Cellular and Infection Microbiology, 8: 314.

LUCZYNSKI P, WHELAN SO, O'SULLIVAN C, et al, 2016. Adult microbiota-deficient mice have distinct dendritic morphological changes: Differential effects in the amygdala and hippocampus [J]. European Journal of Neuroscience, 44 (9): 2 654-2 666.

MACKIE R I, SGHIR A, GASKINS H R, 1999. Developmental microbial ecology of the neonatal gastrointestinal tract [J]. The American Journal of Clinical Nutrition, 69 (5): 1035S-1045S.

MU C, PI Y, ZHANG C, et al, 2022. Microbiomes in the intestine of developing pigs: implications for nutrition and health [J]. Recent Advances in Animal Nutrition and Metabolism, 1354: 161-176.

REIGSTAD C S, SALMONSON C E, RAINEY Ⅲ J F, et al, 2015. Gut microbes promote colonic serotonin production through an effect of short-chain fatty acids on enterochromaffin cells [J]. The FASEB Journal, 29 (4): 1 395.

RIDLON J M, KANG D J, HYLEMON P B, et al, 2014. Bile acids and the gut microbiome [J]. Current Opinion in Gastroenterology, 30 (3): 332.

RINTTILÄ T, APAJALAHTI J, 2013. Intestinal microbiota and metabolites—Implications for broiler chicken health and performance [J]. Journal of Applied Poultry Research, 22 (3): 647-658.

SARKAR A, LEHTO SM, HARTY S, et al, 2016. Psychobiotics and the manipulation of bacteria-gut-brain signals [J]. Trends in Neurosciences, 39 (11): 763-781.

SEGAIN J P, 2000. Butyrate inhibits inflammatory responses through NF-κB inhibition: implications for Crohn's disease [J]. Gut, 47 (3): 397-403.

SUDO N, CHIDA Y, AIBA Y, et al, 2004. Postnatal microbial colonization programs the hypothalamic-pituitary-adrenal system for stress response in mice [J]. The Journal of Physiology, 558 (Pt 1): 263-275.

SUGAHARA H, ODAMAKI T, FUKUDA S, et al, 2015. Probiotic Bifidobacterium longum alters gut luminal metabolism through modification of the gut microbial community [J]. Scientific Reports, 5 (1): 1-11.

TOROK V A, OPHEL-KELLER K, LOO M, et al, 2008. Application of methods for identifying broiler chicken gut bacterial species linked with increased energy metabolism [J]. Applied and Environmental Microbiology, 74 (3): 783-791.

van de WOUW M, SCHELLEKENS H, DINAN T G, et al, 2017. Microbiota-gut-brain axis: modulator of host metabolism and appetite [J]. The Journal of nutrition, 147 (5): 727-745.

WELLS C L, MADDAUS M A, REYNOLDS C M, et al, 1987. Role of anaerobic flora in the translocation of aerobic and facultatively anaerobic intestinal bacteria [J]. Infection and Immunity, 55 (11): 2 689-2 694.

XIE P, 2017. Alterating the gut microbiome by microbiota transplantation from depressed patients into germ-free mice results in depressive-like behaviors through a pathway mediated by the host's metabolism [J]. European Neuropsychopharmacology, 27: S478-S479.

ZHOU L, FOSTER J A, 2015. Psychobiotics and the gut-brain axis: in the pursuit of happiness [J]. Neuropsychiatric Disease and Treatment, 11: 715-723.

专题9　日粮养分利用与减排

饲料中的蛋白质、碳水化合物、矿物质等养分对维持动物的正常生命活动、生长发育和生产具有非常重要的作用。然而，动物在利用这些养分的同时也常伴随着氮、磷、甲烷、铜、锌等物质的排放以及对环境的污染。了解这些养分在动物体内的利用过程、影响因素以及减排措施，对实现畜牧业的可持续发展具有重要的意义。

一、氮的利用和减排

动物个体的生长依赖于蛋白质在组织中的沉积。除新生哺乳动物的小肠可吸收完整的免疫球蛋白外，日粮蛋白质只有被消化才具有营养价值，因为动物需要的是日粮氨基酸。日粮蛋白质的氨基酸组成和可消化性决定蛋白质的营养价值。蛋白质缺乏可导致动物发育迟缓、体质虚弱及免疫缺陷等。然而，摄入过量蛋白质则会导致蛋白质浪费和环境氮素污染。

（一）单胃动物对氮的利用和减排

1. 氮的消化利用过程

通常，猪和家禽日粮中分别含有12%～20%和18%～22%的粗蛋白质。日粮蛋白质的消化起始于胃，主要在小肠中消化。小肠中的胰蛋白酶和肠细胞来源的蛋白酶水解饲料中未降解的蛋白质以及胃蛋白酶降解产生的多肽。蛋白质的降解产物（氨基酸和小肽）通过氨基酸转运载体和肽转运载体吸收入小肠的肠上皮细胞。二肽和三肽吸收入小肠上皮细胞的速率比组成它们的游离氨基酸要快。小肽较快的转运速率，减少了它们暴露给小肠肠道细菌进行分解代谢的时间，调解了门静脉血中的游离氨基酸平衡。这表明了小肽对动物的重要性。与饲喂等量氨基酸组成的游离氨基酸日粮相比，饲喂完整蛋白质和肽日粮的动物会沉积更多的蛋白质。在 Officer 等（1997）的研究中，与饲喂 20%氨基酸的日粮相比，饲喂含有 11.9%酪蛋白和 9.1%氨基酸的日粮，使 5~20kg 仔猪日增重提高 18%，料重比减少 20%。

2. 影响氮消化的因素

日粮蛋白质的消化受蛋白来源、蛋白水平、日粮组成、动物种类等多个因素的影响。Bryan 等（2019）在肉鸡中评价了血粉、肉骨粉、羽毛粉、豆粕等 9 种蛋白质饲料的降解特性，结果显示血粉和羽毛粉的回肠消化率最低，仅有 39%和 50%，玉米蛋白粉的回肠消化率最高，可达 85%。关于日粮蛋白质水平对蛋白质消化的影响，目前尚无定论，但饲喂高蛋白日粮增加通常会降低或不影响蛋白质的消化。日粮 NSP 水平会影响蛋白质的消化，特别是可溶性 NSP，已有多项研究证明，大量可溶性 NSP 导致的食糜黏度增加，会促使养分排泄以及降低氨基酸和肽类的吸收。不同年龄的动物，其消化道分泌蛋白酶的能力是有差异的，通常幼龄动物消化蛋白质的能力随着日龄增长而增加。植物中天然存在的一些抗营养因子会降低蛋白质的消化，如油菜籽蛋白产品中的葡萄糖苷，豆类中的胰蛋白酶抑制剂和血凝素，豆类和谷物中的单宁，棉籽蛋白产品中的棉酚等。一些水热处理技术，如制粒、膨化和挤压，可通过消除抗营养因子以及使蛋白质适度变性提高猪和家禽对蛋白质和氨基酸的消化。此外，一些微生物发酵技术也可以消除饲料中的抗营养因子，提高蛋白质的消化。

3. 降低氮排放的措施

（1）降低日粮蛋白质水平　使用低蛋白日粮能够显著降低氮的排放量。如，育肥后期大猪（80~170kg）的日粮蛋白质水平由 12.2%降至 9.8%，不影响动物的生产性能、屠宰性能和饲料转化率，但使氮排放量由 34.6g/d 减少到 27.6g/d（Galassi 等，2010）。然而，降低日粮蛋白质水平的前提，是满足不同阶段的动物对蛋白质的需要量。设计与不同阶段动物需求相匹配的日粮，即分阶段饲喂技术（multiphase feeding），远比长期使用同一种日粮更能降低氮的排放。

（2）改善日粮的氨基酸平衡　平衡日粮氨基酸供应可降低日粮蛋白质的需要量。日粮的氨基酸平衡可通过使用不同来源的蛋白质或添加游离氨基酸来实现。在育肥猪中，改善日粮氨基酸结构不影响动物的采食量、平均日增重、饲料转化率和胴体品质，但使氮排放量降低了35%（Wang等，2009）。Zhao等（2019）报道，向20~50kg生长猪日粮中补充10种必需氨基酸，可使日粮蛋白质水平降低4个百分点，氮排放量降低7.8g/d。必须指出的是，设计氨基酸平衡日粮，必须充分了解饲料中氨基酸的可利用性，以及不同生长阶段或生理状态对氨基酸需求的变化。

（3）添加可发酵碳水化合物　通过向日粮中添加各种来源的碳水化合物，可显著降低单胃动物粪便中的氮排放量。例如，猪日粮中添加5%的纤维素使新鲜粪便中氨态氮和凯氏氮分别降低了68%和61%；添加0.15%的乳糖可使鸡盲肠内容物的氨排放量减少50%（Nahm，2003）。

（4）添加酶制剂　研究显示，添加蛋白酶可降低猪粪中氨的排放量。日粮中的非淀粉多糖会导致粪氮的排放量增加，因此，在小麦和大麦型日粮中补充非淀粉多糖酶通常能够降低粪凯氏氮和氨态氮的排放量。

（二）反刍动物对氮的利用和减排

1. 氮的消化利用过程

瘤胃中存在种类繁多的细菌、古菌、原虫和真菌，30%~50%从瘤胃液中分离获得的细菌具有细胞外蛋白水解活性。瘤胃中的蛋白质在羧肽酶和氨基肽酶的作用下被水解成寡肽，随后寡肽在寡肽酶作用下生成小肽（2~3个氨基酸残基）和游离氨基酸。游离的氨基酸在氨基酸脱氨酶、脱氢酶的作用下降解为氨及其对应的碳骨架进入细菌体内，而二肽和三肽可以直接被细菌吸收，在细菌体内被降解为氨基酸，也可被瘤胃细菌胞外的二肽酶和三肽酶降解为氨基酸。细菌体内的氨基酸、氨、碳骨架被用以合成菌体蛋白，其中碳骨架也可被发酵成VFA。值得注意的是，瘤胃细菌不能利用具有5个氨基酸残基以上的肽，因此饲料蛋白质和大的肽类不能进入细菌内。原虫可以直接吞食饲料蛋白质、细菌和真菌，也可吸收瘤胃中的二肽和三肽，将这些含氮物质在体内降解为氨基酸，合成原虫蛋白质。厌氧真菌可在细胞内进行蛋白质水解、肽水解及脱氨作用，但由于胞外蛋白酶活性较低，厌氧真菌在瘤胃蛋白降解方面的作用有限。瘤胃中的非蛋白氮包括氨、氨基酸、硝酸盐、小肽、核酸、尿素等，他们在微生物的胞外和胞内被降解为氨，用以合成菌体蛋白。

未降解的饲料蛋白质和微生物蛋白共同进入皱胃和小肠进行下一步消

化，其过程与单胃动物大致相同。不同的是，反刍动物皱胃内可分泌大量的胃溶菌酶，该酶可有效地降解细菌细胞壁。原虫的细胞壁降解不需要溶菌酶。

2. 影响氮消化的因素

影响瘤胃降解蛋白的因素包括蛋白质种类、瘤胃 pH 值、瘤胃微生物区系、日粮粒度、饲料过瘤胃速率等。蛋白质的溶解度是影响其在瘤胃中降解的关键因素。醇溶谷蛋白和谷蛋白不溶，在瘤胃中降解缓慢，而球蛋白可溶，在瘤胃中的降解速度较快。一些动物源蛋白质（羽毛粉、肉骨粉和血粉）比植物源蛋白质更耐受瘤胃降解。蛋白质的瘤胃降解与食糜的过瘤胃速率成反比。瘤胃蛋白酶的最佳 pH 值范围为 5.5~7.0，较低的瘤胃 pH 值通常会降低蛋白质的降解。Assoumani 等（1992）发现淀粉干扰蛋白质的降解，添加淀粉酶可使谷物蛋白质的瘤胃降解率提高了 6~20 个百分点。Debroas 和 Blanchart（1993）报道只有纤维素被降解后，NDF 结合蛋白才会被蛋白水解菌降解，在 Kohn 和 Allen（1995）的研究中，将纤维素酶添加到在蛋白体外降解过程中，可使蛋白质降解率由 42.4%增加到 53.1%。许多植物蛋白质被嵌入在纤维基质中，在蛋白酶对蛋白质进行降解前，纤维基质需要首先被降解。因此，瘤胃中的蛋白质降解需要几种蛋白水解酶和非蛋白水解酶共同的作用。对于高精料日粮，即使 pH 值高，但淀粉降解细菌仍占主导地位，这使得纤维消化因纤维素菌减少受到抑制，进而降低了蛋白质的瘤胃降解。同样，由于低 pH 值引起的纤维菌减少和随之的纤维消化降低，也会导致蛋白菌无法与蛋白质进行有效接触，进而间接降低蛋白质的瘤胃降解。

3. 降低氮排放的措施

（1）降低日粮蛋白质水平，平衡瘤胃碳氮供应　降低日粮粗蛋白质水平可促进反刍动物的氮沉积，降低氮排放。当日粮粗蛋白质含量从 16.5%降低到 12%时，泌乳后期奶牛的尿氮排放量由 131g/d 减少至 58.6g/d（Cantalapiedra-Hijar 等，2014）。同步调整粗蛋白质和淀粉的比例也可以降低反刍动物的氮排放。与高淀粉、高糖饲料相比，饲喂低淀粉、低糖饲料的奶牛，在更多氨基酸代谢为尿素的情况下，泌乳早期的乳蛋白产量保持不变，日粮氮利用率提高，环境氮污染减少（Piccioli-Cappelli 等，2014）。

尿素在饲料中的存在和释放方式会影响饲料氮素的利用效率。日粮中添加缓释尿素提高了瘤胃微生物蛋白质合成和阉牛的生长性能，增强了瘤胃细菌通过谷氨酸途径对氨的同化。另有研究证实，缓释尿素可以降低瘤胃氨氮浓度和血浆尿素浓度。

（2）利用植物及植物提取物　一些植物及其提取物可以通过提高氮沉积和/或减少氮排放改善反刍动物的氮代谢。如，饲喂羔羊含罗望子渣的青贮可使粪氮排放量减少 17.5%（Souza 等，2018）；饲喂羔羊葵花籽油，改善了尿素氮循环和微生物非氨氮供应，使尿氮排泄量和氨氮浓度分别降低了 30.4% 和 38.6%，氮沉积增加 33.3%（Doranalli 和 Mutsvangwa，2011）。日粮中添加红三叶草或红三叶草青贮提高了奶牛瘤胃未降解蛋白质的比例，降低了瘤胃氨浓度和尿氮排泄量（Sullivan 和 Foster，2013）。瘤胃中氨的产生不仅是饲粮氮的损失，而且是环境污染的一个重要来源，因为氨的产生速度远远超过了瘤胃微生物的同化速度。

（3）利用酶制剂和抗菌肽　研究显示，抗菌肽能够改善山羊瘤胃微生物菌群结构，提高饲料利用效率，显著降低瘤胃氨浓度（Ren 等，2019）。在 Shi 等（2023）的研究中，添加外源纤维素酶显著降低了绵羊的粪氮和尿氮排放率，提高了绵羊的氮沉积率和日增重。

（4）补充氨基酸　氨基酸通过合成生物活性分子，在调节细菌存活方面发挥着至关重要的作用。向反刍动物提供特定的氨基酸可改变氮的代谢，减少氮的排放。体外瘤胃发酵过程中添加氨基酸（酪蛋白酸水解物、半胱氨酸和色氨酸）改变了发酵模式，刺激了氨同化的 GS-GOGAT 和 GDH 途径，提高了氨利用效率，减少了氨排放（Wang 等，2015）。

二、瘤胃甲烷的形成和减排

（一）瘤胃甲烷的形成

瘤胃微生物将碳水化合物（淀粉、纤维素、半纤维素和果胶）降解成葡萄糖、果糖、木糖等单糖和部分二糖，这些物质被细菌、真菌等吸入细胞内，在一系列酶作用下转化为丙酮酸，并最终代谢成挥发性脂肪酸、二氧化碳、氢气和甲烷。甲烷是由瘤胃中二氧化碳、氢气、乙酸、甲醇、甲醛和甲胺等物质在产甲烷菌分泌的产甲烷酶作用下，通过一系列反应最终生成的。通过氢气还原二氧化碳是生成甲烷的主要途径，少量的甲烷直接由瘤胃中的乙酸生成。碳水化合物发酵是瘤胃中二氧化碳和氢气的主要来源。产甲烷过程本身是耗能过程，且甲烷不能被动物组织利用，因此甲烷的产生势必会降低日粮能量转化成肉、奶及皮毛的效率。此外，甲烷是一种温室气体，降低甲烷的排放有助于环境的可持续发展。故无论是从提高反刍动物能量利用效率方面还是从改善环境气候方面，都有必要降低甲烷的排放。

（二）瘤胃甲烷的减排措施

目前已报道多种途径可降低甲烷的生成，如使用离子载体，提高丙酸产量，促使甲烷底物生成其他代谢物，去除瘤胃原虫，调控瘤胃微生物的种类和活性等。莫能菌素在多项研究中被证实能够降低奶牛、肉牛等反刍动物甲烷的排放，通常认为这与莫能菌素能够改变瘤胃微生物菌群结构，抑制产氢气和甲酸菌数量与原虫数量有关。在日粮中添加一些植物油，如豆油、椰子油、葵花油等，能够降低甲烷的排放，其机制与降低包括原虫在内的产甲烷菌数量、减少瘤胃纤维底物发酵、增加丙酸浓度、通过不饱和脂肪酸氢化减少氢化流向甲烷合成有关（McGinn 等，2004），然而对动物采食量和瘤胃纤维消化的抑制作用是植物油在生产中应用时需要考虑的因素。最近的研究发现，海藻能够有效抑制反刍动物甲烷的排放，如在 Kinley 等（2020）的研究中，与对照组相比，随着海藻海门冬添加量由 0.05%增加到 0.2%，甲烷产量降低了 9%~98%，这可能是由于海门冬中存在较高含量的溴仿（一种卤代甲烷类似物）。卤代甲烷类似物通过与甲烷形成所需的还原维生素 B_{12}辅因子反应，抑制甲基转移酶的酶活性，降低对氨基甲酸的依赖途径。然而，值得注意的是，过高的海藻添加量会导致溴残留到畜产品中。荟萃分析显示，日粮中硝酸盐添加量由 17.2%增加到 22.1%，可使甲烷生成量降低 10%~22.1%，其机制与 NO_3^- 同甲烷生成竞争氢气有关，NO_3^- 对氢气的亲和力超过二氧化碳，NO_3^- 在氢气作用下被最终还原成氨（Almeida 等，2021）。然而，由于瘤胃细菌对硝酸盐或亚硝酸盐的还原过程较慢，因此这一饲喂技术的弊端会导致动物的硝酸盐和亚硝酸盐中毒，特别是当瘤胃中硝酸盐还原成亚硝酸盐的速率快于亚硝酸盐还原成氨的速率时，亚硝酸盐积累会通过瘤胃壁进入血液。研究显示，一些植物提取物或植物次级代谢物会降低甲烷生成量，如植物精油、皂苷、单宁等。体外试验结果显示，从百里香、牛至、肉桂、大蒜、大黄和山黄中提取的植物精油对甲烷生成的抑制作用呈剂量依赖性，高浓度的植物精油（>300mg/L 发酵液）会显著抑制甲烷产量，但同时也导致了饲料消化率和总 VFA 浓度的降低，植物精油对甲烷的抑制作用通常与它的抗菌作用有关（Benchaar 和 Greathead，2011）。日粮中添加单宁、皂苷或者使用富含单宁、皂苷的饲料均有助于甲烷产量的降低，降低程度与添加量、日粮组成、动物种类有关。单宁主要通过直接影响产甲烷菌的活性或种群数量以及降低饲料降解率间接降低产氢量等途径降低甲烷产量（Tavendale 等，2005），皂苷则主要通过抑制原虫数量降低甲烷产量。多数研究证明，3-硝基氧基丙醇是一种有效的甲烷生成抑制剂，它的结构与产甲烷古菌的甲基辅酶 CoM 还原酶类似，能够抑制瘤胃甲烷形成反应的最后一步（Duin 等，2016）。一些酶，如纤维素酶，能够降低饲料总能转化为甲烷能的效率。

三、磷的利用和减排

（一）磷的消化利用过程

磷是动物机体的重要组成部分，在骨骼系统的发育和成熟以及许多其他代谢途径中起着重要作用。动植物只利用以无机盐形式（PO_4^{3-}、HPO_4^{2-} 和 $H_2PO_4^-$）存在的磷。单胃动物中磷的消化从胃开始。无机磷酸盐由碱性磷酸酶通过水解诸如磷酸糖、磷酸化氨基酸和磷酸核苷酸之类的化合物或由植酸酶从植酸复合物中释放出来。小肠是磷吸收的主要场所。在肠腔内，磷通过 3 个 Na^+依赖性磷酸根离子转运蛋白逆电化学梯度被小肠吸收。进入肠上皮细胞后，磷酸根离子会以一个自由阴离子的形式转入其基底外侧膜，随后进入门静脉。磷的吸收与小肠液 pH 值和 Na^+浓度相关，当 pH 值一定时磷吸收随 Na^+浓度升高而增加。动物体内的磷酸盐平衡受许多因素调解，包括肠吸收磷酸盐、肾脏重吸收和磷酸盐排泄，以及在细胞外基质与储存池组织之间磷酸盐的交换。

（二）影响磷消化利用的因素

影响磷消化利用的因素包括磷源、维生素 D、钙磷比、离子浓度与 pH

值、激素等。饲料中的磷主要来自磷酸氢钙、磷酸钙和植物中固有的植酸磷等。饲料中的总磷含量应该是足够的，但在大多数常见的植物源性饲料中，高达80%的磷以植酸磷的形式存在。单胃动物体内缺乏分解植酸磷的植酸酶，导致大量的植酸磷不被利用和浪费。维生素D可通过提高Na/Pi-IIb蛋白表达量影响无机磷的转运效率，促进小肠对钠依赖型磷的吸收。钙磷比可显著影响动物对磷的吸收与沉积。研究显示，当磷水平满足生长需要时，每提高0.1%的日粮钙，磷吸收下降1%，高于0.9%的日粮钙则显著抑制磷的沉积（Jongbloed，1987）。在另一篇研究中，日粮钙浓度由0.46%增加至1.04%，生长猪磷的沉积率由57.7%降至43.5%（Stein等，2011）。甲状旁腺素可抑制肾脏刷状缘膜中Na/Pi-Ⅱ转运载体的表达，降低近曲小管对磷的重吸收。

（三）降低磷排放的措施

1. 减少日粮中过量的磷

日粮中不添加过量的磷是降低磷排放的最简单方法之一。与生长肥育猪日粮中添加符合NRC（1998）标准的磷相比，多0.2个百分点的磷将导致磷排泄量增加70%。以“生物可利用磷”为基础而不是以“总磷”为基础确定日粮磷需要量，更不容易造成磷的营养过剩。

2. 饲喂含植酸酶的低磷日粮

添加植酸酶可显著提高谷物和油籽粕中磷的生物利用率。研究显示，磷的生物利用率可从玉米—豆粕日粮中的约15%增加到添加植酸酶后的45%以上（Cromwell等，1995）。这意味着在猪日粮中可以减少无机磷的添加量。

3. 利用低植酸的谷物和油料籽粕

低植酸基因可将磷的生物利用率从正常玉米的约20%提高到低植酸玉米的75%以上。生长猪和育肥猪的试验结果表明，与饲喂正常的玉米—豆粕日粮相比，饲喂低磷低植酸玉米—豆粕饲粮并不影响动物的生产性能和骨矿化水平，但却可使磷排放量减少43%（Pierce，1999）。与利用常规玉米和豆粕并添加足够的无机磷以满足猪对磷的需求相比，利用低植酸玉米和低植酸豆粕而不添加无机磷日粮不影响猪的生长速度和骨骼性状，但能使磷排泄量减少53%（Cromwell等，2000）。

四、微量元素的利用和减排

（一）铜、铁、锰、锌的利用过程

在小肠肠腔内，Cu^{2+}被还原成Cu^{+}，Cu^{2+}和Cu^{+}通过铜转运蛋白吸收入小肠上皮细胞，并通过还原型谷胱甘肽和铜分子伴侣由肠上皮细胞进入门静脉。铁在胃中结合到胃铁蛋白上随食物进入十二指肠。在小肠的肠腔中，Fe^{3+}在顶端膜表面被维生素C和十二指肠细胞色素b还原为Fe^{2+}。Fe^{2+}被二价阳离子转运蛋白和自然抗性相关巨噬细胞蛋白转运至细胞内。锌在胃液中以自由离子的形式存在，在小肠中锌结合胃铁蛋白以增加溶解度。锌通过顶端膜转运蛋白吸收入小肠上皮细胞。锌通过锌转运蛋白从小肠上皮细胞基底外侧膜进入肠黏膜固有层，随后进入门静脉循环。锰在动物小肠被DCT1吸收入小肠上皮细胞。在小肠上皮细胞中，Mn^{2+}被高尔基体转运体和囊泡转运到靶位点，随后进入门静脉循环。

（二）铜、铁、锰、锌的减排技术

1. 使用有机微量元素

与无机微量元素相比，有机微量元素具有更高的生物利用率，且在动物上具有稳定性好、易消化吸收、适口性好、毒性低等特点。研究显示，在断奶仔猪日粮中添加30mg/kg的氨基酸铁的生物利用率显著高于120mg/kg的硫酸亚铁（Yu等，2000）；与对照组相比（以硫酸盐形式添加铜、锌、铁、锰25mg/kg、150mg/kg、180mg/kg、60mg/kg），有机组（以蛋白盐形式添加铜、锌、铁、锰5mg/kg、25mg/kg、25mg/kg、10mg/kg）不影响仔猪的日增重和料肉比，但能显著降低仔猪的粪便矿物质排放量（Creech等，2004）。

2. 考虑饲料原料中的微量元素

天然的饲料原料含有丰富的微量元素，但生产中常常不把饲料原料中微量元素的量计算进配方，只是把它当作保险系数。如果把这些微量元素考虑进去，通常会降低矿物质添加剂的使用量以及微量元素的排放量。

3. 添加植酸酶

饲料原料中的微量元素多以植酸盐的形式存在，吸收利用率低，而使用植酸酶可以释放出微量元素。研究显示，1 000U的植酸酶等于在饲料中加入约17.8mg/kg的硫酸锌（Jondreville等，2003）。也有研究显示，在断奶仔猪日粮中添加100U的植酸酶相当于添加30mg/kg的硫酸锌（Jondrevillea等，2005）。这可能与使用的动物不同或植酸酶的活性不同有关。在仔鸡日粮中添加500U的植酸酶使锌的排放量减少了10%（Jondreville等，2007）。添加植酸酶可显著改善仔猪体内铁营养状况、提高饲料转化率和生长速度（Kim等，2018）。因此，植酸酶可通过优化微量元素的生物可利用性降低他们的供应量和排放量。

参考文献

ALMEIDA A K，HEGARTY R S，COWIE A，2021. Meta-analysis quantifying the potential of dietary additives and rumen modifiers for methane mitigation in ruminant production systems [J]. Animal Nutrition，7（4）：1 219-1 230.

APPUHAMY J R N，STRATHE A，JAYASUNDARA S，et al，2013. Anti-methanogenic effects ofmonensin in dairy and beef cattle：a meta-analysis [J]. Journal of Dairy Science，96（8）：5 161-5 173.

ASSOUMANI M，VEDEAU F，JACQUOT L，et al，1992. Refinement of an enzymatic method for estimating the theoretical degradability of proteins in feedstuffs for ruminants [J]. Animal Feed Science and Technology，39（3-4）：357-368.

BACH A，CALSAMIGLIA S，STERN M，2005. Nitrogen metabolism in the rumen [J]. Journal of Dairy Science，88：E9-E21.

BENCHAAR C，GREATHEAD H，2011. Essential oils and opportunities to mitigate enteric methane emissions from ruminants [J]. Animal Feed Science and Technology，166：338-355.

BROCK F，FORSBERG C，BUCHANAN-SMITH J，1982. Proteolytic activity of rumen microorganisms and effects of proteinase inhibitors [J]. Applied and Environmental Microbiology，44（3）：561-569.

BRODERICK G，WALLACE R，ØRSKOV E，1991. Control of rate and extent of protein degradation，in Physiological aspects of digestion and metabolism in ruminants [M]. Elsevier：541-592.

BROWN A J，ZHANG F，RITTER C S，2012. The vitamin D analog ED-71 is a potent regulator of intestinal phosphate absorption and NaPi-IIb [J]. Endocrinology，153

(11): 5 150-5 156.

BRYAN D, ABBOTT D, VAN KESSEL A, et al, 2019. *In vivo* digestion characteristics of protein sources fed to broilers [J]. Poultry Science, 98 (8): 3 313-3 325.

CANTALAPIEDRA-HIJAR G, PEYRAUD J L, LEMOSQUET S, et al, 2014. Dietary carbohydrate composition modifies the milk N efficiency in late lactation cows fed low crude protein diets [J]. Animal, 8 (2): 275-285.

CARDOZO P, CALSAMIGLIA S, FERRET A, 2000. Effects of pH on microbial fermentation and nutrient flow in a dual flowcontinous culture system (publicado en el suplemento 1, poster presentado en el Joint Annual Meeting of American Dairy Sci. Assoc. and American Soc. of Anim. Sci) [J]. Journal of Dairy Science, 83: 265.

CARDOZO P, CALSAMIGLIA S, FERRET A, 2002. Effects of pH on nutrient digestion andmicrobial fermentation in a dual flow continous culture system fed a high concentrate diet (comunicación oral presentada en el Congreso Joint Annual Meeting of American Dairy Science Association and American Society of Animal Science and Canadian Society of Animal Science) [J]. Journal of Animal Science, 80 (S1): 182.

COBELLIS G, TRABALZA-MARINUCCI M, YU Z, 2016. Critical evaluation of essential oils as rumen modifiers in ruminant nutrition: a review [J]. Science of the Total Environment, 545: 556-568.

CREECH B, SPEARS J, FLOWERS W, et al, 2004. Effect of dietary trace mineral concentration and source (inorganic vs. chelated) on performance, mineral status, and fecal mineral excretion in pigs from weaning through finishing [J]. Journal of Animal Science, 82 (7): 2 140-2 147.

CROMWELL G, COFFEY R, PARKER G, et al, 1995. Efficacy of a recombinant-derived phytasein improving the bioavailability of phosphorus in corn-soybean meal diets for pigs [J]. Journal of Animal Science, 73 (7): 2 000-2 008.

CROMWELL G, PIERCE J, SAUBER T, et al, 1998. Bioavailability of phosphorus in low-phytic acid corn for growing pigs [J]. Journal of Animal Science, 76 (S2): 58.

CROMWELL G, TRAYLOR S, WHITE L, et al, 2000. Effects of low-phytate corn and low-oligosaccharide, low-phytate soybean meal in diets on performance, bone traits, and P excretion by growing pigs [J]. Journal of Animal Science, 78 (S2): 72.

DANISI G, MURER H, STRAUB R W, 1984. Effects of pH and sodium on phosphate transport across brush border membrane vesicles of small intestine [J]. Phosphate and

Mineral Metabolism: 173-180.

DEBROAS D, BLANCHART G, 1993. Interactions between proteolytic and cellulolytic rumen bacteria during hydrolysis of plant cell wall protein [J]. Reproduction Nutrition Development, 33 (3): 283-288.

DORANALLI K, MUTSVANGWA T, 2011. Feeding sunflower oil to partially defaunate the rumen increases nitrogen retention, urea-nitrogen recycling to the gastrointestinal tract and the anabolic use of recycled urea-nitrogen in growing lambs [J]. British Journal of Nutrition, 105 (10): 1 453-1 464.

DUIN E C, WAGNER T, SHIMA S, et al, 2016. Mode of action uncovered for the specific reduction of methane emissions from ruminants by the small molecule 3-nitrooxypropanol [J]. PNAS, 113 (22): 6 172-6 177.

DÉGEN L, HALAS V, BABINSZKY L, 2007. Effect of dietary fibre on protein and fat digestibility and its consequences on diet formulation for growing and fattening pigs: A review [J]. Acta Agriculturae Scand Section A, 57 (1): 1-9.

ENGELSMANN M, JENSEN L, VAN DER HEIDE M, et al, 2022. Age-dependent development in protein digestibility and intestinal morphology in weaned pigs fed different protein sources [J]. Animal, 16 (1): 100439.

GALASSI G, COLOMBINI S, MALAGUTTI L, et al, 2010. Effects of highfibre and low protein diets on performance, digestibility, nitrogen excretion and ammonia emission in the heavy pig [J]. Animal Feed Science and Technology, 161 (3-4): 140-148.

GILANI G S, COCKELL K A, SEPEHR E, 2005. Effects of antinutritional factors on protein digestibility and amino acid availability in foods [J]. Journal of AOAC International, 88 (3): 967-987.

GOEL G, MAKKAR H P, 2012. Methane mitigation from ruminants using tannins and saponins [J]. Tropical Animal Health and Production, 44: 729-739.

HIGGINS C F, GIBSON M M, 1986. Peptide transport in bacteria [M]. Methods in Enzymology. Elsevier: 365-377.

HOLDER V B, EL-KADI S W, TRICARICO J M, et al, 2013. The effects of crude protein concentration andslow release urea on nitrogen metabolism in Holstein steers [J]. Archives of Animal Nutrition, 67 (2): 93-103.

INISHI Y, HASE H, 2005. Regulation of phosphate balance in the kidney [J]. Clinical Calcium, 15 (7): 115-118.

JONDREVILLE C, LESCOAT P, MAGNIN M, et al, 2007. Sparing effect of microbial phytase on zinc supplementation in maize-soya-bean meal diets for chickens [J]. Animal, 1 (6): 804-811.

JONDREVILLE C, REVY P, DOURMAD J Y, 2003. Dietary means to better control the environmental impact of copper and zinc by pigs from weaning to slaughter [J]. Livestock Production Science, 84 (2): 147-156.

JONDREVILLEA C, HAYLER R, FEUERSTEIN D, 2005. Replacement of zinc sulphate by microbial phytase for piglets given a maize-soya-bean meal diet [J]. Animal Science, 81 (1): 77-83.

JONGBLOED A W, 1987. Phosphorus in the feeding of pigs: effect of diet on the absorption and retention of phosphorus by growing pigs [M]. Wageningen University and Research.

KIM J C, WILCOCK P, BEDFORD M R, 2018. Iron status of piglets and impact of phytasesuperdosing on iron physiology: a review [J]. Animal Feed Science and Technology, 235: 8-14.

KINLEY R D, MARTINEZ-FERNANDEZ G, MATTHEWS M K, et al, 2020. Mitigating the carbon footprint and improving productivity of ruminant livestock agriculture using a red seaweed [J]. Journal of Cleaner Production, 259: 120836.

KOHN R, ALLEN M, 1995. *In vitro* protein degradation of feeds using concentrated enzymes extracted from rumen contents [J]. Animal Feed Science and Technology, 52 (1-2): 15-28.

KOPECNY J, WALLACE R J, 1982. Cellular location and some properties of proteolytic enzymes of rumen bacteria [J]. Applied and Environmental Microbiology, 43 (5): 1 026-1 033.

LEEK A, CALLAN J, REILLY P, et al, 2007. Apparent component digestibility and manure ammonia emission in finishing pigs fed diets based on barley, maize or wheat prepared without or with exogenous non-starch polysaccharide enzymes [J]. Animal Feed Science and Technology, 135 (1-2): 86-99.

LI S, SAUER W, FAN M, 1993. The effect of dietary crude protein level on ileal and fecal amino acid digestibility in early-weaned pigs [J]. Journal of Animal Physiology and Animal Nutrition, 70 (1-5): 117-128.

LYNCH M, SWEENEY T, CALLAN J, et al, 2007. Effects of increasing the intake of dietary β-glucans by exchanging wheat for barley on nutrient digestibility, nitrogen excretion, intestinal microflora, volatile fatty acid concentration and manure ammonia emissions in finishing pigs [J]. Animal, 1 (6): 812-819.

LóPEZ - SOTO M, RIVERA - MéNDEZ C, AGUILAR - HERNáNDEZ J, et al, 2014. Effects of combining feed grade urea and a slow-release urea product on characteristics of digestion, microbial protein synthesis and digestible energy in steers fed diets with different starch: ADF ratios [J]. Asian-Australasian Journal of Animal Sciences, 27 (2): 187.

MA N, MA X, 2019. Dietary aminoacids and the gut-microbiome-immune axis: physiological metabolism and therapeutic prospects [J]. Comprehensive Reviews in Food Science and Food Safety, 18 (1): 221-242.

MCGINN S, BEAUCHEMIN K, COATES T, et al, 2004. Methane emissions from beef cattle: effects ofmonensin, sunflower oil, enzymes, yeast, and fumaric acid [J]. Journal of Animal Science, 82 (11): 3 346-3 356.

MOULD F, ØRSKOV E, 1983. Manipulation of rumen fluid pH and its influence oncellulolysis in sacco, dry matter degradation and the rumen microflora of sheep offered either hay or concentrate [J]. Animal Feed Science and Technology, 10 (1): 1-14.

NAGARAJA T, 2016. Microbiology of the rumen [J]. Rumenology: 39-61.

NAHM K, 2003. Influences of fermentable carbohydrates on shifting nitrogen excretion and reducing ammonia emission of pigs [J]. Critical Reviews in Environmental Science and Technology, 33 (2): 165-186.

ODONGO N, BAGG R, VESSIE G, et al, 2007. Long-term effects of feedingmonensin on methane production in lactating dairy cows [J]. Journal of Dairy Science, 90 (4): 1 781-1 788.

OFFICER D, BATTERHAM E, FARRELL D, 1997. Comparison of growth performance and nutrient retention of weaner pigs given diets based on casein, free aminoacids or conventional proteins [J]. British Journal of Nutrition, 77 (5): 731-744.

PICCIOLI-CAPPELLI F, LOOR J, SEAL C, et al, 2014. Effect of dietary starch level and high rumen-undegradable protein on endocrine-metabolic status, milk yield, and milk composition in dairy cows during early and late lactation [J]. Journal of Dairy Science, 97 (12): 7 788-7 803.

PIERCE J L, 1999. Nutritional assessment of conventional and low-phytic-acid corn for pigs and chicks [D]. Kentucky: University of Kentucky.

PIERCE J, CROMWELL G, RABOY V, 1998. Nutritional value of low-phytic acid corn for finishing pigs [J]. Journal of Animal Science, 76 (S1): 177.

PIERCE J, CROMWELL G, SAUBER T, et al, 1998. Phosphorus digestibility and nutritional value of low-phytic acid corn for growing pigs [J]. Journal of Animal Science, 76 (S2): 54.

POULSEN H D, 2000. Phosphorus utilization and excretion in pig production [J]. Journal of Environmental Quality, 29 (1): 24-27.

PUCHALA R, LESHURE S, GIPSON T A, et al, 2018. Effects of different levels of lespedeza and supplementation withmonensin, coconut oil, or soybean oil on ruminal methane emission by mature Boer goat wethers after different lengths of feeding [J]. Journal of Applied Animal Research, 46 (1): 1 127-1 136.

REN Z, YAO R, LIU Q, et al, 2019. Effects of antibacterial peptides on rumen fermentation function and rumen microorganisms in goats [J]. PLoS One, 14 (8): e0221815.

ROMAGNOLO D, POLAN C, BARBEAU W, 1994. Electrophoretic analysis of ruminal degradability of corn proteins [J]. Journal of Dairy Science, 77 (4): 1 093-1 099.

SHI B, LIU J, SUN Z, et al, 2018. The effects of different dietary crude protein level onfaecal crude protein and amino acid flow and digestibility in growing pigs [J]. Journal of Applied Animal Research, 46 (1): 74-80.

SHI H, GUO P, ZHOU J, et al, 2023. Exogenous fibrolytic enzymes promoted energy and nitrogen utilization and decreased CH_4 emission per unit DMI of tan sheep grazed a typical steppe by enhancing nutrient digestibility on China loess plateau [J]. Journal of Animal Science: skad112.

SOUZA C, OLIVEIRA R, VOLTOLINI T, et al, 2018. Lambs fed cassava silage with added tamarind residue: Silage quality, intake, digestibility, nitrogen balance, growth performance and carcass quality [J]. Animal Feed Science and Technology, 235: 50-59.

STEFENONI H, RäISäNEN S, CUEVA S, et al, 2021. Effects of the macroalga Asparagopsis taxiformis and oregano leaves on methane emission, rumen fermentation, and lactational performance of dairy cows [J]. Journal of Dairy Science, 104 (4): 4 157-4 173.

STEIN HH, ADEOLA O, CROMWELL G, et al, 2011. Concentration of dietary calcium supplied by calcium carbonate does not affect the apparent total tract digestibility of calcium, but decreases digestibility of phosphorus by growing pigs [J]. Journal of Animal Science, 89 (7): 2 139-2 144.

SULLIVAN M L, FOSTER J L, 2013. Perennial peanut (*Arachis glabrata* Benth.) contains polyphenol oxidase (PPO) and PPO substrates that can reduce post-harvest proteolysis [J]. Journal of the Science of Food and Agriculture, 93 (10): 2 421-2 428.

TACTACAN G B, CHO S Y, CHO J H, et al, 2016. Performance responses, nutrient digestibility, blood characteristics, and measures of gastrointestinal health in weanling pigs fed protease enzyme [J]. Asian-Australasian Journal of Animal Sciences, 29 (7): 998.

TAVENDALE M H, MEAGHER L P, PACHECO D, et al, 2005. Methane production from in vitro rumen incubations with Lotuspedunculatus and Medicago sativa, and effects of extractable condensed tannin fractions on methanogenesis [J]. Animal Feed Science and Technology, 123: 403-419.

VYAS D, ALEMU A W, MCGINN S M, et al, 2018. The combined effects of supplementingmonensin and 3-nitrooxypropanol on methane emissions, growth rate, and feed conversion efficiency in beef cattle fed high-forage and high-grain diets [J]. Journal of Animal Science, 96 (7): 2 923-2 938.

WANG P, TAN Z, GUAN L, et al, 2015. Ammonia and amino acids modulates enzymes associated with ammonia assimilation pathway by ruminal microbiota *in vitro* [J]. Livestock Science, 178: 130-139.

WANG Y, CHO J, CHEN Y, et al, 2009. The effect of probiotic BioPlus 2B ® on growth performance, dry matter and nitrogen digestibility and slurry noxious gas emission in growing pigs [J]. Livestock Science, 120 (1-2): 35-42.

WOOD J, KENNEDY F S, WOLFE R, 1968. Reaction ofmultihalogenated hydrocarbons with free and bound reduced vitamin B12 [J]. Biochemistry, 7 (5): 1 707-1 713.

WU G, 2017. Principles of animal nutrition [M]. CRC Press.

YAN X, YAN B, REN Q, et al, 2018. Effect of slow-release urea on the composition of ruminal bacteria and fungi communities in yak [J]. Animal Feed Science and Technology, 244: 18-27.

YANG C, ROOKE J A, CABEZA I, et al, 2016. Nitrate and inhibition of ruminal methanogenesis: microbial ecology, obstacles, and opportunities for lowering methane emissions from ruminant livestock [J]. Frontiers in Microbiology, 7: 132.

YU B, HUANG W J, CHIOU P W S, 2000. Bioavailability of iron from amino acid complex in weanling pigs [J]. Animal Feed Science and Technology, 86 (1-2): 39-52.

ZENTEK J, BOROOJENI F G, 2020. (Bio) Technological processing of poultry and pig feed: Impact on the composition, digestibility, anti-nutritional factors and hygiene [J]. Animal Feed Science and Technology, 268: 114576.

ZHAO Y, TIAN G, CHEN D, et al, 2019. Effect of different dietary protein levels and amino acids supplementation patterns on growth performance, carcass characteristics and nitrogen excretion in growing-finishing pigs [J]. Journal of Animal Science and Biotechnology, 10: 1-10.

ØRSKOV E R, MCDONALD I, 1979. The estimation of protein degradability in the rumen from incubation measurements weighted according to rate of passage [J]. The Journal of Agricultural Science, 92 (2): 499-503.

专题 10　营养与应激缓解

一、应激及其发生机制

（一）应激与应激反应

应激（Stress）是指机体在受到各种内外环境因素刺激时所出现的非特异性全身反应，表现为交感-肾上腺髓质和下丘脑-垂体-肾上腺皮质轴兴奋为主的神经内分泌反应和机能代谢的改变。引起应激的刺激因素被称为应激原（Stressor），应激原的种类繁多，大致可分为物理性、化学性、生物性、病理生理性和行为性 5 类。根据应激原的不同应激又分为多种，常见的有热应激、冷应激、运输应激、断奶应激、去势应激、换料应激、免疫应激、屠宰应激、心理应激等。不管刺激因素如何，这一系列非特异性反应大致相似，人们把这类非特异性反应称为应激反应（Stress response）。

典型的应激反应可分为 3 个阶段：动员期、抵抗期和衰竭期。①动员期或紧急动员期（Alarm stage）：在这一时期，机体一方面表现为损伤，另一方面表现为抗损伤。损伤的特征是：体温下降、血压降低、神经系统抑制、肌肉紧张度降低、毛细血管壁通透性增高、胃肠道溃疡、酸性粒细胞和淋巴细胞减少等。抗损伤的特征是：肾上腺皮质肥大和增生、分泌加强、血压升高、循环血量增加、血糖升高、中性粒细胞增多等；②抵抗期（Resistance stage）：在这一时期为动员期适应能力的延续，机体对应激原已获得适应，损伤现象消失或减轻，机体对应激原表现为抵抗力增强，而对其他应激原的抵抗力也多表现为增强。在这个阶段，如果机体适应能力良好，则代谢加强，进入恢复期；反之，机体则进入衰竭期；③衰竭期（Exhaustion stage）：由于应激原刺激强度过大或作用时间过长，在抵抗期产生的抵抗力出现下降、失效。此时肾上腺皮质失去持续分泌皮质激素的能力，异化作用重新占主导地位，机体贮备耗尽，许多重要器官机能衰竭，最后导致死亡。

（二）应激的发生机制

动物作为一个有机的整体，对应激反应的调节机制十分复杂，它涉及神经系统，内分泌系统及免疫系统的一系列活动，并通过神经-内分泌途径几乎动员机体所有的器官和组织来对付高温环境的刺激。其中中枢神经系统及其高级部位大脑皮层起着整合调节作用，主要通过交感-肾上腺髓质系统、下丘脑-垂体-肾上腺皮质轴和下丘脑-垂体-甲状腺轴等途径来实现调节机体的各种反应。应激的发生机制与下丘脑-垂体-肾上腺轴有关。外周神经把热刺激传入中枢神经系统，下丘脑分泌促肾上腺释放激素（CRH）作用于垂体，使之分泌促肾上腺皮质素（ACTH），经血液循环到肾上腺，使肾上腺皮质激素合成和释放增加，这些激素进入血液到达各器官的靶细胞内，作用于细胞核的信使核糖核酸，从而调节酶和蛋白质的产量，以对抗热应激。同时，应激源刺激动物的交感神经使之兴奋，触发肾上腺髓质轴，导致动物血液中的去甲肾上腺素和肾上腺素含量增加，大量的激素通过血液运输到中枢神经系统，将引起动物心跳和呼吸频率加快，心肌收缩力增大，血压升高，使家畜处于兴奋状态，此时处于兴奋状态的动物机体内各种组织代谢加快，肝糖原和脂肪分解增强，血液中的葡萄糖和脂肪酸氧化过程增强，机体耗氧量和产热量增加。

二、应激对动物的危害

（一）食欲下降、生产性能降低

应激引起动物采食量下降，导致养分摄入不足，是降低动物生产性能的主要原因之一。应激时，动物体内皮质醇分泌量增加可引起食欲下降，采食量减少，导致机体营养摄入量不足。有研究表明，在暴露于热应激的2~6h后，猪的饲料摄入量就会显著减少，肠道功能减弱，从而影响猪的平均日增重。热应激抑制动物采食量与其下丘脑对采食的调节有直接关系，此外还与动物体内分布的各种感受器有关。应激可直接作用于下丘脑的摄食中枢，降低其兴奋性；另外消化道迷走神经的兴奋又使消化道活动减弱，导致消化道食物的充盈。高温同时会引起猪的采食调控神经中枢兴奋性降低，导致猪的采食欲望下降，平均日采食量降低。此外，动物在高温环境中采食量减少也是对逆环境的一种适应，因为采食量的下降必然导致其体内的代谢产热降低，从而减轻机体的热负担。当然，这种代偿也付出昂贵的代价，就是机体生产的可利用营养逐渐减少，生产性能大大下降。O'Brien 等（2010）报道，热应激条件下，肉牛的干物质采食量显著降低，日增重极显著下降。蒲启建等（2017）研究发现，在夏季（6 月）不同品种的青年肉牛的单位体重干物质采食量较春季（4 月）均出现了不同程度的下降，平均日增重显著降低。

（二）发情不明显、难产率高

应激可能触发机体的下丘脑-垂体-性腺轴，抑制机体脑垂体的功能，使性激素分泌失调，引起卵泡发育缓慢，卵巢机能受到抑制，母畜可能出现卵巢停止发育，发情症状不明显，或发情期延长等现象。公畜则表现为副性腺和睾丸发育不良，性成熟延后，精液品质下降。而且，应激时母畜的食欲下降，体能储备减少，而分娩是一个高耗能的过程，因此应激条件下分娩可能出现体能不足，产程延长，导致滞产、死胎增多，胎衣不下，产后感染概率上升；同时亦导致产后少乳或无乳、便秘、子宫复原推迟、产后发情推迟、返情增多等现象。有数据表明，当气温达到 32℃以上时进行母猪配种，20%母猪会出现不孕或者反复发情，导致流产率升高；高温还可引起配种 8d 内的胚胎存活数降低；在妊娠后期发生热应激，可导致母猪产仔数和仔猪存活率下降，以及母猪泌乳减少、仔猪生长发育不良和断奶仔猪体重偏低等（Liu 等，2021）。另有研究显示，在 6 月、7 月（夏季高温期）自然热应激条件下，公猪的采精量、精子密度、精子活力以及正常精子数均较 4 月呈下降趋势，精液品质下降（卢绪秀等，2011）。母猪受孕率是反映精液品质好坏最直观的指标，高温应激导致公猪精液品质下降，从而降低母猪受胎率。Daolun 等（2014）分别采集来自空调舍（27℃）和风机水帘舍（夏季高温超过 33℃）公猪的精液对母猪进行人工授精，结果显示空调舍公猪组的母猪受胎率为 85.6%，而风机水帘舍公猪组的母猪受胎率只有 68.9%。即使夏季温度略高于公猪适应温度阈值（17.7～20℃），如 22.2℃，公猪性欲及母猪受胎率就会下降，当温度高于 28.3℃时下降更加显著（Gruhota 等，2019）。

（三）免疫力下降，易患病

应激时，下丘脑分泌 CRH 加强，引起垂体前叶素 ACTH 分泌增加，糖皮质激素大量分泌，促进嗜酸粒细胞分解，溶解淋巴细胞，使两种白细胞数减少，从而导致血液吞噬活性减弱，体液免疫和细胞免疫能力下降。热应激会降低奶牛免疫机能。Koch 等（2019）以奶牛为研究对象，发现热应激可能直接导致适应性免疫系统中的细胞向空肠固有层和黏膜肌层下的渗透增加，损害肠道的完整性，免疫屏障破坏，细菌、病毒等更易于侵入机体，危害机体健康，降低生产效益。另有研究发现，猪在持续 10d 的 26~40℃的循环变温刺激下，血清 IL-4 水平显著上升；长时间的热应激可影响幼年动物免疫系统的发育，降低免疫器官的相对重量。

（四）抗氧化能力降低、肉质变差

在应激条件下，动物体内代谢平衡受到影响，持续高温会抑制肌肉结构和功能发育，肌肉内物质代谢能力下降，最终对肉质产生影响。而且，热应激会刺激肌肉内活性氧含量增加，使肌肉内氧化和抗氧化平衡遭到破坏。宰前高温（40℃±1℃）导致 AA 肉鸡肌肉脂肪和蛋白质出现氧化损伤，宰后鸡胸肉 pH 值降低，嫩度变差，肌肉 a^* 值降低、L^* 值升高（潘晓建，2007）。热应激状态下动物机体内糖原酵解速度加快，乳酸蓄积导致 pH 值降低，容易产生 PSE 肉（Wang 等，2016），但是宰前长时间的应激刺激也可能会使肌肉出现消耗性疲劳，肌肉内糖原逐渐被消耗，这样宰后肌肉就不能产生大量乳酸，肌肉 pH 值维持在较高水平，容易形成 DFD 肉。黄涛等（2015）报道，夏季处于高温高湿条件下的锦江黄牛宰后肌肉系水力下降，嫩度变差，肉色变暗，肉品质下降。Hughes 等（2019）研究发现，热应激会使得肉牛肌肉出现较高的 pH 值，这导致肌丝晶格收缩较少，并导致肉色较深，表明热应激对肉色、持水力等肉质性状均会造成不利的结果。Surinder 等（2020）的研究表明，处于夏季热应激条件下的肉牛宰后肌肉剪切力较大，从而导致嫩度较差，肉品质下降。Heyok 等（2019）报道，当韩国肉牛长期处于高温的热应激环境中时，其屠宰后肌肉的嫩度会显著降低，进而导致牛肉品质大大下降。

三、缓解动物应激的营养调控措施

（一）补饲脂肪

在热应激期间，动物食欲下降，采食量减少可能导致能量摄入无法满足生长和生产的需求。由于脂肪产生的热增耗要比蛋白质和碳水化合物都少，在饲料中补充脂肪或脂肪酸可改善因采食量下降而导致的能量不足。夏季炎热季节日粮配方中使用热增耗较低的油脂代替部分淀粉，可以使猪获得较高的生产净能，提高采食量，弥补能量摄入量不足并降低体内热增耗，达到缓解热应激的目的。Wang 等（2010）发现在奶牛饲料中补喂1.5%饱和脂肪酸可降低一天中最热时段（14：00）的直肠温度，使产奶量显著提高，并能改善乳中脂肪、蛋白质和乳糖的含量。宋仁德等（2003）在炎热季节从分娩前 20d 至泌乳期 14d 在种猪日粮中添加脂肪粉100g/(头·d)，结果发现与对照组相比脂肪粉组仔猪初生重增加 0.14kg，21 日龄断奶窝重提高 6.48kg，平均产活仔数、断奶头数分别增加 0.56 头/窝和 0.95 头/窝。另外，补充日粮脂肪还可以增强热应激奶牛的免疫反应。另有研究发现，在热应激期间添加 6.5%的全亚麻籽脂肪可以提高奶牛的 IgG 效价，表明以全亚麻籽为基础的脂肪补充剂可以增强热应激奶牛的免疫应答（Caropresе 等，2009）。

（二）添加维生素

维生素作为酶的辅助因子起作用，作为催化剂参与各种代谢途径，对于动物的正常生长和发育必不可少。在应激过程中重要的代谢途径是脂解，该过程需要辅助因子参与酶促反应，这些因子都影响应激反应。目前，学者们研究最多、具有影响最大的是维生素 A、维生素 E、维生素 C、烟酸等。在奶牛的饮食中添加维生素 A 补充剂也能有助于缓解热应激的负面影响。研究显示，在半干旱热带环境中饲养的妊娠晚期奶牛补充 1×10^5IU/(头·d)的维生素 A，免疫功能增强，牛奶的体细胞数减少，生殖性能指数也得到改善（Kalyan 等，2014）。维生素 E 作为一种细胞内抗氧化剂，是在动物生长过程中必不可少的微量营养物质。在畜禽生产过程中，如果遭遇到冷热应激的情况下，在饲料中添加维生素 E 能够有效减缓鸡对应激的反应，能够增加鸡对恶劣环境的抵抗能力，进而减少死亡率，减少疾病的发生。维生素C在动物机体内参与氧化还原反应，它具有强还原性，因此具有解毒效果，可以增加白细胞吞噬能力、改善心肌和血管、提高抗病力等。常温下，畜禽自身合成维生素C可以满足生理需求，但在发生热应激时合成能力下降，需求量增加。在饲养过程中，如果鸡群出现维生素C缺乏症会导致鸡群出现坏血病，使动物解毒和抗应激能力下降。研究发现，在雏鸡饲养阶段，在饲料中添加维生素C可有效增加雏鸡的采食量，提高日增重，减少死亡率。有研究发现，日粮中添加500 mg/kg维生素C 4周后降低了热应激状态下猪的体温和呼吸频率，显著提高了猪的干物质、总能、总氮和能量消化率。

（三）补充矿物质元素

应激反应会增加动物排泄物中的矿物质损失以及体液损失。因此，通过在饲料中添加矿物质补充剂来调控矿物质平衡，会减轻热应激对动物的不利影响。在夏季日粮中补充钾离子可调节机体肾脏的分泌和再吸收过程，减轻热应激对肾脏的负面影响，保持血清钾离子水平稳定，从而维持机体酸碱平衡，减少热应激引起的新陈代谢紊乱。王幸栓等（2021）报道，在夏季奶牛补饲小苏打以后，牛只流涎症状大大减轻，同时缓解了热应激的负面影响。杨子江等（2021）的研究表明，夏季高温条件下，在麻花肉鸡饲料中添加了柠檬酸钠、氯化钾、碳酸氢钠等物质，可缓解肉鸡热应激，提高鸡的采食量和饲料转化率，提高肉仔鸡成活率。丁丽等（2014）报道，在日粮中添加38g/(头·d）氯化钾，可以有效缓解热应激对肉牛的影响，降低应激反应，采食量提高了13%，日增重25.77%。另有研究表明，给热应激状态下猪日粮中额外补充铬，可提高猪的平均采食量和平均日增重，缓解高温热应激反应对猪生产性能的负面影响，且与维生素E存在协同作用。

（四）添加中草药及植物提取物

近年来，中草药及植物提取物抗应激作用也被众多研究报道。一些研究认为，中草药及其提取物添加剂可能通过提高动物应激系统的耐受力，减少ACTH和血清皮质醇（COR）的分泌，消除应激的免疫抑制作用，使机体的免疫机能处于正常状态。王文娟等（2010）的研究表明，在夏季湿热环境下，以藿香、黄柏、苍术和石膏等具有解表和中、清热泻火、燥湿健脾功效的中药按一定的比例组成复方制剂饲喂肉牛，改善了肉牛育肥性能、降低了肉牛平均体温和呼吸频率。宋小珍等（2010）研究报道，由藿香、苍术、石膏等按配伍的复方制剂可促进热应激条件下猪对养分的消化吸收，可有效地缓解和治疗夏季高温给猪带来的热应激。付戴波等（2014）研究报道，在南方夏季高温高湿条件下，将黄芪、藿香、苍术等按一定的比例配伍成中草药复方制剂添加到饲粮中饲喂肉牛，可提高肉牛对饲料养分的消化率，促进机体蛋白质的合成，增强机体的免疫力，有效缓解肉牛的热应激。尚相龙等（2022）报道，添加广藿香油可降低热应激肉牛呼吸频率，下调 COR 含量，提高肉牛的生长性能。Chen 等（2022）报道添加400mg/kg葛根素于锦江公牛基础饲粮中，可以调节肉牛脂质代谢，提高热应激肉牛肌内脂肪沉积，改善牛肉风味。Peng 等（2021）研究结果发现添加 400mg/kg 和 800mg/kg 葛根素有助于缓解肉牛氧化应激。

（五）使用快速能量补充剂

生产实践中，往往补充易消化吸收和利用的葡萄糖、丙酮酸、肌酸等物质，以达到快速供能和缓解热应激的目的。葡萄糖能快速供能，是因为葡萄糖比碳水化合物、脂肪、蛋白质等营养物质更能直接进入三羧酸循环产生能量 ATP。Iwasaki 等报道高温环境中用 4% 葡萄糖自由饮水显著降低了肉鸡的死亡率。葡萄糖既能提高畜禽的生产性能，也参与热调控。热应激会引起血液黏稠性和血细胞比容降低，并且使血液渗透压降低，在饮水中添加葡萄糖可改善这些性状，增加代谢能摄入量。

参考文献

丁丽，范明杰，王慧军，2014. 氯化钾缓解鲁西黄牛热应激的影响研究［J］. 山东畜牧兽医，35（8）：1-3.

冯跃进，顾宪红，2013. 热应激对猪肉品质的影响及其机制的研究进展［J］. 中国畜牧兽医，40（2）：96-99.

黄涛，瞿明仁，宋小珍，等，2015. 夏季高温高湿条件对锦江黄牛生理指标及肌肉品质的影响［J］. 中国饲料（12）：14-16.

贾璞，2020. 乡镇畜牧兽医技术推广体系中存在的问题及措施［J］. 当代畜禽养殖业（3）：45.

葵花，阿拉腾苏和，吐日跟白乙拉，2010. 热应激条件下日粮中添加氯化钾对奶牛生产性能和血液指标的影响 [J]. 中国畜牧兽医，37（1）：10-13.

刘圈炜，卢庆萍，张宏福，等，2010. 持续高温对生长猪血清生化指标及肌肉营养物质含量的影响 [J]. 动物营养学报，22（5）：1 207-1 213.

卢绪秀，宋云飞，牛瑞燕，2011. 热应激对公猪精液品质的影响 [J]. 畜牧与饲料科学（8）：75-76.

潘晓建，2007. 宰前热应激对肉鸡胸肉 pH、氧化和嫩度、肉色及其关系的影响 [J]. 江西农业学报，19（5）：91-95.

蒲启建，王之盛，彭全辉，等，2017. 热应激对不同品种（系）青年肉牛生产性能、营养物质表观消化率及血液生化指标的影响 [J]. 动物营养学报，29（9）：3 120-3 131.

尚相龙，杨梓曼，兰剑，等，2022. 饲粮中添加广藿香油对热应激肉牛生长性能和血清生化指标的影响 [J]. 动物营养学报，34（1）：395-403.

宋仁德，李国梅，园田立信，2003. 给繁殖母猪添加动物性油脂对仔猪初生重及发育的影响 [J]. 青海畜牧兽医杂志，33（4）：2.

宋小珍，王占赫，毛帅，等，2008. 中药添加剂对高温下猪血清抗氧化功能的影响 [J]. 畜牧与兽医（5）：5-8.

宋晓琳，肖敏华，代雪立，等，2011. 复方生石膏对热应激蛋鸡生产性能和血液生化指标的影响 [J]. 中国家禽，34（2）：15-18.

王文娟，汪水平，左福元，等，2010. 中药复方对夏季肉牛的影响：Ⅰ. 育肥性能，生理指标及血清激素水平和酶活性 [J]. 畜牧兽医学报，41（10）：1 260-1 267.

王幸栓，王蕊彬，李建强，等，2021. 自由舔食补饲小苏打在高产奶牛疾病预防中的应用研究 [J]. 中国牛业科学，47（4）：21-25.

王自力，于同泉，朱晓宇，等，2007. 中药复方对热应激下猪肠道组织 IL-2、IL-10 和黏液 IgA 含量影响 [J]. 中国兽医杂志（9）：83-85.

武果桃，任杰，何再平，等，2021. 猪的热应激及其综合防治技术 [J]. 养猪（4）：85-88.

杨子江，2021. 电解质缓解麻花肉仔鸡热应激 [J]. 畜牧业（3）：17-18.

余建，范志勇，2022. 酸化剂的生物学功能及其在猪禽生产中的应用 [J]. 饲料工业，43（13）：19-24.

CAROPRESE M，MARZANO A，ENTRICAN G，et al，2009. Immune response of cows fed polyunsaturated fatty acids under high ambient temperatures [J]. Journal of Dairy

Science, 92 (6), 2 796-2 803.

CHEN H, PENG T, SHANG H L, et al, 2022. RNA-Seq analysis reveals the potential molecular mechanisms of puerarin on intramuscular fat deposition in Heat-stressed beef cattle [J]. Frontiers in Nutrition, 9: 817 557-817 557.

CHEN J, GUO K, SONG X, et al, 2020. The anti-heat stress effects of Chinese herbal medicine prescriptions and rumen-protected γ-aminobutyric acid on growth performance, apparent nutrient digestibility, and health status in beef cattle [J]. Animal Science Journal, 91 (1): e13361.

DAOLUN Y U, RUIHUA Z, KAIG E, et al, 2014. Research on summer heat stress on the sow boar semen quality and conception rate [J]. Journal of Jiujiang University (Natural Science Edition), (1): 64-66.

GHOLAMREZA Z, HUANG X, FENG X, et al, 2019. How can heat stress affect chicken meat quality-a review [J]. Poultry Science, 3 (98): 1 551-1 556.

GRUHOTA T, GRAYB K, BROWNB V, et al, 2019. Genetic relationships among sperm quality traits of duroc boars collected during the summer season [J]. Animal Reproduction Science, 206: 85-92.

HUGHES J M, CLARKE F M, PURSLOW P P, et al, 2020. Meat color is determined not only by chromatic heme pigments but also by the physical structure and achromatic light scattering properties of the muscle [J]. Comprehensive Reviews in Food Science and Food Safety, 19 (1).

HYEOK J K, MIN Y P, SEUNG J P, et al, 2019. Effects of heat stress and rumen-protected fat supplementation on growth performance, rumen characteristics, and blood parameters in growing Korean cattle steers [J]. Asian-Australalasian Journal of Animal Sciences, 32 (6).

KALYAN D E, SHASHI P A L, SHIV P, et al, 2014. Effect of micronutrient supplementation on the immune function of crossbred dairy cows under semi-arid tropical environment [J]. Tropical Animal Health & Production, 46 (1): 203-211.

KOCH F, THOM U, ALBRECHT E, et al, 2019. Heat stress directly impairs gut integrity and recruits distinct immune cell populations into the bovine intestine [J]. PNAS, 116 (21): 10 333-10 338.

LIU L, TAI M, YAO W, et al, 2021. Effects of heat stress on posture transitions and reproductive performance of primiparous sows during late gestation [J]. Journal of

Thermal Biology, 96 (1-2): 102828.

O'BRIEN M D, RHOADS R P, SANDERS S R, et al, 2010. Metabolic adaptations to heat stress in growing cattle [J]. Domestic Animal Endocrinology, 38 (2), 0-94.

PENG T, SHANG H L, YANG M R, et al, 2021. Puerarin improved growth performance and postmortem meat quality by regulating lipid metabolism of cattle under hot environment. [J]. Animal Science Journal, 92 (1): e13543.

SONG X, XU J, TIAN W, et al, 2010. Traditional Chinese medicine decoction enhances growth performance and intestinal glucose absorption in heat stressed pigs by up-regulating the expressions of SGLT1 and GLUT2 mRNA [J]. Livestock Science, 128 (1-3): 75-81.

SURINDER S C, FRANK R D, TIM E P, et al, 2020. The impact of antioxidant supplementation and heat stress on carcass characteristics, muscle nutritional profile and functionality of lamb meat [J]. Animals, 10 (8).

VANDERBURG C R, CLARKE M S F, 2013. Laser capture microdissection of metachromatically stained skeletal muscle allows quantification of fiber type specific gene expression [J]. Molecular and Cellular Biochemistry, 375 (1-2): 159-170.

WANG J P, BU D P, WANG J Q, et al, 2010. Effect of saturated fatty acid supplementation on production and metabolism indices in heat-stressed mid-lactation dairy cows [J]. Journal of Dairy Science, 93 (9): 4 121-4 127.

WANG R H, LIANG RR, LIN H, et al, 2016. Effect of acute heat stress and slaughter processing on poultry meat quality and postmortem carbohydrate metabolism [J]. Poultry Science, 96 (3): 738.

WOONG K J, JINYOUNG L, MARTIN N C, 2020. Net energy of high-protein sunflower meal fed to growing pigs and effect of dietary phosphorus on measured values of NE [J]. Journal of Animal Science (1): 1-8.

专题 11　抗病营养与免疫增强

动物的健康水平是影响其生产水平和效益的重要因素，现代养殖面临的最大问题是动物的健康问题。无抗条件下，畜禽养殖如何保障机体健康和生产水平是现代畜牧行业面临的重大问题之一。现代医学和生物学研究表明，营养是决定健康的关键因素。营养是一切生命活动的重要物质基础，影响动物生产潜力和效率的发挥。营养虽然不能治疗患病动物，但却可以改善动物健康和预防动物疾病，影响疾病的发生发展过程。因此，营养与动物健康的关系问题已成为人们关注的热点，研究的重点不再局限于营养缺乏或不平衡对健康的影响，而是深入研究营养与免疫和疾病的互作规律及机制。

一、抗病营养的概念

营养物质是动物生长发育和免疫系统的物质基础，其不仅维持正常的生长发育所需，而且是维持免疫系统的功能并使免疫活性得到充分表达的决定性因素。一方面，大部分营养物质的慢性缺乏可以损伤免疫应答，影响疫苗的免疫效果，增加对传染性疾病的易感性。另一方面，应激或疾病会增加某些营养物质的需求。动物的营养需要标准是在正常生产条件下制定的，未考虑在异常条件和免疫应激状况下对营养物质的额外需要，因此，在动物发病过程或受到各种外界应激而导致的生理反应过程中，动物对某些营养物质的需要量，特别是免疫系统的营养需求量相应提高，从而造成这些营养物质的相对缺乏，免疫系统的功能就会受到影响，疫苗的免疫效果就会受到影响，导致免疫不确切。合理的营养将使动物的免疫力调控在最佳状态，可以保证动物免疫系统的正常发育和完善，保证和提高疫苗免疫的确切效果（车炼强，2009；陈代文等，2014）。

抗病营养是一个研究动物营养与健康之间关系的交叉领域。通过研究，揭示动物健康的营养调控规律与机制，建立抗病营养原理和技术，进而提高动物对应激和疾病的抵抗力，确保动物健康，减少疾病，降低用药量、取消药物饲料添加剂，最终实现畜产品的安全高效生产。抗病营养学是动物营养学与免疫学、生理学、病理学、分子和细胞生物学的交叉领域，机体营养对抗病力的影响主要包括：机体免疫系统发育与功能、肠道发育与健康、各类应激、抗病基因表达、缓解霉菌毒素的危害等方面。

二、营养与免疫

动物健康状况是外界致病因子与动物自身的抗病机制矛盾斗争的结果。维持动物健康的根本机制是免疫反应。机体承担免疫应答及免疫功能的机构是免疫系统，包括免疫器官和组织、免疫细胞及免疫分子。免疫是一个动态过程，也是一个复杂的生理过程。确保免疫器官的正常发育、免疫细胞的正常功能和免疫分子的正常代谢对保障最佳免疫力十分重要。在抗感染免疫中，免疫应答通常分为特异性免疫和非特异性免疫，两者相互协作、相互制约，形成一个不可分割的整体。与其他生理功能一样，免疫功能的发挥有赖于机体健康程度，有赖于营养的供给。合理的营养水平为动物机体免疫系统发育和免疫功能发挥提供必需的物质基础，蛋白质、氨基酸、维生素、微量元素等均可影响免疫细胞功能，通过NF-κB、MAPK、MAVS、RIG、TLR等信号通路影响免疫活性因子的表达，改善动物肠道免疫反应，调控机体的特异抗病力和一般抗病力。

营养物质的代谢维持动物机体正常功能，同时，免疫系统过度活化，使动物处于免疫应激状态，通过改变营养物质的代谢水平和效率来抵抗应激。免疫应激过程中，细胞因子合成和分泌（如TNF-α、IL-1和IL-6等），一方面可直接作用于外周组织，使机体各组织器官的合成代谢减弱，分解代谢增强，抑制动物生长；另一方面，细胞因子可于中枢神经系统联系，改变动物的神经内分泌，间接地改变动物的机体代谢，从而降低动物生长速度。因此，免疫应激状态下，动物机体通过“神经-内分泌-免疫”网络途径产生免疫应答，引起营养物质代谢和利用的改变。

处于免疫应激状态的动物，整个机体的蛋白质周转速度加快，氮排泄量增加，外周蛋白质的分解加速，骨骼肌蛋白质的沉积减少，但肝脏急性期蛋白（acute phase protein，ACP）合成量增加。免疫应激动物机体蛋白质合成率下降而降解率增加可能主要是由以下几个因素引起的：第一，免疫应激降低了动物的采食量，因而用于合成蛋白质的氨基酸量受限。动物食欲下降是免疫应激期的典型症状之一，其产生可能与 TNF-α 和 IL-1 的介导有关。有研究证实，IL-1 对食欲的影响比 TNF-α 更大。免疫应激引起的厌食也与前列腺素（PG）的参与有关，细胞因子与脑室周围器官的星形（胶质）细胞互作以刺激花生四烯酸向 PG 的转化，然后 PG 分散到邻近的脑区引起病态行为反应。第二，免疫应激期，动物骨骼肌的氨基酸摄入机制受抑，骨骼肌中 RNA 的合成受阻。第三，细胞因子、肝脏 ACP 以及其他免疫相关物质的合成与分泌对氨基酸的需要量增加。当动物处于免疫急性期时，在细胞因子的作用下，肝的血流量和肝中氨基酸转运载体的数量增加，肝吸收和转运氨基酸的能力增强，以满足 ACP 合成增加对氨基酸的需要量。第四，骨骼肌氨基酸组成与 ACP 氨基酸组成不同（ACP 芳香族氨基酸即苯丙氨酸、酪氨酸和色氨酸的含量很高），导致从骨骼肌释放的氨基酸超过 ACP 合成的需要以及骨骼肌蛋白质的大量降解。研究表明，免疫应激使外周蛋白质分解代谢增强，其产生的氨基酸主要被肝脏摄入以合成 ACP 与其他免疫物质，而在用于合成 ACP 的氨基酸中，60%是由骨骼肌蛋白质分解而来的。过量的氨基酸则用于氧化功能或供糖原异生，以满足对能量需要的增加，而脱去的氨基部分则随尿液排泄，从而推知免疫急性期的动物内源氮排泄可能增加（陈代文等，2014）。

日粮添加微量成分可缓解免疫应激条件下动物生长性能的降低并调控机体物质代谢。在维生素研究方面，饲粮添加 25-羟维生素 D_3（25-OH-D_3）改善仔猪生长性能，且平均日增重和平均日采食量与日粮 25-OH-D_3 添加水平呈正相关（廖波，2010）。免疫应激时叶酸的添加与维生素 D 规律一致。在氨基酸方面，饲粮添加精氨酸可缓解注射 LPS 导致的仔猪体重损失，降低肠道促炎因子 IL-6 和 TNF-α 的 mRNA 表达量。LPS 刺激提高了仔猪血清皮质醇浓度、降低了 IgM 含量，而精氨酸、支链氨基酸（亮氨酸、缬氨酸和异亮氨酸）和胱氨酸混合物能够抑制 LPS 诱导的血清皮质醇浓度的升高和 IgM 含量的降低（Prates 等，2021）。在微量矿物元素方面，添加酵母硒比亚硒酸钠能更有效地降低免疫应激仔猪血清促细胞炎性因子 IL-1β 和 IL-6 的浓度，提高免疫球蛋白的含量，缓解仔猪因注射 LPS 而引起的生长抑制，改善饲料转化效率，提高仔猪的抗病力（黎文彬，2009）。在植物提取物方面，在 LPS 免疫应激下，断奶仔猪饲粮中添加紫云英多糖或人参多糖显著降低了血清 IL-1β 和 TNF-α 含量，提高了血清 IgA 浓度和超氧化物歧化酶（SOD）及总抗氧化能力（T-AOC）水平，提高抗应激能力（Wang 等，2020）。

三、营养与疾病

营养是影响动物健康和生产效率最易调控的因素，是提高动物疾病抵抗力的重要手段。疾病的本质是代谢紊乱，而代谢的物质基础是养分。因此，营养与疾病存在本质联系。疾病发生会改变营养代谢，营养也会影响疾病的发生发展过程。在特异性疾病及微生物感染过程中，营养具有一定的干预效应。

生产上圆环病毒 2 型（porcine circovirus 2，PCV-2）对养猪生产危害巨大，以断奶仔猪多系统衰竭综合征（postweaning multisystemic wasting syndrome，PMWS）为代表疾病，主要临床症状为进行性消瘦，全身淋巴结增大，呼吸困难，腹泻、苍白及黄疸等，其他症状还有咳嗽、发热、胃炎、脑膜炎及突然死亡。PCV-2 感染可导致仔猪出现免疫抑制。PCV-2 是一种嗜单核-巨噬细胞性的病毒，感染单核-巨噬细胞和树突状细胞却不在其内复制，也不引起细胞凋亡。感染 PCV-2 引起猪组织 IL-4、TNF-α、单细胞趋化因子 1（MCP-1）等细胞因子的水平发生变化，而 B 细胞可能是 PCV-2 复制的重要靶细胞，PCV-2 感染将引起 B 细胞凋亡，使外周血液中 B 细胞和 T 细胞减少等，导致对免疫系统的损伤和抑制。研究表明，断奶仔猪的营养状况可影响猪机体对 PCV-2 感染或继发感染的耐受能力。在饲粮中补充适宜剂量的一些功能性养分可以调节或增进断奶仔猪的免疫功能，提高仔猪抗病力，减少仔猪断奶期疾病感染或免疫应激的危害。生物素是猪必需的水溶性维生素，其作为羧化酶的辅酶，起着羧基载体的作用，参与碳水化合物、脂肪和蛋白质代谢。研究表明，接种 PCV-2 可降低仔猪日增重和日采食量，饲料添加生物素 0.05mg/kg 和 0.2mg/kg 可显著提高仔猪日增重、降低料重比，以 0.2mg/kg 添加水平效果最好；生物素可缓解 PCV 攻击断奶仔猪的免疫器官损伤，提高免疫反应强度（陈宏，2009）。叶酸是猪必需的一种水溶性维生素，其作为一碳单位的载体，在嘌呤环和脱氧胸苷酸合成、多种氨基酸的代谢及生物甲基化中起着重要作用。猪体内不能合成叶酸，可通过饲料或肠道微生物合成补充。肠道微生物可以合成相对数量的叶酸，但叶酸吸收部位是空肠，受限于肠道 pH 值，最适 pH 值为 5.0~6.0。肠道微生物来源的叶酸能够在多大程度上满足仔猪叶酸需要尚不清楚。研究表明，适宜叶酸水平（0.3mg/kg）可改善 PCV-2 攻毒仔猪的生长性能，缓解免疫器官损伤并提高仔猪免疫细胞增殖，降低凋亡（高庆，2011）。

猪繁殖与呼吸综合征病毒（PRRSV）引起的猪繁殖与呼吸综合征（PRRS）是一种接触性传染病，主要引起妊娠母猪早产、流产、死胎、木乃伊胎、弱仔增加等繁殖障碍。当机体感染 PRRSV 后引起机体产生强烈的淋巴细胞增殖反应，参与反应的细胞因子主要是 IFN-γ，其次是 IL-2。IFN-γ 激活 NK 细胞，通过抑制子宫内膜上皮细胞分泌粒细胞集落刺激因子，损害滋养层细胞，进而影响胎儿生长发育。研究表明，饲粮添加适宜的苏氨酸和精氨酸有利于 PRRS 弱毒苗对 TLR3、TLR7 和 TLR8 信号通路的激活，提高血清免疫球蛋白含量，促进炎症细胞因子产生，最终强化获得性免疫（赖翔，2012）。饲粮添加适宜精氨酸能显著降低沙门氏菌导致的血清 IL-6、CRP 和 IFN-γ 含量的增加，下调因免疫应激导致的仔猪组织 TLR4 和 TLR5 及其信号途径中关键信号分子的过度激活（Liu 等，2008）。

在养猪生产环境中普遍存在的轮状病毒，是引起断奶仔猪腹泻的重要原因。各种年龄、性别的猪都可感染轮状病毒，但只有仔猪有发病症状，成年猪多为隐性感染。仔猪感染后具有较高的感染率和死亡率。仔猪感染轮状病毒后潜伏期为 12~24h，然后开始出现厌食、不安，偶尔有呕吐，严重的在 1~4h 后发生水样腹泻，粪便呈黄色到白色，含絮状物。维生素 D 最重要的生理功能首先是维持动物体内钙、磷稳恒，保持骨骼的正常生长发育；其次是通过类似于类固醇激素的作用机理调节动物的生物学功能，如细胞生长、分化及机体的免疫功能、生殖等。维生素 D 在机体内的活性形式为1，25-（OH）$_2$-D$_3$，由维生素D$_3$先在肝脏转化成25-OH-D$_3$，再在肾脏转化而成。研究表明，维生素D$_3$主要在细胞水平上调节免疫系统的功能，包括对抗原提呈细胞（单核-巨噬细胞、树突状细胞）、T淋巴细胞和B淋巴细胞等的影响。1，25-（OH）$_2$-D$_3$抑制单核-巨噬细胞的黏附活性及其抗原提呈功能，促使单核细胞的前体细胞分化为单核-巨噬细胞，抑制树突状细胞（DCs）的成熟，阻碍单核细胞分化成DCs向成熟DCs分化。有关维生素D在肠道局部免疫调控作用的研究仅限于人的炎性肠病，在幼年动物上的研究较少，而断奶仔猪面临肠道黏膜免疫功能低下而导致的各种疾病。研究表明，饲粮添加适宜维生素D能够显著缓解轮状病毒攻毒仔猪肠道绒毛的萎缩，显著提高血清IFN-β水平，降低IL-6和IL-2水平，改善轮状病毒攻毒导致的生长性能下降。维生素D可显著提高轮状病毒感染IPEC-J2细胞*RIG*-1、*IPS*-1、*ISG*15和*IFN*-β等抗病基因的表达水平。丁酸盐作为一种短链脂肪酸盐，降低组蛋白的乙酰化，进而降低炎性细胞因子的含量（廖波，2010）。在断奶仔猪饲粮中添加丁酸盐可以提高生长性能，保护肠壁的完整性。研究表明，丁酸钠可以显著提高轮状病毒攻毒仔猪的日增重和采食量，降低仔猪腹泻指数，改善仔猪的肠道形态和微生物菌群结构，增强机体对疾病的抵抗能力，从而缓解轮状病毒引起的应激（Zeng等，2022）。

坏死性肠炎（necrotizing enterocolitis，NEC）是哺乳动物新生期最易患的胃肠道疾病之一。在NEC发生的过程中，临床症状表现为胃肠道膨胀、失去蠕动能力和肠淋巴管及门静脉中气体积聚和穿壁坏死等。NEC发生时血液循环中TNF-α、IL-1β和IL-6水平升高。仔猪作为NEC动物模型已受到越来越多的关注。首先，仔猪胃肠道的发育模式与婴儿相似，尤其是在围产期和断奶期，它们有着相似的成熟时间和成熟期，表现在营养不耐受、肠蠕动和消化能力较弱以及对肠腔抗原的不恰当免疫反应等。其次，92%妊娠期的仔猪剖宫产后在配方乳饲喂下诱发了NEC，且产生了腹部膨胀这一典型的早产婴儿NEC临床症状。早期营养（营养来源和饲喂方式）对新生哺乳动物消化道生长发育和功能的影响很大。研究表明，与饲喂母乳相比，新生仔猪饲喂配方乳7d后肠黏膜隐窝细胞增殖指数降低，配方乳喂养下的仔猪消化道对乳糖的吸收能力下降，仔猪内脏器官蛋白质合成也受到早期营养来源的影响（Thymann 等，2006）。新生儿早期营养供给常见方式为总肠外营养（total parenteral nutrition，TPN）和总肠内营养（total enteral nutrition，TEN）。临床上，对于肠内营养不耐受的婴儿可采用一段时间的 TPN，以缓解消化道的营养代谢负担。但在 TPN 介入时由于缺乏营养对消化道发育和功能的直接刺激，肠道增殖、形态学和肠细胞增殖甚至肠黏膜免疫均受到损害，缺乏肠腔营养影响了肠道免疫系统的发育及促炎症因子的产生。研究表明，以初乳形式供给的肠内营养促进了早产仔猪消化道生长发育和功能，并阻碍肠黏膜微生物黏附，进而降低 NEC 发生率（Kick 等，2012）。

抗病营养的研究与应用符合畜牧业可持续高质量发展的高效、安全、优质和环保要求，具有广阔的应用前景。应用抗病营养理论，集成营养四大要素（营养素、营养源、营养水平、功能添加剂）对免疫、肠道健康和致病因子调控干预作用研究结果，以饲粮“营养结构”平衡为核心，构建饲料抗病技术体系，包括饲料配制技术、饲料加工调制技术、饲料饲喂技术等。采用综合营养技术，实现在无抗条件下促进动物肠道发育，提高机体的抗病能力，确保动物健康和高效生产。

参考文献

车炼强，2009. 宫内发育迟缓和营养对新生仔猪消化道生长发育及坏死性肠炎发生机理的研究［D］. 雅安：四川农业大学 .

陈代文，毛湘冰，余冰，等，2014. 猪抗病营养研究进展［J］. 动物营养学报，26（10）：2 992-3 002.

陈宏，2009. 生物素对断奶仔猪生产性能及免疫功能影响的研究［D］. 雅安：四川农业大学 .

陈渝，陈代文，毛湘冰，等，2011. 精氨酸对免疫应激仔猪肠道组织 Toll 样受体基因表达的影响［J］. 动物营养学报，23（9）：1 527-1 535.

高庆，2011. 饲粮添加叶酸对断奶仔猪生产性能和免疫功能的影响研究［D］. 雅安：四川农业大学 .

赖翔，毛湘冰，余冰，等，2012. 饲粮添加苏氨酸对伪狂犬病毒诱导的免疫应激仔猪生长性能和肠道健康的影响［J］. 动物营养学报，24（9）：1 647-1 655.

黎文彬，2009. 酵母硒对脂多糖（LPS）诱导的免疫应激早期断奶仔猪的影响［D］. 雅安：四川农业大学 .

廖波，2010. 25-OH-D_3 对免疫应激断奶仔猪的生产性能、肠道免疫功能和机体免疫应答的影响［D］. 雅安：四川农业大学.

KICK A R, TOMPKINS M B, FLOWERS W L, et al, 2012. Effects of stress associated with weaning on the adaptive immune system in pigs [J]. Journal of Animal Science, 90 (2): 649-656.

LIU Y, HUANG J J, HOU Y Q, et al, 2008. Dietary arginine supplementation alleviates intestinal mucosal disruption induced by Escherichia coli lipopolysaccharide in weaned pigs [J]. British Journal of Nutrition, 100 (3): 552-600.

MATHEWSON N D, JENQ R, MATHEW A V, et al, 2016. Gut microbiome-derived metabolites modulate intestinal epithelial cell damage and mitigate graft-versus-host disease [J]. Nature Immunology, 17 (5): 505-513.

PRATES J A M, FREIRE J P B, DE ALMEID A M, et al, 2021. Influence of dietary supplementation with an amino acid mixture on inflammatory markers, immunestatus and serum proteome in LPS-challenged weaned piglets [J]. Animals, 11 (4): 1 143.

THYMANN T, BURRIN D G, TAPPENDEN K A, et al, 2006. Formula-feeding reduces lactose digestive capacity in neonatal pigs [J]. British Journal of Nutrition, 95 (6): 1 075-1 081.

WANG K, ZHANG H, HAN Q J, et al, 2020. Effects of astragalus and ginseng polysaccharides on growth performance, immune function and intestinal barrier in weaned piglets challenged with lipopolysaccharide [J]. Journal of Animal Physiology and Animal Nutrition, 104 (4): 1 096-1 105.

WILDHABER B E, YANG H, SPENCER A U, et al, 2005. Lack of enteral nutrition—effects on the intestinal immune system [J]. Journal of Surgical Research, 123 (1): 8-16.

ZENG X, YANG Y, WANG J, et al, 2022. Dietary butyrate, lauric acid and stearic acid improve gut morphology and epithelial cell turnover in weaned piglets [J]. Animal Nutrition, 11: 276-282.

专题 12　营养与繁殖力的激发

繁殖力是决定动物生产水平高低的第一要素，而营养在调控动物繁殖力的过程中具有重要作用，提高动物繁殖力对于畜牧业的健康持续发展具有重大意义。

一、繁殖力及主要评价指标

繁殖力是指动物维持正常繁殖机能和生育后代的能力。雄性动物繁殖力包括初情期、性成熟期、发情表现、精液数量、精子质量、性欲及交配能力等，而雌性动物繁殖力则包括初情期、性成熟期、发情表现、排卵数、卵子质量、受精卵活力、受胎率、分娩率、窝产活仔数、死胎数、哺育仔畜能力、断奶后再次发情所需时间等。几种动物繁殖力的主要评价指标见表 12–1。

表 12–1　几种动物繁殖力的主要评价指标

动物种类	评价繁殖力的主要指标
牛	情期受胎率、第一情期受胎率、总受胎率、繁殖率、产犊间隔、犊牛成活率
羊	产羔率、双羔率、繁殖成活率、断奶成活率
马	受胎率、产驹率、幼驹成活率
猪	产仔胎数、窝产总仔猪数、窝产活仔猪数、哺乳仔猪成活率
家禽	全年平均产蛋量（枚）、受精率、受精蛋孵化率、入孵蛋孵化率、育雏率

二、营养对动物繁殖力的影响

营养物质对动物的繁殖力具有重大影响，饲料中营养缺乏会抑制动物的生殖机能，引起母畜不发情和排卵延迟，排卵率和受胎率降低等，即使受胎，也会引起胎儿的早期死亡、流产和围产期死亡。饲料营养过度则会引起动物肥胖，对于母畜来说，过度饲喂会导致其卵巢、输卵管及子宫等部位的脂肪过度沉积，阻碍了卵泡发育、排卵和受精；同时，因输卵管和子宫外周的脂肪过多，不利于受精卵的运行，也限制妊娠期子宫的扩张。公畜过度饲养会使阴囊脂肪沉积过多，破坏了睾丸的温度调节机能，致使在温度较高的配种季节影响生精机能，增加了畸形精子的数量，从而导致精液的品质下降和公畜性欲的减退。

（一）水对动物繁殖力的影响

水在提高动物繁殖力的过程中起着非常重要的作用，水量不足会对动物的繁殖性能造成以下不良后果：一是引起动物便秘，便秘产生的毒素经血液到达组织器官，损害动物健康和繁殖力；二是使母体内羊水不足，导致胎儿生长发育不良或死亡，另外，还易出现因羊水不足而延长产程使初生幼崽活力低下的现象，降低了新生动物的成活率；三是泌乳量下降或乳汁过浓，导致哺乳期幼崽生长受限或出现消化不良，降低了哺乳期幼崽的成活率；四是降低种蛋的孵化率和育雏率。

（二）蛋白质和氨基酸对动物繁殖力的影响

对于公畜来说，要提高其精液量和品质，饲料中蛋白质含量应不低于20%，如果蛋白质水平不足，公畜精子质量随之下降，将会极大影响精子成活率，对种群的整体繁殖力影响较大。饲料中的蛋白质含量在13.0%～18.0%时有助于提升母畜的繁殖能力，因为饲粮中的蛋白质会影响后备母猪初情期的启动，后备母猪机体瘦肉沉积量与初情日龄呈显著负相关关系（Patterson 等，2002）。

产前胚胎损失是哺乳动物繁殖过程中遇到的一个主要问题，大多数哺乳动物的胚胎死亡损失在20%～40%，其中2/3 发生在妊娠的附殖期，这严重限制了哺乳动物繁殖性能的发挥。胚胎着床失败是造成这些早期妊娠损失的主要原因，因此，减少早期胚胎着床失败是提高哺乳动物繁殖效率的重要方法。虽然已有大量研究表明营养在胎儿发育和后续妊娠中发挥重要作用，但有关特定营养素对胚胎着床、胚胎存活和胚胎发育的影响的研究有限。精氨酸是体内合成 NO、多胺和蛋白质等物质的前体，精氨酸的代谢物NO对胚胎着床、胚胎发育和滋养层侵入、胎盘血管生成具有积极的调控作用，而N-氨甲酰谷氨酸是内源性精氨酸合成的激活剂，能够促进精氨酸内源合成。研究表明，妊娠早期饲粮中添加N-氨甲酰谷氨酸能提高胚胎和胎儿的存活率，增加了妊娠母羊第38d的总胎儿数和活胎儿数，改善了母羊的繁殖性能，其作用机制可能是N-氨甲酰谷氨酸促进了母羊内源性精氨酸的合成，提高了母羊血浆精氨酸、NO和孕酮含量，改善了子宫内环境和营养供给，使之有利于胚胎着床和妊娠维持（蔡元等，2021）；妊娠饲粮中添加N-氨甲酰谷氨酸能促进大鼠早期胚胎着床和改善产仔性能；在妊娠早期的母猪饲粮中添加N-氨甲酰谷氨酸能够降低胚胎死亡率并显著增加窝产活仔数。另外，N-氨甲酰谷氨酸能够通过直接作用（提高机体N-氨甲酰谷氨酸水平）和间接作用（改变肠道微生物组成和血清代谢产物）来提高机体的抗氧化水平、改善子宫内膜容受性，从而提高母猪的繁殖生产性能。

（三）能量对动物繁殖力的影响

饲料中的脂肪和碳水化合物是动物所需能量的主要来源，能量对雌性动物的繁殖性能存在阶段性和长久性的影响，提高日粮能量水平能增加排卵前大卵泡数量和卵母细胞成熟的比例（王延忠等，2008）。

脂肪中含量多不饱和脂肪酸，这些多不饱和脂肪酸通过影响生殖激素、类固醇激素、生殖器官及生殖细胞来调控动物的繁殖性能。研究表明，多不饱和脂肪酸参与合成类十二烷（前列腺素、凝血恶烷、环前列腺素和白三烯等），而类十二烷是一种与激素有类似作用的类激素，其中，前列腺素E_2和前列腺素F_2在动物生殖系统中起着主要作用；多不饱和脂肪酸可通过与胚胎发育中的细胞膜磷脂结合来调节后代的脂质和类十二烷代谢，或参与类固醇激素和性腺激素的生物合成，这些激素在动物生殖器官的生长、分化及动物生育能力等方面发挥着重要的作用；多不饱和脂肪酸能促进精子成熟并提高精子的活力、数量和密度，同时也影响卵泡细胞的发育和成熟。脂肪还可通过影响脂溶性维生素的吸收来间接调控生殖器官的健康发育，使动物产生更多高品质的精子和卵子，同时保障胎儿的健康发育。

日粮纤维是指由不可消化碳水化合物（如抗性淀粉、低聚糖和非淀粉多糖等）与木质素组成的复杂混合物，具有阳离子交换能力、水合作用特性（水溶性和黏性）、吸附作用、可发酵性等理化性质。它在后备种畜的营养策略中具有控制生长速度、限制能量摄入、减少脂肪组织沉积、促进性成熟和卵巢发育、增加优势卵泡数量等作用。饲粮中的纤维通过肠道微生物发酵产生挥发性脂肪酸，促进了后备种畜的胃肠道发育，改善了繁殖性能。在妊娠母猪日粮中添加适量的纤维能在一定程度上缩短母猪产程和发情间隔并提高母猪的繁殖性能（窝产仔数、产活仔数、出生窝重、断奶窝重及成活率），提高日粮中粗纤维水平会降低妊娠各阶段母猪雌二醇的浓度，但也会增加妊娠后期孕酮和催乳素的浓度。

淀粉是日粮中谷物类碳水化合物的主要成分，日粮淀粉对调节猪血糖有显著作用，增加妊娠期和泌乳期畜禽日粮中的淀粉含量，可增加后代的出生重和存活率，同时也能提高产奶量和幼畜的成活率。

（四）维生素对动物繁殖力的影响

维生素在机体内主要以辅酶和催化剂的形式广泛参与营养素的合成与降解，从而保证组织器官细胞结构和机能的正常，以维持动物健康和各种生产活动。维生素通过影响动物生殖器官的结构和功能、性细胞的产生、胚胎的发育及胎儿的营养储备等直接或间接地影响动物繁殖性能。维生素 A 参与卵巢发育、卵泡成熟、黄体形成、输卵管上皮细胞功能的完善和胚胎发育等过程，缺乏维生素 A 会导致内分泌腺萎缩、结构受损、内分泌功能紊乱和激素分泌不足。维生素 A、维生素 E 不足，精子生成减少并发生畸形。热应激条件下给动物添加大量的维生素 E 和维生素 C 等抗氧化剂有助于减少热应激对动物繁殖性能带来的危害。如果种蛋中维生素不足则会引起胚胎中途死亡或到后期不能破壳而闷死或发育不全等。

（五）矿物质对动物繁殖力的影响

增加动物对矿物质的吸收有助于提高动物繁殖力，矿物质吸收不足会使母畜的卵巢功能发育受限，增加受精后的流产概率；缺锌在繁殖上常表现为卵巢发育异常、促黄体素/卵泡刺激素合成和分泌受阻、情期循环紊乱和胎儿先天性畸形。钙、磷、钠盐不足或钙磷比例失调，精子数和精液量降低，精子活动很差，影响繁殖力。适度增加饲粮中微量元素（如锌、硒、铬等）的添加量有助于提高动物的繁殖力。

（六）功能性添加剂对动物繁殖力的影响

研究结果表明，功能性添加剂在提高动物的繁殖力方面具有重要作用。

饲粮中添加缬氨酸能提高母猪的泌乳性能，而在母猪妊娠后的第85d至泌乳结束期间补饲大豆异黄酮能显著改善母猪乳腺发育并提高哺乳仔猪的存活率；母猪妊娠期和哺乳期补饲β-葡聚糖可改善母仔猪机体的免疫机能，提高哺乳仔猪的成活率；初产母猪妊娠90d和泌乳期饲粮中添加植物多糖，显著提高母猪采食量、机体抗氧化能力和免疫机能，改善乳品质，提高仔猪断奶窝重和窝增重。

三、营养调控动物繁殖力的主要途径

（一）影响生殖激素的合成与代谢

血清中的胰岛素、胰岛素样生长因子1（IGF-1）和瘦素（leptin）浓度的变化是情期启动的代谢信号，这些物质能介导促性腺激素释放激素的分泌并通过下丘脑-垂体-性腺轴促进促黄体生成素的分泌，而促性腺激素释放激素和促黄体生成素是母猪情期启动和发情表现的重要信号。提高饲粮中的淀粉含量在一定程度上增加了后备母猪的背膘厚，缩短了初情日龄，而过多降低后备母猪饲粮中的淀粉含量会降低后备母猪的背膘厚并影响血清中促性腺激素释放激素和促黄体素的分泌，不利于初情期启动（林长光等，2019）。能量负平衡会降低血液中leptin和IGF-1的浓度，阻碍了情期启动和卵泡发育，但在后备母猪饲粮中添加脂肪，则可提高血液中leptin浓度，增强下丘脑leptin信号途径，使后备母猪的初情日龄提前（吴德等，2014）。适度提高妊娠期母猪饲粮中纤维水平则有助于提高血清孕酮及催乳素水平。饲粮中添加植物精油有助于提高卵泡数量和血清孕酮含量，而添加虾青素则可以显著提高血清中繁殖激素（卵泡刺激素、促黄体生成素和孕酮）含量，增加卵巢中的卵泡数目和降低次级卵泡的闭锁率（贺维朝等，2022）。

（二）调控子宫内环境

胚胎的健康发育依赖于子宫内的良好微环境，研究表明，当日粮中粗蛋白质含量超过19%时，血液中的尿素氮浓度上升，改变了子宫内环境的pH值和子宫乳的组成，影响着床前胚胎的发育和存活，降低了受胎率，导致繁殖力下降（梁华等，2018）。

（三）增强胎盘功能

饲粮中添加N-氨甲酰谷氨酸能改善妊娠母猪胎盘的血管功能并促进胎儿营养供应，也可以促进鸡卵巢的血管生成，促进卵泡的发育，限饲母羊日粮中补充N-氨甲酰谷氨酸有助于母羊胎盘的生长发育。

（四）减轻热应激

热应激通过下丘脑-垂体-性腺轴来抑制垂体促性腺激素的分泌，而促黄体生成素分泌下降会抑制卵子的产生和成熟，减少了排卵量；热应激也会通过抑制孕酮和黄体的生成来影响胚胎的发育和成熟，导致死胎数和木乃伊胎数升高，或者使母猪子宫内环境温度升高而不利于受精卵的着床及发育。母猪在高温刺激下，为把体内的代谢产热带到体表，皮肤血管扩张，外周血液循环加快，子宫内的血流量相应减少，使胎儿的营养供应减少，也影响胚胎的生长发育。热应激会使公猪阴囊、睾丸和附睾内的温度升高，从而影响精子的产生、成熟和运输，导致精子活力下降，畸形率和死亡率上升。热应激会引起母牛体内激素分泌失调、代谢紊乱以及胚胎早死等疾病，还会影响母牛的受胎率及流产率增加、新生犊牛死亡率增加。通过营养调控可提高妊娠动物血清谷胱甘肽过氧化物酶活性和总抗氧化能力，缓解热应激的危害，有助于提高妊娠动物血清中繁殖激素的含量，从而改善繁殖性能（武思同等，2021）。

（五）促进肠道中与繁殖有关的微生物生长

肠道微生物与动物的繁殖性能密切相关，因为动物肠道中的部分微生物可通过参与生殖激素的代谢来间接影响母体的繁殖性能。有研究报道，与低产仔数母猪相比，高产仔数母猪妊娠后期粪便中的普氏菌科细菌丰度更高而瘤胃球菌科细菌丰度更低，另外，母猪可通过哺乳及产道和粪便微生物等途径对仔猪肠道菌群的定植和组成产生重要影响，从而直接或间接地影响哺乳仔猪的成活率（孔祥峰和刘雅婷，2020）。能分泌β-葡萄糖醛酸酶和β-葡萄糖苷酶的微生物会参与雌激素代谢，而 *A. actinomycetemcomitans* 和 *P. gingivalis* 则会促进睾酮的转化与代谢过程，盲肠中的厚壁菌门和乳杆菌属相对丰度与高繁殖性呈强的正相关。地衣芽孢杆菌能提高蛋鸡血清中促卵泡激素和雌二醇含量，而枯草芽孢杆菌可促进蛋鸡卵巢雌激素受体α和雌激素受体β的 mRNA 表达量，抑制催乳素受体的 mRNA 表达量。

参考文献

蔡元，罗玉柱，臧荣鑫，等，2021. 妊娠早期饲粮中添加 N-氨甲酰谷氨酸对母羊早期胚胎存活及相关血液指标的影响 [J]. 草业学报，30：170-179.

贺维朝，王浩，张会艳，等，2022. 饲粮添加虾青素对 69~74 周龄蛋鸡生产性能、蛋品质、抗氧化能力、生殖激素和卵泡数量的影响 [J]. 动物营养学报，34：2 383-2 392.

孔祥峰，刘雅婷，2020. 母猪肠道微生态与繁殖生理研究进展 [J]. 猪业科学，37：64-66.

梁华，窦玉凤，孙延星，2018. 日粮蛋白质水平对反刍动物繁殖能力的影响及调控 [J]. 农牧与食品机械，8：89-90.

林长光，刘景，刘亚轩，等，2019. 不同饲粮能量结构对后备母猪初情日龄、血清代谢产物和激素浓度的影响 [J]. 动物营养学报，31：2 891-2 897.

王延忠，吴德，徐盛玉，等，2008. 能量水平和来源对后备母猪卵母细胞质量及相关基因表达的影响 [J]. 畜牧兽医学报，39：1 671-1 678.

吴德，卓勇，吕刚，等，2014. 母猪情期启动营养调控分子机制的探讨 [J]. 动物营养学报，26：3 020-3 032.

武思同，敖日格乐，王纯洁，等，2021. 慢性热应激期营养调控对放牧妊娠牛生殖激素含量、免疫功能及抗氧化能力的作用 [J]. 动物营养学报，33：1 545-1 554.

PATTERSON J L，BALL R O，WILLIS H J，et al，2002. The effect of lean growth rate on puberty attainment in gilts [J]. Journal of Animal Science，80：1 299-1 310.

专题 13　营养与肉品质调控

随着人们生活水平的提高和健康意识的增强，肉品质越来越受到消费者和生产者的重视。肉品质的优劣取决于动物肌肉的生物学特性，如肌纤维糖原含量和能量代谢方式、肌纤维组成类型、肌内脂肪含量、肌肉结缔组织的含量和特性、肌红蛋白含量等。动物肌肉生物学特性受动物品种、营养与饲养、养殖环境及管理等多方面因素影响。鉴于肉质性状大多属于复杂性状，其表型是由众多基因在特定的饲养环境中通过复杂的信号通路共同调节形成的，所以在短期内通过遗传选育的手段改进肉质是很困难的，而通过调整动物日粮的营养组成、饲喂水平或使用特定的饲料原料、添加剂，可以在短期内对肉质有较好的改善，所以利用营养措施来改善肉品质，在现行条件下无疑是一种有效可行的办法。本章主要就肌肉的生物学特性及宰前应激对肉品质的影响，以及最新的相关营养调控进行阐述，为生产提供科学的参考依据和指导。

一、肌肉能量代谢对肉品质的影响及营养调控

肉的品质是肉品消费性能和潜在价值的体现，品质优异的肉产品更容易被消费者接受和喜爱。人们常用肉的嫩度、色泽、风味、保水性、多汁性及 pH 值等品质指标来评价肉的品质。肌肉能量代谢影响肌肉的生长、发育、成熟过程，并最终影响肉的食用品质。

（一）活体肌肉代谢

直接为肌肉供能的物质是三磷酸腺苷（adenosine triphosphate，ATP）。在静息肌肉内 ATP 的浓度相当低，如在哺乳动物肌肉中 ATP 浓度为 3～86mmol/kg，很难维持 1min 的肌肉收缩活动。但是肌肉中 ATP 的转换效率

高，合成迅速，从而使能量供应不间断。肌肉中ATP再合成的途径除了磷酸肌酸（phosphocreatine，PCr）补充外，还有糖酵解和有氧氧化途径。按照提供能量的方式，ATP以及磷酸肌酸能够迅速为肌细胞提供能量，称为肌细胞代谢的即时能量系统。糖酵解可以快速地提供ATP，并且在肌细胞内发生代谢的位置与需要ATP的地方非常近，属于短期能量系统。在静息状态下，肌肉所需能量主要来源于糖类和脂类的有氧代谢，称为长期能量系统。

当肌肉由静息状态转换为运动状态时，ATP周转速率可能超过氧气利用率。这就要求肌肉必须能够在氧气缺乏的情况下快速生成ATP。磷酸原系统或者是PCr，能够作为暂时性的能量缓冲池来维持ATP的需要，直到其他能量代谢系统被激活并运行。在肌肉中，PCr（24~30μmol/g肌肉）含量比ATP（5~8μmol/g肌肉）含量高，使得ATP快速生成，但它只在短期内有效。在肌肉高强度运动下，PCr可能只够维持数秒，ATP含量便下降。ATP降解的增加引起游离二磷酸腺苷（adenosine diphosphate，ADP）水平的提高。当ATP周转速率很高时，腺苷酸激酶和单磷酸腺苷（adenosine monophosphate，AMP）脱氨酶在ADP累积的调节中发挥着重要的作用。腺苷酸激酶利用2个ADP产生AMP和ATP，接着，提高的AMP含量被AMP脱氨酶限制，将AMP不可逆地转化为肌苷酸（inosinic acid，IMP）（图13-1）。综上，腺苷酸激酶和AMP脱氨酶催化的反应以消耗总腺苷酸池为代价来维持高ATP/ADP比率及ATP水解产生的自由能。作为高ATP周转速率以及腺苷酸激酶反应的结果，AMP/ATP比例提高。该AMP/ATP是细胞能量状态的一个特别敏感的指标，或称为“能量开关”。此外，游离AMP和ADP的增加是糖酵解通路中关键酶的重要变构剂，能够调节糖原分解和糖酵解通量来提高ATP的生成。肌糖原通过糖酵解途径降解代谢为丙酮酸，当氧气不足时，丙酮酸被乳酸脱氢酶还原为乳酸，此反应中NAD^+的再生保证了糖酵解在无氧条件下继续进行。无氧糖酵解的起始发生相当迅速，但无氧酵解不能满足肌肉最高运动程度时的能量需求，也不能在较高的水平维持很长时间。

（二）宰后肌肉代谢

宰后肌肉向可食用肉转化过程中的能量代谢途径类似于活体动物肌肉

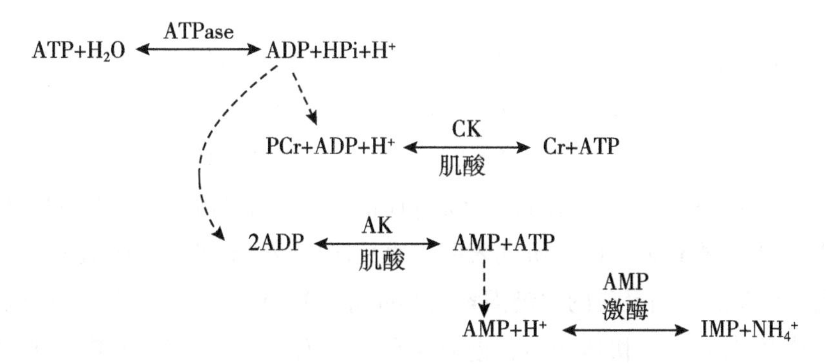

图 13-1　肌酸激酶和腺苷酸激酶催化反应产生 ATP（Scheffler 等，2011）

在缺氧或局部缺血状态下的代谢过程(Scheffler等，2011)。动物屠宰后，随着放血过程，向组织输送氧气的能力消失，代谢活跃的肌肉必须适应缺氧环境并产生 ATP 以维持内环境稳态。最初，肌酸激酶（creatine kinase，CK）催化 PCr 将磷酸基团转移到 ADP 形成肌酸（creatine，Cr）和 ATP 以提供能量。当 70% PCr 被消耗时，ATP 的水平迅速下降。同时，ATP 的降解导致 ADP 含量上升，并用于腺苷酸激酶反应。结果导致 AMP 含量升高，经脱氨作用生成 IMP，并在宰后肌肉中蓄积。在随后的宰后能量代谢过程中，肌糖原分解代谢占主导地位，糖原经过无氧酵解将 ADP 重磷酸化为 ATP。宰后肌肉没有代谢途径将糖酵解反应的废弃产物清除，导致肌肉中乳酸积累。在肌肉运动中 ATP 下降幅度最大可达 50%，而在宰后肌肉中所有的 ATP 最终将被耗尽。由于 ATP 的降解超过了它自身的合成，较少的 ATP 不足以维持肌肉松弛状态，肌动球蛋白永久性横桥的形成使肌肉僵硬，预示着死后僵直的开始。当 ATP 耗尽时，横桥不能被打开，肉的弹性和伸展性消失，肉变成紧张、僵硬的状态，即为尸僵。宰后贮藏期内，僵直达到最大程度并维持一段时间后，僵直缓慢解除，肉的质地变得柔软，但无法恢复到尸僵前的状态，该过程称为僵直解除或自溶。综上，宰后肌肉经过尸僵和自溶两个过程，其内部发生了一系列组织化学变化，结果使肉变得柔软、多汁，并产生特殊的滋味和气味，这一过程称为肉的成熟。

（三）肌肉磷酸肌酸和糖原含量对宰后代谢的影响

宰前肌肉中的 PCr 含量会影响宰后早期糖酵解过程的进行。宰前肌肉中

PCr含量较高时，PCr体系在宰后初期可以更长时间提供ATP，因此可以延迟糖酵解过程的开始。与此同时，PCr分解产生ATP的过程会消耗H^+，从而延缓宰后pH值的下降。Scheffler等（2014）研究发现，具有腺苷酸蛋白激酶$\gamma3^{R200Q}$的猪具有较高的PCr水平，且宰后维持ATP水平的能力增强，从而延缓了糖酵解过程的进行。宰后pH值的下降与糖酵解过程及ATP水解产生的H^+累积有关。许多研究表明，宰后肌肉成熟过程中pH值的下降速率与程度是影响肉品质的关键因素（Kim等，2014），宰后肌肉中糖酵解速率过快会导致H^+的快速积累，进而导致pH值的快速下降，肌肉中的肌球蛋白发生变性，肌丝间距变小，从而不利于肉的保水性。宰后肌肉中的代谢异常会影响pH值的变化，pH值的快速下降容易导致PSE（pale，soft，and exudative）肉的产生，pH值下降程度不足，会导致DFD（dry，firm，and dark）肉的产生，进而影响肉色、嫩度、保水性等品质。目前对于糖酵解过程的调控主要集中在两方面，一方面是通过改变肌肉中的糖原含量来调控糖酵解的程度，另一方面是通过调节糖酵解关键酶活性来调控糖酵解速率。

（四）营养调控肌肉宰后能量代谢改善肉品质

目前已经有很多研究通过在饲粮中添加物质来改变机体内的PCr含量，调控肉品质。有研究表明，膳食中添加肌酸或一水肌酸可以提高机体内的肌酸和PCr含量，降低宰后肌肉的糖酵解率，从而改善猪肉品质。Zhang等（2017）研究发现，饲粮中添加一水肌酸，可通过提高肌内PCr/肌酸系统的能量缓冲能力，改善肌肉能量状态，抑制运输诱导的AMPKα通路的激活，有利于通过减少夏季运输应激的快速糖酵解来提高肉品质。也有研究发现，膳食中添加胍基乙酸也增加了总肌酸和PCr水平，并发现添加胍基乙酸提高了猪背最长肌的pH值，降低了滴水损失、蒸煮损失和剪切力，同时降低了已糖激酶的活性和乳酸含量。这表明胍基乙酸可以作为一种有效的肌酸来源影响糖酵解过程。Juhn（1999）的研究表明，补充肌酸增加了细胞内PCr水平，导致细胞水合作用增强，细胞内的水合作用可能会加强肌纤维结缔组织网络并改善嫩度。李艳娇（2016）报道，在等能等氮日粮中，低淀粉、高纤维和高脂肪日粮能够提高宰后早期背最长肌CK活性，促进宰后早期PCr分解提供ATP，进而延缓宰后糖酵解。同时，降低了宰后早期背最长肌糖酵解潜力，改善猪肉品质等；等能等氮日粮中，高直链淀粉日粮（豌豆淀粉）也能够促进背最长肌宰后早期代谢过程中 PCr 的利用延缓糖酵解的发生，并通过降低糖酵解酶活性减缓糖酵解速率。而 Chen 等（2020）研究运输前饲喂 50d 的甜菜碱对宰后肉鸡生长性能、肉品质和肌肉糖酵解能力的影响，结果发现宰前添加甜菜碱可以降低宰后肌肉中乳酸和丙二醛的含量，并且增加了肌肉宰后 24h 的 a^* 值，此外补充 1 000mg/kg 的甜菜碱还可以降低肌肉的滴水损失，增加谷胱甘肽的含量以及谷胱甘肽过氧化物酶的活性。

二、肌纤维类型对肉品质的影响及营养调控

骨骼肌是一种非常复杂的组织，由多种功能不同的纤维类型组成，这使得骨骼肌具有各种不同的功能。骨骼肌的多样性归功于大量不同特性的肌纤维的交织组合。肌纤维类型的差异在于它们的分子、代谢、结构以及收缩特性的不同，肌纤维的形态学和生化特性是影响活体动物骨骼肌及宰后肌肉能量代谢的重要因素。在肌肉生物学分类中，目前主要采用的形式是依据其收缩特性、能量代谢特性和肌球蛋白重链（myosin heavy chain，MyHC）多态性对肌纤维类型进行划分。本部分主要介绍骨骼肌肌纤维类型的划分、不同肌纤维类型组成对肉品质的影响以及营养调控。

（一）基于肌纤维收缩特性分类

肌肉收缩时能量代谢速率迅速增加，大量的 ATP 通过肌球蛋白 ATPase 的水解作用释放能量。根据肌纤维中与收缩强度有关的 ATPase 的活性不同，可将肌纤维分为慢速收缩纤维和快速收缩纤维。Brooke 和 Kaiser（1970）根据肌球蛋白 ATPase 对 pH 值敏感性的差异，利用组织化学染色方法将成年动物的骨骼肌肌纤维分为 3 种主要的纤维类型，即 I 型、IIA 型和 IIB 型纤维。I 型肌纤维在 pH 值为 4.3 或 4.6 预孵育后着色很深，但是在 pH 值为 10.4 预孵育后着色较浅。相反，IIB 型肌纤维在 pH 值为 10.4 预孵育后着色很深，在 pH 值为 4.3 预孵后不易染色。IIA 型肌纤维在 pH 值为 10.4 预孵育后着色较深，但是在 pH 值为 4.3 或者 4.6 预孵育后没有反应。

（二）基于肌纤维能量代谢特性分类

在哺乳动物骨骼肌中，主要有氧化途径和糖酵解途径两种能量代谢途径提供 ATP。氧化途径即在高氧供给条件下，肌细胞中糖原、葡萄糖、氨

基酸、酮体以及脂质在胞内线粒体中被氧化提供 ATP。糖酵解途径，是在低氧或者无氧条件下，肌纤维内的储备糖原快速转变为乳酸并提供 ATP。由于不同肌纤维所含的代谢酶系及活性特点不同，通过对肌纤维代谢酶进行组织化学染色，即采用琥珀酸脱氢酶（SDH）染色法或烟酰胺腺嘌呤二核苷酸四唑还原酶（NADH-TR）染色法，将肌纤维分为红肌纤维、中间型纤维和白肌纤维。与此相对应的是，又可分别代表氧化型、氧化-酵解型或者酵解型肌纤维。

尽管以上两种肌纤维类型命名的方式有所不同，但二者之间彼此呼应，即 I 型纤维相当于慢速收缩纤维，属于氧化型纤维，含有丰富的毛细血管和肌红蛋白，外观呈红色，又叫红肌纤维。同时，I 型纤维线粒体含量丰富，有氧代谢酶系如细胞色素氧化酶、琥珀酸脱氢酶活性高，ATPase 活性低，因此，I 型纤维收缩慢而持久，抗疲劳。IIB 型纤维相当于快速收缩纤维，属于酵解型纤维，毛细血管和肌红蛋白含量均较少，外观呈白色，故又叫白肌纤维。IIB 型纤维线粒体含量低，且有氧代谢酶活性很低，但糖原含量较高，糖酵解酶系和 ATPase 活性也均较高，因此，其收缩快但不能持久，易疲劳。IIA 型纤维收缩特性和能量代谢特性介于 I 型与 IIB 型纤维之间。

（三）基于肌纤维肌球蛋白重链多态性分类

肌球蛋白是骨骼肌的主要收缩蛋白，约占总蛋白含量的 1/3。其分子由两条 MyHC 和两对肌球蛋白轻链组成。在哺乳动物的骨骼肌和心肌中共发现 8 种 MyHC 异构体，包括胚胎型、胎儿型、慢型（I 型或 β-心型）、α-心型、IIa 型、IIx 型、IIb 型以及眼外形。猪的 α-心型和 I 型（或 β-心型）基因位于 7 号染色体，而胚胎型、胎儿型、IIa 型、IIx 型、IIb 型和眼外型基因位于 12 号染色体。Pette 和 Staron（2001）根据 MyHC 多态性将猪的肌纤维分为 4 种，即 MyHC-I（慢速氧化型）、MyHC-IIa（快速氧化型）、MyHC-IIx（介于 MyHC-IIa 型和 MyHC-IIb 型之间）和 MyHC-IIb（快速酵解型）。不同 MyHC 亚型表现出不同的收缩能力和 ATPase 活性（表 13-1）。这种建立在 MyHC 表达基础上的分子分型相比于组织化学评定更有利于纤维分化机制的研究（Lefaucheur，2010）。

表 13-1　各肌纤维类型的生理生化特征（Lefaucheur，2010）

生理生化指标	I	IIa	IIx	IIb
收缩速率	+	+++	++++	+++++
肌原纤维 ATP 酶	+	+++	++++	+++++
有氧代谢	+++++	++++，+++++	+，++	+
无氧酵解	+	++++	++++	+++++
己糖激酶活性	+++++	+++	+	+
葡萄糖转运子-4 含量	+++++	+++	+	+
磷酸肌酸含量	+	+++++	+++++	+++++
糖原含量	+	+++++	++++	+++++
甘油三酯含量	+++++	++	+	+
血管化程度	+++++	+++	+，++	+
肌红蛋白含量	+++++	++++	++	+
缓冲能力	+	++++	+++++	+++++
直径长度	++	+，++	++++	+++++
抗疲劳能力	+++++	++++	++	+

注：+，很低；++，低；+++，中等；++++，高；+++++，很高。

（四）营养调控肌纤维的类型改善肉品质

尽管骨骼肌肌纤维的总数在动物出生之前已基本固定，但骨骼肌是具有高度适应能力的组织，肌纤维类型的表型会随动物生理环境的变化而改变，以适应不同的生理需求。除了品种、基因、性别、年龄等内在因素决定骨骼肌纤维类型组成外，外部条件刺激也会导致肌纤维类型发生一定的改变，如快慢肌的神经支配、持久性耐力训练、长期低频电刺激、肌肉负荷、激素以及营养等。其中营养是重要的外部因素，有报道指出，一些调控肌纤维类型的关键分子的活性，例如过氧化物酶体增殖物激活受体、过氧化物酶体增殖物激活受体 γ 辅助因子 1α、AMP 激活性蛋白激酶可以被营养因素调控，如脂质、多酚类、高蛋白日粮以及热量限制。此外，肌纤维类型转化是一个复杂的过程，涉及许多与肌肉结构和代谢相关的基因。申玉建（2022）在山羊骨骼肌生长和肌纤维类型的转化中发现，日粮中添加白藜芦醇可以显著增加胴体瘦肉率以及眼肌面积，并且山羊背最长肌的红度（a*）和肌内脂肪的含量有所提高，但是降低了剪切力；进一步分析白藜芦醇对肉品质改善的可能机制，发现日粮添加白藜芦醇通过刺激瘤胃产丁酸上调 AdipoQ 信号通路关键基因的表达，促进山羊骨骼肌纤维类型从酵解型向氧化型转化。而李秋艳等（2023）通过研究不同能量水平对乌金猪肌纤维类型的影响，结果发现，背最长肌 IIa 型和菱形肌 IIb 型 mRNA 的比例显著低于其他部位；半腱肌 IIx 型 mRNA 的比例最高，极显著高于菱形肌。不同肌肉组织中同一亚型 mRNA 比例随着能量水平的不同而变化，其中半腱肌高能量水平的 IIb 型 mRNA 比例极显著高于低能量水平。

三、脂肪沉积对肉品质的影响及营养调控

脂肪是动物机体不可缺少的组成部分，一般占动物活重的 2%~40%。胴体中脂肪含量的高低以及脂肪酸组成上的差异，对肉类食品的感官品质、营养价值和加工特性等有着至关重要的作用。最近十几年来，畜禽的生长速度、饲料转化率和瘦肉率等都有了较大幅度的提高，但是，伴随着生长性能的提高，肉类的品质尤其是感官品质和加工性能却发生了较为明显的下降，比较典型的就是畜禽的肌内脂肪含量和脂肪品质下降。因此，肌内脂肪含量和脂肪品质下降是目前规模化养殖所面临的非常突出的问题，已经引起了全球消费者的广泛关注。

（一）肌内脂肪与肉品质的关系

肌内脂肪（intramuscular fat，IMF）是指沉积在肌肉内的肌纤维与肌束间的脂肪，它由肌内脂肪组织和肌纤维中的脂肪组成。IMF 的含量取决于脂肪体细胞数量和脂肪的合成能力，一般在出生前或生长发育早期被确定，在肥育期仅仅通过脂肪细胞体积的增大和重量的增加来完成脂肪的沉积。IMF 是评价肉质的一个重要指标，它与肌肉的嫩度、多汁性、风味等直接相关。含量适中且分布均匀的大理石纹能使肉品味美多汁、口感良好、含量过少则肉品干硬乏味；含量过多或分布不均，会引起消费者对摄入脂肪过多的担忧且在肉的加工中存在不利因素。适当含量的 IMF 可以使肉类柔软多汁，口感细嫩，并且可以改善肉及肉制品的保水性，因此，肌内脂肪是决定肉品质的主要因素。目前，很多国家已把提高 IMF 含量列为今后猪育

种的重要选择内容。

（二）营养调控肌内脂肪沉积改善肉质

IMF 沉积主要包括 3 个方面，IMF 细胞数目的增加、IMF 细胞内脂滴和肌细胞内脂滴的沉积。其中 IMF 细胞数目及其细胞内脂滴的沉积是 IMF 沉积的主要部分，约占 80.0%，肌纤维内脂滴的沉积仅仅占极少比例，占 5.0%~20.0%。

日粮能量水平对脂肪沉积十分重要。在肉牛上，饲喂高能日粮能够通过下调垂体生长激素（growth hormone，GH）基因表达，降低血清 GH 浓度，增加脂肪生成基因（脂蛋白脂酶、脂肪酸合成酶和乙酰辅酶 A 羧化酶）mRNA 和蛋白质表达水平，降低脂解基因（激素敏感性脂肪酶和肉碱棕榈酰转移酶-1）mRNA 和蛋白表达水平，进而促进 IMF 沉积。Chen 等（2020）研究不同日粮能量水平对宁乡育肥猪 IMF 沉积的影响，结果发现，高日粮能量水平可以通过改变脂肪生成潜力，比如乙酰辅酶 A 羧化酶、脂肪酸合酶和脂肪细胞脂肪酸结合蛋白的 mRNA 表达，来促进 IMF 沉积。此外，日粮精粗比也能够调节反刍动物脂肪生成。兰格斯×海福特×安格斯三元杂交牛采食高精料日粮（79%玉米）可以更好地提高大理石花纹等级（Williams 等，1983），逐渐增加日粮精料比例（干物质基础的 60%、75%和 90%）大理石花纹的等级评分也逐渐递增。徐海军等（2009）以不同代谢能水平日粮（12.82 MJ/kg、14.24MJ/kg 和 15.66MJ/kg）饲喂杜长大母猪，结果发现，随着日粮能量水平的提高，试验猪肌内和皮下脂肪的饱和脂肪酸（saturated fatty acid，SFA）的含量显著下降，而多不饱和脂肪酸（polyunsaturated fatty acid，PUFA）含量显著升高。陈代文等（2002）研究高低两种能量水平（14.2MJ/kg 与 12.0MJ/kg）对生长育肥猪肉质性状发育规律的影响，结果发现低能量水平能明显降低 IMF 的含量。

日粮蛋白质水平和氨基酸组成也是调控 IMF 沉积的重要因素。Liu 等（2023）通过饲喂不同蛋白质水平日粮（正常、低和极低水平），探究其对三元杂交猪肉品质的影响，结果发现，低和极低蛋白质水平日粮可以显著降低背最长肌的吸水力和剪切力，并且可以显著增加背最长肌中 IMF 的含量；同时，极低蛋白质水平日粮可以显著降低背最长肌中 SFA 的含量，增加 PUFA 的含量。陈佳亿（2021）通过研究不同能量和蛋白质水平饲粮对宁乡猪胴体品质和肉品质的影响发现，降低约3%的蛋白质水平可以显著降低肥肉率，有提高瘦肉率的趋势，并且背最长肌大理石花纹提高了9.10%。而周华（2019）等在低蛋白质水平饲粮中补充不同水平的赖氨酸，研究其对育肥猪胴体性状和肉品质的影响，结果发现，低蛋白质饲粮对育肥猪的胴体性状没有显著的影响，但可以显著增加背最长肌的红度值。葛长荣等（2008）研究日粮中不同蛋白水平对乌金猪肉品质的影响发现，随着日粮蛋白质水平的降低，IMF和肌苷酸含量逐渐增加，低蛋白水平的日粮可以增加肌肉风味物质的沉积。由此可见，适当降低饲粮中蛋白质的水平有提高IMF，改善肉品质的作用。氨基酸的组成也会影响脂肪的沉积。Jariyahatthakij等（2018）在生长肉鸡日粮中补充0.4% DL-蛋氨酸并降低3%饲料蛋白质水平，可以增加肉鸡脂肪分解并扰乱甘油三酯的运输，从而提高了整体蛋白质利用率，并减少了脂肪沉积。Peng等（2018）用缺乏蛋氨酸的饲料饲喂肉鸡21d，可能通过降低脂质转运基因载脂蛋白B的表达，来扰乱肝脏脂质代谢从而导致肝脏脂质的积累。Zhang等（2022）研究发现低蛋白日粮补充支链氨基酸（亮氨酸、异亮氨酸和缬氨酸）可以通过AMPK-SIRT1-PGC-1α信号通路，促进背最长肌中脂肪沉积。Katsumata等（2018）报道低赖氨酸水平（0.78%）可以显著增加背最长肌中脂肪含量。Cui等（2022）研究表明日粮中添加胍基乙酸可以显著提高藏猪胸肌中C24：0、C20：3n-6和多不饱和脂肪酸的含量，同时可以上调脂肪酸合成酶和硬脂酰辅酶A去饱和酶基因的表达水平来调控背最长肌中脂肪沉积。

日粮维生素的组成也会影响IMF沉积。Zhang等（2023）研究日粮中添加维生素E对肉鸡胸肌IMF沉积的影响，发现持续饲喂35d后，胸肌IMF含量显著增加，进一步通过转录组学分析发现，在维生素E添加组中有2个显著富集的信号通路（MAPK和FoxO）与肌肉和脂质代谢相关。脂肪细胞是脂肪沉积的一个关键因素，而脂肪细胞是在动物幼龄阶段高度发育。Jo等（2020）以韩国本地肉牛为研究对象，探究妊娠后期饲粮添加维生素A，对新生犊牛生长性能以及背最长肌肌肉组织发育的影响，发现维生素A可以增加后代的出生重，同时促进肌肉细胞和前脂细胞发育相关基因的表达。Harris等（2018）研究发现安格斯犊牛出生和1月龄时分别注射15万IU和30万IU维生素A，可以显著提高犊牛的断奶重，且第438d屠宰时胴体中

IMF 含量显著增加。Peng 等（2020）研究发现新生犊牛口服维生素 A 补充剂可以加快犊牛的生长，并促进其背最长肌前脂肪细胞（ZFP423）和肌肉细胞（MyoD、Myf6、肌生成素）生成等相关基因的表达。

饲料中微量元素对肌肉品质也有一定的影响。Yang 等（2021）研究发现日粮添加硫酸锰显著提高了北京鸭胸肉 IMF 的含量及宰后 24h 鸭胸肉肉色 a^* 值，同时锰的补充增加了参与脂肪生成和成肌基因 mRNA 表达，减少了与胸肌脂肪分解相关基因表达。Wen 等（2019）的研究表明补充硫酸锌可以提高肌肉 IMF 含量以及 pH_{24h} 值，降低鸭胸肉亮度值、滴水损失和剪切力。Jin 等（2020）研究日粮中添加盐酸吡格列酮（PGZ）和蛋氨酸铬（CrMet）对黄羽肉鸡 IMF 含量的影响，发现 PGZ 和 CrMet 可以增加胸肌的红度值以及大腿肌肉 IMF 含量，提高过氧化物酶体增殖物激活受体 γ（peroxisome proliferator activated receptor γ，PPARγ）和脂肪酸结合蛋白 3 的 mRNA 表达来调控脂质代谢。

另外，影响 IMF 沉积的营养因素还有很多，比如非常规饲料（构树、竹马、桑叶等）、植物提取物（萜类化合物、白藜芦醇、辣椒碱等）和功能性营养添加剂（N-氨甲酰谷氨酸），这些营养素都能调控 IMF 的沉积，但是想要从根本上提高 IMF 含量，需要从基因和营养两个因素着手调控。

参考文献

陈代文，张克英，胡祖禹，等，2002. 营养水平及性别对生长育肥猪肉质性状发育规律的影响［J］. 四川农业大学学报（1）：7-11.

陈佳亿，龙际飞，陈凤鸣，等，2021. 不同能量和蛋白质水平饲粮对宁乡猪生长性能、胴体品质和肉品质的影响［J］. 动物营养学报，33（1）：208-216.

程甦，2008. 品种及营养水平对猪肌纤维发育规律的影响研究［D］. 重庆：西南大学.

葛长荣，赵素梅，张曦，等，2008. 不同日粮蛋白质水平对乌金猪肉品质的影响［J］. 畜牧兽医学报，39（12）：1 692-1 700.

李秋艳，朱俊红，贺德勇，等，2023. 日粮能量水平对乌金猪肌纤维类型基因表达的影响［J］. 饲料工业，677（8）：63-69.

李艳娇，2016. 日粮淀粉水平与类型对育肥猪生长和肉品质的影响及其作用机制研究［D］. 南京：南京农业大学.

申玉建，2022. 白藜芦醇调控山羊骨骼肌生长和肌纤维类型转化的机制研究［D］. 南宁：广西大学.

徐海军，都文，李亚君，等，2009. 日粮能量水平对肥育猪肌内脂肪含量、肌内和皮下脂肪组织脂肪酸组成的影响［J］. 畜牧兽医学报，40（7）：1 019-1 027.

尹靖东，2011. 动物肌肉生物学与肉品科学［M］. 北京：中国农业大学出版社.

张德权，李铮，李欣，等，2018. 羊肉加工品质学［M］. 北京：中国轻工业出版社.

周华，陈代文，何军，等，2019. 低蛋白质水平饲粮添加不同水平赖氨酸对肥育猪生长性能、胴体性状、肉品质及氮排放的影响［J］. 动物营养学报，31（10）：4 519-4 526.

BAKER D M，SANTER R M，1990. Development of a quantitative histochemical method for determination of succinate dehydrogenase activity in autonomic neurons and its application to the study of aging in the autonomic nervous system［J］. Journal of Histochemistry and Cytochemistry，38（4）：525-531.

BEE G，SOLOMON M B，CZERWINSKI S M，et al，1999. Correlation between histochemically assessed fiber type distribution and isomyosin and myosin heavy chain contein in porcine skeletal muscle［J］. Journal of Animal Science，77（8）：2 104-2 111.

BROOKE M H，KAISER K K，1970. Three "myosin adenosine triphosphatase" systems：the nature of their pH lability and sulfhydryl dependence［J］. Journal of Histochemical Cytochemistry，18（9）：670-672.

CHANG K C，COSTA N，2003. Relationships of myosin heavy chain fibre types to meat quality traits in traditional and modern pigs［J］. Meat Science，64（1）：93-103.

CHEN J，CHEN F，LIN X，et al，2020. Effect of excessive or restrictive energy on growth performance，meat quality，and intramuscular fat deposition in finishing Ningxiang Pigs［J］. Animals（Basel），11（1）.

CHEN R，WEN C，GU Y，et al，2020. Dietary betaine supplementation improves meat quality of transported broilers through altering muscle anaerobic glycolysis and antioxidant capacity［J］. Journal of the Science of Food and Agriculture，100（6）：2 656-2 663.

CUI Y，TIAN Z，YU M，et al，2022. Effect of guanidine acetic acid on meat quality，muscle amino acids，and fatty acids in Tibetan pigs［J］. Frontiers in Veterinary Science, 9: 998956.

DAVOLI R, FONTANESI L, ZAMBONELLI P, et al, 2002. Isolation of porcine expressed sequence tags for the construction of a first genomic transcript map of the skeletal muscle in pig [J]. Animal Genetics, 33 (1): 3-18.

de LANGE P, MORENO M, SILVESTRI E, et al, 2007. Fuel economy in food-deprived skeletal muscle: signaling pathways and regulatory mechanisms [J]. The FASEB Journal, 21 (13): 3 431-3 441.

de WILDE J, MOHREN R, van DEN BERG S, et al, 2008. Short-term high fat-feeding results in morphological and metabolic adaptations in the skeletal muscle of C57BL/6J mice [J]. Physiological Genomics, 32 (3): 360-369.

ENGLAND E M, MATARNEH S K, SCHEFFLER T L, et al, 2017. Perimortal muscle metabolism and its effects on meat quality [M]. Purslow P P. New aspects of meat quality. Woodhead Publishing: 63-89.

FU R, ZHANG H, CHEN D, et al, 2023. Long - term dietary supplementation with betaine improves growth performance, meat quality and intramuscular fat deposition in growing-finishing pigs [J]. Foods, 12 (3).

GUNTER S A, GALYEAN M L, MALCOLM-CALLIS K J, 1996. Factors influencing the performance of feedlot steers limit-fed high-concentrate diets1 [J]. The Professional Animal Scientist, 12 (3): 167-175.

HARRIS C L, WANG B, DEAVILA J M, et al, 2018. Vitamin A administration at birth promotes calf growth and intramuscular fat development in Angus beef cattle [J]. Journal of Animal Science and Biotechnology, 9: 55.

JARIYAHATTHAKIJ P, CHOMTEE B, POEIKHAMPHA T, et al, 2018. Effects of adding methionine in low - protein diet and subsequently fed low - energy diet on productive performance, blood chemical profile, and lipid metabolism-related gene expression of broiler chickens [J]. Poultry Science, 97 (6): 2 021-2 033.

JIN C L, ZENG H R, GAO C Q, et al, 2020. Dietary supplementation with pioglitazone hydrochloride and chromium methionine manipulates lipid metabolism with related genes to improve the intramuscular fat and fatty acid profile of yellow-feathered chickens [J]. Journal of the Science of Food Agriculture, 100 (3): 1 311-1 319.

JO Y H, PENG D Q, KIM W S, et al, 2020. The effects of vitamin A supplementation during late - stage pregnancy on longissimus dorsi muscle tissue development, birth traits, and growth performance in postnatal Korean native calves [J]. Asian – Australasian Journal of Animal Science, 33 (5): 742–752.

JUHN M S, 1999. Oral creatine supplementation: separating fact from hype [J]. The Physician and Sportsmedicine, 27 (5): 47–89.

KANG K, MA J, WANG H, et al, 2020. High–energy diet improves growth performance, meat quality and gene expression related to intramuscular fat deposition in finishing yaks raised by barn feeding [J]. Veterinary Medicine and Science, 6 (4): 755–765.

KATSUMATA M, KOBAYASHI H, ASHIHARA A, et al, 2018. Effects of dietary lysine levels and lighting conditions on intramuscular fat accumulation in growing pigs [J]. Animal Science of Journal, 89 (7): 988–993.

KIM Y H B, WARNER R D, ROSENVOLD K, 2014. Influence of high pre–rigor temperature and fast pH fall on muscle proteins and meat quality: a review [J]. Animal Production Science, 54 (4): 375–395.

LEFAUCHEUR L, 2010. A second look into fibre typing – Relation to meat quality [J]. Meat science, 84 (2): 257–270.

LEFAUCHEUR L, 2005. Pattern of muscle fiber formation in Large White and Meishan pigs [J]. Archiv fur Tierzucht, 48: 117–122.

LI J L, GUO Z Y, LI Y J, et al, 2016. Effect of creatine monohydrate supplementation on carcass traits, meat quality and postmortem energy metabolism of finishing pigs [J]. Animal Production Science, 56 (1): 48–54.

LIND A, KERNELL D, 1991. Myofibrillar ATPase histochemistry of rat skeletal muscles: a "two – dimensional" quantitative approach [J]. Journal of Histochemical Cytochemistry, 39 (5): 589–597.

LIU S, XIE J, FAN Z, et al, 2023. Effects of low protein diet with a balanced amino acid pattern on growth performance, meat quality and cecal microflora of finishing pigs [J]. Journal of the Science of Food Agriculture, 103 (2): 957–967.

LIU Y, LI J L, LI Y J, et al, 2015. Effects of dietary supplementation of guanidinoacetic acid and combination of guanidinoacetic acid and betaine on postmortem glycolysis and meat quality of finishing pigs [J]. Animal Feed Science and Technology, 205: 82–89.

MATARNEH S K, ENGLAND E M, SCHEFFLER T L, et al, 2017. The conversion of muscle to meat [M]. Lawrie R, Ledward D. Lawrie' s meat science. Duxford: Woodhead Publishing: 159–185.

MEYER R A, FOLEY J M, 1996. Cellular processes integrating the metabolic response to exercise [M]. Bethesda: American Physiological Society.

NAKAZATO K, SONG H, WAGA T, 2007. Dietary apple polyphenols enhance gastrocnemius function in Wistar rats [J]. Medicine and Science in Sports and Exercise, 39 (6): 934-940.

NAKAZATO K, SONG H, 2008. Increased oxidative properties of gastrocnemius in rats fed on a high-protein diet [J]. The Journal of Nutritional Biochemistry, 19 (1): 26-32.

NAKAZATO K, TSUTAKI A, 2012. Regulatory mechanisms of muscle fiber types and their possible interactions with external nutritional stimuli [J]. The Journal of Physical Fitness and Sports Medicine, 1 (4): 655-664.

PENG J L, BAI S P, WANG J P, et al, 2018. Methionine deficiency decreases hepatic lipid exportation and induces liver lipid accumulation in broilers [J]. Poultry Science, 97 (12): 4 315-4 323.

PENG, DONG QIAOJO, YONG HOKIM, et al, 2020. Oral vitamin A supplementation during neonatal stage enhances growth, pre - adipocyte and muscle development in Korean native calves [J]. Animal Feed Science and Technology, 268 (1).

PETTE D, STARON R S, 1997. Mammalian skeletal muscle fiber type transitions [J]. International Review of Cytology, 170: 143-223.

PETTE D, STARON R S, 2001. Transitions of muscle fiber phenotypic profiles [J]. Histochemistry and Cell Biology, 115 (5): 359-372.

PICARD B, JURIE C, CASSAR - MALEK I, et al, 2003. Myofibre typing and ontogenesis in farm animal species [J]. Productions Animales Paris Institut National de la Recherche Agronomique, 16 (2): 117-123.

QUIROZ-ROTHE E, RIVERO J L, 2004. Coordinated expression of myosin heavy chains, metabolic enzymes, and morphological features of porcine skeletal muscle fiber types [J]. Microscopy Research and Technique, 65 (1-2): 43-61.

RAHELIC S, PUAC S, 1981. Fiber types in longissimus dorsi from wild and highly selected pig breeds [J]. Meat Science, 5 (6): 439-450.

RYU Y C, KIM B C, 2005. The relationship between muscle fiber characteristics, postmortem metabolic rate, and meat quality of pig longissimus dorsi muscle [J]. Meat Science, 71 (2): 351-357.

SCHEFFLER T L, GERRARD D E, 2007. Mechanisms controlling pork quality development: the biochemistry controlling postmortem energy metabolism [J]. Meat Science, 77 (1): 7-16.

SCHEFFLER T L, KASTEN S C, ENGLAND E M, et al, 2014. Contribution of the phosphagen system to postmortem muscle metabolism in AMP activated protein kinase $\gamma3^{R200Q}$ pig Longissimus muscle [J]. Meat Science, 96: 876-883.

SCHEFFLER T L, PARK S, GERRARD D E, 2011. Lessons to learn about postmortem metabolism using the AMPK$\gamma3^{R200Q}$ mutation in the pig [J]. Meat Science, 89 (3): 244-250.

SOLIS M Y, ARTIOLI G G, OTADUY M C G, et al, 2017. Effect of age, diet, and tissue type on PCr response to creatine supplementation [J]. Journal of Applied Physiology, 123 (2): 407-414.

WANG C C, MATARNEH S K, GERRARD D, et al, 2022. Contributions of energy pathways to ATP production and pH variations in postmortem muscles [J]. Meat Science, 189: 108828.

WARNER R D, GREENWOOD P L, PETHICK D W, et al, 2010. Genetic and environmental effects on meat quality [J]. Meat Science, 86 (1): 171-183.

WEN M, WU B, ZHAO H, et al, 2019. Effects of dietary ainc on carcass traits, meat quality, antioxidant status, and tissue zinc accumulation of Pekin Ducks [J]. Biological Trace Element Research, 190 (1): 187-196.

WILLIAMS J E, WAGNER D G, WALTERS L E, et al, 1983. Effect of production systems on performance, body composition and lipid and mineral profiles of soft tissue in Cattle [J]. Journal of Animal Science (4): 4.

YANG T, WANG X, WEN M, et al, 2021. Effect of manganese supplementation on the carcass traits, meat quality, intramuscular fat, and tissue manganese accumulation of Pekin duck [J]. Poultry Science, 100 (5): 101064.

ZHANG B, LIU N, HE Z, et al, 2020. Guanidino-acetic acid: a scarce substance in biomass that can regulate postmortem meat glycolysis of broilers subjected to pre-slaughter transportation [J]. Frontiers in Bioengineering and Biotechnology, 8: 631194.

ZHANG H, GUAN W, 2019. The response of gene expression associated with intramuscular fat deposition in the longissimus dorsi muscle of Simmental × Yellow breed cattle to different energy levels of diets [J]. Animal Science of Journal, 90 (4): 493-503.

ZHANG J, YAN E, ZHANG L, et al, 2022. Curcumin reduces oxidative stress and fat deposition in longissimus dorsi muscle of intrauterine growth-retarded finishing pigs [J]. Animal Science of Journal, 93 (1): e13741.

ZHANG L, LI F, GUO Q, et al, 2022. Balanced branched-chain amino acids modulate meat quality by adjusting muscle fiber type conversion and intramuscular fat deposition in finishing pigs [J]. Journal of the Science of Food Agriculture, 102 (9): 3 796-3 807.

ZHANG L, WANG X F, LI J L, et al, 2017. Creatine monohydrate enhances energy status and reduces glycolysis via inhibition of AMPK pathway in pectoralis major muscle of transport-stressed broilers [J]. Journal of Agricultural and Food Chemistry, 65 (32): 6 991-6 999.

ZHANG M, LIN W, WU Q, et al, 2023. Effects of dietary vitamin E on intramuscular fat deposition and transcriptome profile of the pectoral muscle of broilers [J]. Journal of Poultry Science, 60 (1): 2023006.

ZHANG [illegible] WANG [illegible] [illegible]

ZHANG L, [illegible] 20[illegible] [illegible] Journal of the Science of Food and Agriculture, [illegible] – [illegible]5.

ZHANG L, WANG S, [illegible] 2021. [illegible] spinosad and [illegible] of AMPK pathway [illegible] [J]. Journal of Agricultural and Food Chemistry, 69(32): [illegible]

ZHANG M, [illegible] WANG [illegible] 2023. Effect of [illegible] [J]. Journal of Public Health, [illegible] 2023(88).

第三部分

畜禽营养研究与应用

专题 14　仔猪断奶与营养策略

在养猪生产中，仔猪阶段是生长发育最快、饲料利用率最高且开发潜力最大的阶段，也是死亡率最高和饲养管理最为繁杂的阶段。断奶应激造成仔猪肠道消化吸收功能障碍、免疫功能异常和菌群失调，且易引起仔猪腹泻和生长受阻，断奶阶段死亡率占养殖全程 80% 以上（易宏波等，2022）。肠道是仔猪对养分消化和吸收的主要场所，也是仔猪最大的免疫器官，肠道健康程度是决定断奶仔猪生长性能和发生腹泻的关键因素。过去数十年，通过饲用抗生素、高剂量氧化锌和硫酸铜可有效控制断奶仔猪断奶后腹泻（post-weaning diarrhea，PWD），从而保障断奶仔猪良好的生长效率（Verstegen 和 Williams，2002）。但由于抗生素耐药性和环境污染问题，我国已明文规定饲料全面禁抗和限锌限铜，在此背景下如何维护断奶仔猪肠道健康和防控仔猪断奶后腹泻问题成为我国生猪产业高质量发展的重点和难点。因此，本专题将围绕仔猪断奶应激及其营养调控策略进行综述，以期为提高仔猪肠道健康和生产效益提供理论依据和实践参考。

一、仔猪的断奶应激

在自然条件下，母猪哺乳会持续到仔猪的 12～14 周龄，而集约化生产上早期断奶（3～4 周龄）会给仔猪带来极大的应激，导致仔猪胃肠道生理、微生物菌群和免疫力发生显著变化。仔猪在断奶后具体会表现为肠道紊乱高发、腹泻和生长性能下降。造成断奶仔猪生产性能低下的原因包括环境应激、营养应激和心理应激。断奶时，仔猪需要应对与母猪和同窝仔猪已建立群体关系的突然中断以及适应新环境产生的应激。仔猪还要应对母乳的突然中断，适应不易消化的以植物为主要成分的饲粮，后者含有复杂的蛋白质和包含多种抗营养因子的碳水化合物。因此，仔猪在刚断奶时采食量会骤然下降，大约50%的仔猪会在断奶后24h内开始进食，但仍有10%的断奶仔猪厌食时间会长达48h。胃肠道是猪体内最大且最长的器官。肠道分为小肠和大肠，前者又分为十二指肠、空肠和回肠。猪的空肠占小肠的80%，饲料主要在空肠被消化和吸收。与自然断奶相比，现代养猪生产中仔猪21~28日龄断奶属于早期断奶，此时肠道发育不成熟且黏膜功能紊乱（Kim和Duarte，2021）。早期断奶会负面影响仔猪胃肠道屏障发育和功能（图14-1），包括增加肠道渗透性、免疫抑制、增加柱状细胞活性和数量及肠神经系统过度活跃等（Moeser等，2017）。

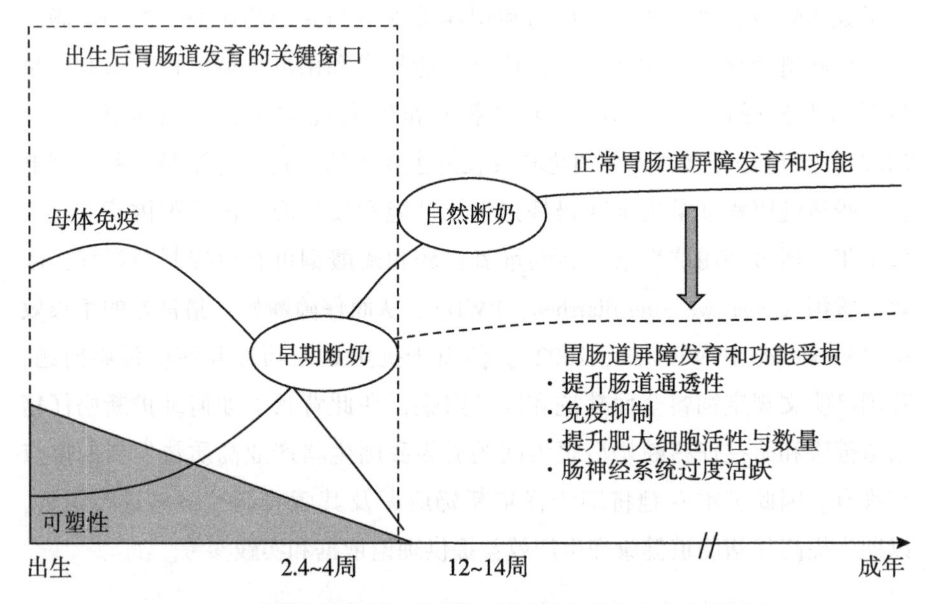

图14-1 早期断奶应激对仔猪胃肠道屏障发育和功能的影响

二、仔猪断奶应激的营养调控策略

近年来，针对断奶仔猪饲粮中抗生素替代和高铜高锌减量替代等核心问题，以改善断奶仔猪肠道健康为出发点，围绕益生菌、酸化剂、酶制剂、中短链脂肪酸和植物提取物等开展了大量研究。

（一）益生菌

近年来，益生菌在断奶仔猪饲粮中的研究和应用成为热点。益生菌对仔猪肠道健康的调控机制主要包括：①通过调节肠道菌群和电解质稳态，并促进乳酸和短链脂肪酸生成而降低胃肠道酸度；②促进胃肠道蛋白酶、脂肪酶和淀粉酶的分泌，从而促进仔猪肠道养分消化吸收；③调节肠道先天免疫和获得性免疫功能，促进免疫防御因子分泌；④调节肠道上皮闭合蛋白和密封蛋白等紧密连接蛋白表达而改善肠道上皮屏障功能。Zimmermann等（2016）通过归纳总结1980—2015年349篇文献发现，益生菌可提高断奶仔猪平均日增重。近年来，在断奶仔猪营养中应用最为广泛的益生菌有乳酸菌属、芽孢杆菌属、放线菌属、酵母菌和肠球菌等。据报道，饲粮中添加5×10^{10}CFU/kg罗伊氏乳杆菌LR1可改善仔猪肠道形态和肠上皮屏障功能，促进养分消化、吸收和转运，增加肠道免疫力和病毒疫苗抗体滴度，提高断奶仔猪平均日增重和平均日采食量（Yi等，2018）。此外，乳酸片球菌、肠球菌、酵母菌和嗜酸性乳杆菌等益生菌也可改善仔猪肠道健康，降低仔猪断奶后腹泻及死亡率。王汉星等（2020）研究表明，饲粮中添加枯草芽孢杆菌和粪链球菌可提高断奶仔猪氨基酸消化率和肠道短链脂肪酸含量。钟晓霞等（2020）报道，饲粮中添加复合益生菌制剂可提高断奶仔猪后肠短链脂肪酸含量并改善肠道菌群结构。统计分析益生菌对断奶仔猪生长性能的影响发现，植物乳杆菌、罗伊氏乳杆菌、枯草芽孢杆菌、嗜酸乳杆菌和丁酸梭菌在改善断奶仔猪平均日增重和平均日采食量方面具有较好的效果，多种复合益生菌（丁酸梭菌+地衣芽孢杆菌，屎肠球菌+枯草芽孢杆菌+副干酪乳杆菌）在提高平均日增重和降低耗料增重比方面效果较好（易宏波等，2022）。上述结果提示，益生菌有较好的促消化、改善肠道菌群和促进生长的作用。

（二）酸化剂

早期断奶仔猪胃酸分泌不足，饲粮中添加酸化剂可促进仔猪肠道发育和养分消化吸收。酸化剂可分为无机酸和有机酸，断奶仔猪饲粮中添加的酸化剂主要有磷酸、柠檬酸、山梨酸、苹果酸、乳酸、富马酸、苯甲酸、月桂酸和部分短链脂肪酸（甲酸、乙酸和丙酸等）。酸化剂的主要生理功能包括：①调节胃肠内酸度以维持胃肠道消化酶活性；②抑制饲料和消化道有害微生物的繁殖，减少病原菌感染。常见酸化剂酸化能力依次为：甲酸>磷酸>酒石酸>苹果酸=柠檬酸>乳酸>乙酸。酸化剂通过电离出氢离子降低消化道 pH 值，且未解离的有机酸分子可穿透大肠杆菌、沙门氏菌和梭菌等细菌细胞膜从而起到抑菌的作用，抑菌效果较强的酸化剂有甲酸、己酸、葵酸、苯甲酸和丙酸等。研究表明，饲粮中添加有机酸可改善仔猪生长性能和肠道健康，抑制有害菌的繁殖，但在高消化率的饲粮中添加酸化剂对仔猪生长并没有促进作用。据报道，当腹泻率低于 10%时，酸化剂能较好地提高断奶仔猪平均日增重和降低耗料增重比；当腹泻率高于 10%时，单独使用酸化剂对断奶仔猪平均日增重和耗料增重比的效果较弱；当腹泻率高于 20%时，有机酸与植物精油联合使用可有效提高断奶仔猪平均日增重和降低耗料增重比（易宏波等，2022）。

（三）酶制剂

饲用酶制剂具有降解抗营养因子、促进养分消化、脱毒解毒、杀菌抑菌和抗氧化等功能。酶制剂分为内源性消化酶（蛋白酶、淀粉酶和脂肪酶等）和外源性消化酶（非淀粉多糖酶、植酸酶、纤维素酶和木聚糖酶等）两大类。目前，植酸酶、木聚糖酶和蛋白酶在仔猪饲料中使用最为广泛。植酸酶可改善磷、锌、铜和钙等矿物质利用效率，进而减少矿物质的添加量并降低饲料成本和环境污染。研究表明，2 500FTU/kg 植酸酶可提高断奶仔猪生长性能（Moran 等，2017），且在低磷玉米-大豆饲粮中补充高剂量（20 000FTU/kg）植酸酶可改善仔猪生长性能和矿物质利用效率（Zeng 等，2015）。植酸酶和木聚糖酶的主要作用场所是胃，而蛋白酶通常在胃和十二指肠近端发挥作用。据报道，饲粮中添加 200g/t 蛋白酶可以提高断奶仔猪生长速度和养分消化率，并减少粪便氨气排放（Tactacan 等，2016）。近年研究结果显示，蛋白酶、磷酸酶和复合酶均能提高断奶仔猪平均日增重并降低耗料增重比，以复合酶应用为主，且主要应用于腹泻率低于 5%的猪群。总的来说，酶制剂的应用效果与种类、搭配方式和饲粮配方组成有关，饲粮总体消化率低，酶制剂发挥作用大，且实际生产中多倾向使用复合酶。

（四）中短链脂肪酸

中短链脂肪酸由含单羧酸的脂肪酸组成，其碳链长度在 6～12，主要包括己酸、辛酸、癸酸和月桂酸等，其在仔猪生长、免疫、脂肪沉积和肠道菌群等方面具有重要作用。中短链脂肪酸与甘油发生酯化反应生成相应的中短链脂肪酸甘油三酯。中短链脂肪酸具有抑菌作用，且与有机酸联合使用的抑菌效果更佳。饲粮中添加中短链脂肪酸可显著提高断奶仔猪生长性能。杨金堂（2015）报道，在腹泻率较高的情况下添加0.3%中短链脂肪酸可显著降低仔猪腹泻率。Kuang等（2015）研究发现，中短链脂肪酸和有机酸混合添加可显著提高仔猪平均日增重和平均日采食量。有研究表明，饲粮中添加0.2%、0.4%和0.6%中短链脂肪酸对仔猪生长性能无显著影响，但能够降低仔猪胃肠道pH值、提高小肠绒毛高度并促进养分消化吸收（陈晨，2015）。综上所述，中短链脂肪酸对仔猪生长性能的研究结果差异较大，但均可提高消化酶活性，改善养分消化吸收能力，且中短链脂肪酸与有机酸混合使用效果更佳。

（五）植物提取物

植物提取物来源广、种类繁多，一般具有抗菌、抗病毒、消炎、抗氧化等功能，在抗生素替代、健康养殖等方面具有较好的应用前景。近年来，在断奶仔猪上研究的植物提取物主要包括植物精油、单宁、姜黄素、大蒜素、绿原酸、黄芪多糖等。植物精油是一类植物次生代谢产物，具有芳香性和挥发性的特点，主要分为萜烯类、芳香族、脂肪族和含氮含硫等化合物（Valdivieso-Ugarte等，2019）。植物精油主要通过抑制能量代谢、还原酶体系和破坏细胞膜杀菌，常见有抑菌效果的精油主要成分包括香芹酚、百里香酚、丁香酚和肉桂醛等，其抑菌顺序为：肉桂醛>香芹酚>丁香酚>百里香酚。不同来源精油的组分相差甚远，其抗菌活性亦存在较大差异，牛至油、百里香油和肉桂油等在畜牧生产中应用广泛。植物精油可被动物胃肠壁吸收，参与机体代谢，并改善畜禽免疫力和生产性能（Valdivieso-Ugarte等，2019）。研究发现，饲粮中添加植物精油可提高断奶仔猪平均日增重和平均日采食量并降低耗料增重比，且减少猪舍内微生物气溶胶和氨气浓度（吴胜和彭艳，2019）。此外，植物精油与酸化剂具有协同性，联合使用效果更佳。

单宁是重要的植物次级代谢产物，广泛分布于豆类、五倍子、栗木、高粱、葡萄和坚木等植物。根据其化学结构和性质分为水解单宁、缩合单宁和复合单宁。水解单宁分子质量在500~3 000Da，易发生酶解或水解。缩合单宁分子质量在1 000~20 000Da，不易被酶解和水解，具有较强的抗营养作用。复合单宁是水解单宁和缩合单宁的复合物。单宁味涩，可与饲料中蛋白质、生物碱、多糖、金属离子和胃肠道中消化酶结合，降低养分利用率，因此单宁被定义为“抗营养因子”。研究表明，单宁具有肠道收敛、抗腹泻、抗炎、抗氧化、抗病毒和调节肠道菌群等生物学功能（Huang 等，2018）。单宁在仔猪上的促生长作用依赖其益生生物学功能与抗营养作用的平衡，目前在仔猪上应用的主要为水解单宁。宋妍妍等（2019）报道，添加低于2%的五倍子水解单宁对断奶仔猪血液参数和组织病理学无负面影响，提示单宁对断奶仔猪的安全性较好。

植物多酚也常应用于断奶仔猪饲粮中。姜黄素是从姜科植物中提取的酚类化合物，具有抗菌消炎、抗病毒和抗氧化等功能。魏思宇等（2020）报道，姜黄素和白藜芦醇联合使用可提高断奶仔猪消化酶活性和抗氧化能力。王斐等（2019）的研究表明，姜黄素改善宫内发育迟缓断奶仔猪的肠道组织形态和消化吸收功能。荀文娟等（2019）研究发现，姜黄素缓解大肠杆菌攻毒后仔猪小肠的肠黏膜屏障功能损伤。绿原酸是一种来源于金银花、杜仲和忍冬等植物的天然酚类化合物，具有抗菌消炎、抗氧化、提高免疫力和改善生长性能等功能。赖星等（2019）研究发现，饲粮中添加250mg/kg 绿原酸显著提高断奶仔猪平均日增重和平均日采食量，显著降低耗料增重比。王宇等（2018）的研究表明，添加绿原酸虽然对断奶仔猪平均日增重和平均日采食量无显著影响，但1 000mg/kg 绿原酸可显著降低耗料增重比。目前，绿原酸促进仔猪生长的作用机理尚不清楚且使用效果不明确。但大多数情况下能降低断奶仔猪的耗料增重比，断奶仔猪饲粮中绿原酸的适宜添加量可能为1 000mg/kg。

大蒜素是从大蒜的鳞茎中提取的生物活性物质，具有抗菌消炎、调节脂质代谢和促进生长等功效。饲粮中添加大蒜素可提高断奶仔猪平均日增重，显著降低耗料增重比和腹泻率。饲粮中添加100mg/kg 大蒜素可提高仔猪平均日增重和平均日采食量，但对耗料增重比无影响（李小成，2017），但高剂量大蒜素对仔猪生长性能的改善效果不明显。目前，大蒜素对仔猪生长性能影响的作用机制尚未完全明确，少量添加大蒜素可提高断奶仔猪生长性能，适宜添加剂量为100mg/kg 左右。黄芪多糖是黄芪的主要活性成分，主要由已糖醛酸、葡萄糖、果糖、鼠李糖、阿拉伯糖和半乳糖醛酸组成，具有抗氧化、抗病毒和增强机体免疫等功能。饲粮中添加 500mg/kg 黄芪多糖可明显改善断奶仔猪生长性能和腹泻状态（骆先虎和倪以祥，2012），但添加 1 000mg/kg 和 2 000mg/kg 黄芪多糖则降低断奶仔猪生长性能（蒙洪娇等，2016）。因此，适量添加黄芪多糖可有效改善仔猪腹泻和生长性能，而高浓度黄芪多糖可能因过度激活免疫而抑制仔猪生长。

除了上述植物提取物外，以糖类、类激素和生物碱等为主效成分的植物提取物在仔猪营养也有报道。糖萜素和苜蓿多糖都是从相应植物中提取的多糖，具有提高饲料利用率、改善免疫功能、调节肠道菌群平衡和促进动物生长等功能。博落回的主要功能活性成分为血根碱、白屈菜红碱和原阿片碱等生物碱，具有抗菌、抗炎、抗氧化和抗病毒等多种生物学活性，可用于缓解畜禽免疫应激。黄连素又称小檗碱，主要来源于黄连、大戟科等植物，具有消炎、解毒和调节肠道菌群等功能，常用于大肠杆菌和猪流行性腹泻病毒等引起的仔猪腹泻。还有许多植物提取物具有良好的应用前景，但其对断奶仔猪肠道健康和生长性能的作用尚需进一步验证。

早期断奶是提高生猪养殖效率的重要手段之一，如何降低断奶应激是生猪养殖中面临的重点和难点。在当下饲料禁抗和限锌限铜的背景下，通过营养手段调控断奶仔猪肠道健康是降低仔猪断奶应激和断奶后腹泻的行之有效的策略。益生菌、酸化剂、酶制剂、中短链脂肪酸和植物提取物等对断奶仔猪肠道健康和生长性能均具有一定的改善作用，启示我们可通过营养手段来有效改善断奶仔猪肠道健康，降低饲料成本，有助于优化仔猪高效绿色无抗饲料体系和推进养殖终端减抗。

参考文献

曹蓉，贺喜，2021. 糖萜素的功能及其在生猪生产的应用［J］. 中国猪业，11：70-72.

陈晨，2015. 中链脂肪酸对断奶仔猪生产性能，肠道形态结构和微生物菌群的影响［D］. 南京：南京农业大学.

刁慧，张锦秀，张纯，等，2020. 中链脂肪酸在仔猪营养中的生理功能研究进展［J］. 中国畜牧杂志，56：33-38.

冯定远，2020. 酶制剂在饲料养殖中发挥替代抗生素作用的领域及其机理［J］. 饲料工业，41：1-10.

冯军森，熊云霞，吴绮雯，等，2020. 日粮添加罗伊氏乳杆菌 LR1 对猪常见病毒疫苗免疫效果的影响［J］. 中国畜牧兽医，47：884-891.

胡凤明，崔凯，司丙文，等，2017. 酶菌复合制剂对断奶仔猪生长性能、肠道微生物和血清指标的影响［J］. 中国畜牧杂志，53：103-107.

赖星，陈庆菊，卢昌文，等，2019. 日粮添加绿原酸和橙皮苷对断奶仔猪生长性能与肠道功能的影响［J］. 畜牧兽医学报，50：570-580.

李小成，2017. 日粮中添加大蒜素对断奶乎猪生产性能的影响［J］. 猪业科学，34：84-85.

刘伟，张俊平，刘青翠，等，2018. 植物精油在仔猪上的应用研究进展［J］. 猪业科学，6：87-89.

骆先虎，倪以祥，2012. 黄芪多糖对断奶仔猪生产性能的影响［J］. 中国饲料，71：22-24.

蒙洪娇，姜海龙，朱世馨，等，2016. 黄芪多糖对断奶仔猪生长性能，营养物质消化率和免疫功能的影响［J］. 养猪：41-43.

潘宝海，孙冬岩，孙笑非，等，2019. 有机酸化剂在畜牧养殖业中的应用研究进展［J］. 饲料研究，11：101-103.

彭富强，吕勇，沈兆艳，等，2019. 不同梯度微胶囊包膜缓释植物精油替代土霉素钙对断奶仔猪生产性能的影响［J］. 广东饲料：23-26.

宋妍妍，陈代文，余冰，等，2019. 单宁酸的营养生理功能及其在单胃动物生产中的应用研究进展［J］. 动物营养学报，31：2 544-2 551.

宋妍妍，陈代文，余冰，等，2020. 高剂量单宁酸对断奶仔猪血液学参数，脏器指数和组织病理学的影响［J］. 动物营养学报，32：1 899-1 907.

孙代鹏，郭文洁，郑从森，等，2018. 日粮添加植物精油对断奶仔猪生长性能和免疫功能的影响［J］. 中国饲料，10：47-51.

田志梅，蒋宗勇，王丽，等，2019. 益生菌的功能及其在生猪养殖产业中的应用［J］. 动物营养学报，31：1 020-1 030.

王斐，何进田，沈明明，等，2019. 日粮添加姜黄素对宫内发育迟缓断奶仔猪生长性能和肠道组织形态的影响［J］. 畜牧与兽医，51：23-30.

王汉星，虎千力，杨建涛，等，2020. 饲粮中添加粪链球菌与枯草芽孢杆菌对断奶仔猪生长性能和肠道健康的影响［J］. 动物营养学报，32：2 074-2 086.

王宇，周选武，陈代文，等，2018. 绿原酸对仔猪生长性能，血清免疫球蛋白及肠道黏膜形态与消化吸收能力的影响［J］. 动物营养学报，30：1 136-1 145.
魏思宇，甘振丁，韦文耀，等，2020. 姜黄素和白藜芦醇联用对断奶仔猪消化酶活性和胰腺抗氧化功能的影响［J］. 南京农业大学学报，43：754-761.
吴胜，彭艳，2019. 植物精油制剂对断奶仔猪生长性能及舍内空气中微生物气溶胶，氨气浓度的影响［J］. 动物营养学报，31：4 729-4 736.
夏超笃，黄彦，湛穗璋，等，2018. 博落回提取物对断奶仔猪生长性能，血清免疫指标及抗氧化指标的影响［J］. 中国畜牧兽医，45：3 070-3 076.
荀文娟，曹婷，施力光，等，2019. 姜黄素和丝裂原活化蛋白激酶信号通路抑制剂对断奶仔猪空肠黏膜形态、通透性以及紧密连接蛋白和炎性因子 mRNA 相对表达量的影响［J］. 动物营养学报，31：1 415-1 421.
杨广达，王丽，易宏波，等，2018. 罗伊氏乳杆菌 LR1 对断奶仔猪血清生化指标和肠道营养物质转运载体 mRNA 表达的影响［J］. 动物营养学报，30：4 589-4 600.
杨金堂，2015. 中链脂肪酸对高温环境下猪饲养和疾病防治的应用与机理研究［D］. 南京：南京农业大学.
叶跃天，郇文彬，陈欢，等，2019. 黄连素抑制猪流行性腹泻病毒复制和组装［J］. 中国兽医学报，9：1 829-1 835.
易宏波，唐青松，侯磊，等，2020. 断奶仔猪肠道健康分级及其无抗营养策略［J］. 动物营养学报，32：4 501-4 517.
游金明，彭昕彤，谌俊，等，2021. 噬菌体在仔猪饲粮中的应用研究进展［J］. 饲料工业，42（16）：1-5.
张秀娟，马骏池，赵晋彤，等，2020. 小檗碱对肠道菌群作用的研究进展［J］. 食品工业科技，41：359-363.
赵琛，丁健，李艳玲，2020. 植物精油的生物活性及其在畜禽免疫上的应用［J］. 动物营养学报.
钟晓霞，黄健，刘志云，等，2020. 甘露寡糖和复合益生菌对断奶仔猪生长性能及肠道形态结构，挥发性脂肪酸含量和菌群结构的影响［J］. 动物营养学报，32：3 099-3 108.
周晓容，周艳，刘志云，等，2019. 益生菌对猪肠道屏障功能的影响［J］. 动物营养学报，31：3 921-3 926.
CHE L，XU Q，WU C，et al，2017. Effects of dietary live yeast supplementation on growth performance，diarrhoea severity，intestinal permeability and immunological pa-

rameters of weaned piglets challenged with enterotoxigenic Escherichia coli K88 [J]. British Journal of Nutrition, 118: 949-958.

GIRARD M, BEE G, 2020. Invited review: tannins as a potential alternative to antibiotics to prevent coliform diarrhea in weaned pigs [J]. Animal, 14: 95-107.

HEO J M, OPAPEJU F, PLUSKE J, et al, 2013. Gastrointestinal health and function in weaned pigs: a review of feeding strategies to control post-weaning diarrhoea without using in-feed antimicrobial compounds [J]. Journal of Animal Physiology and Animal Nutrition, 97: 207-237.

HUANG Q, LIU X, ZHAO G, et al, 2018. Potential and challenges of tannins as an alternative to in-feed antibiotics for farm animal production [J]. Animal Nutrition, 4: 137-150.

KIM S W, DUARTE M E, 2021. Understanding intestinal health in nursery pigs and the relevant nutritional strategies [J]. Animal Bioscience, 34: 338-344.

KUANG Y, WANG Y, ZHANG Y, et al, 2015. Effects of dietary combinations of organic acids and medium chain fatty acids as a replacement of zinc oxide on growth, digestibility and immunity of weaned pigs [J]. Animal Feed Science and Technology, 208: 145-157.

LALLÈS J P, BOSI P, SMIDT H, et al, 2007. Weaning-A challenge to gut physiologists [J]. Livestock Science, 108: 82-93.

LALLÈS J P, BOUDRY G, FAVIER C, et al, 2004. Gut function and dysfunction in young pigs: physiology [J]. Animal Research, 53: 301-316.

LI S, ZHENG J, DENG K, et al, 2018. Supplementation with organic acids showing different effects on growth performance, gut morphology, and microbiota of weaned pigs fed with highly or less digestible diets [J]. Journal of Animal Science, 96: 3 302-3 318.

MOESER A J, POHL C S, Rajput M, 2017. Weaning stress and gastrointestinal barrier development: Implications for lifelong gut health in pigs [J]. Animal Nutrition, 3: 313-321.

MORAN K, BOYD R, ZIER-RUSH C, et al, 2017. Effects of high inclusion of soybean meal and a phytase superdose on growth performance of weaned pigs housed under the rigors of commercial conditions [J]. Journal of Animal Science, 95: 5 455-5 465.

PETERFALVI A, MIKO E, NAGY T, et al, 2019. Much more than a pleasant scent: A review on essential oils supporting the immune system [J]. Molecules, 24: 4 530.

TACTACAN G B, CHO S Y, CHO J H, et al, 2016. Performance responses, nutrient digestibility, blood characteristics, and measures of gastrointestinal health in weanling pigs fed protease enzyme [J]. Asian - Australasian Journal of Animal Sciences, 29: 998.

VALDIVIESO UGARTE M, GOMEZ LLORENTE C, PLAZA - DÍAZ J, et al, 2019. Antimicrobial, antioxidant, and immunomodulatory properties of essential oils: A systematic review [J]. Nutrients, 11: 2 786.

VERSTEGEN M W, WILLIAMS B A, 2002. Alternatives to the use of antibiotics as growth promoters for monogastric animals [J]. Animal Biotechnology, 13: 113-127.

YANG C, ZHANG L, CAO G, et al, 2019. Effects of dietary supplementation with essential oils and organic acids on the growth performance, immune system, fecal volatile fatty acids, and microflora community in weaned piglets [J]. Journal of Animal Science, 97: 133-143.

YI H, WANG L, XIONG Y, et al, 2018. Effects of Lactobacillus reuteri LR1 on the growth performance, intestinal morphology, and intestinal barrier function in weaned pigs [J]. Journal of Animal Science, 96: 2 342-2 351.

ZENG Z, LI Q, TIAN Q, et al, 2015. Super high dosing with a novel Buttiauxella phytase continuously improves growth performance, nutrient digestibility, and mineral status of weaned pigs [J]. Biological Trace Element Research, 168: 103-109.

ZIMMERMANN J A, FUSARI M L, ROSSLER E, et al, 2016. Effects of probiotics in swines growth performance: a meta - analysis of randomised controlled trials [J]. Animal Feed Science and Technology, 219: 280-293.

专题 15　母猪繁殖性能与营养策略

中国的养猪业现已实现规模化发展，但母猪空怀期长、发情率不高使得繁殖性能低下，母猪自身产奶较差导致哺乳仔猪腹泻、生长缓慢及成活率低，这些都是制约我国养猪业高质量发展的关键因素。PSY（每头母猪每年提供断奶仔猪数）是衡量一个猪场生产性能的重要指标，在丹麦、英国等养猪业发达国家，PSY 水平已经接近 30，而国内的平均 PSY 才 21.13（2022 年）。造成这种差距的原因是多个方面的，包括猪的品种、营养水平、猪场环境等因素。所以从各个方面提高母猪的生产性能，才会有更高的经济效益。另外，由于母猪营养策略不合理造成哺乳期仔猪成活率低、健康度差，导致后期育肥难度上升。因此如何提升母猪的繁殖性能以及制定合理的营养策略是促进养猪业良性发展的重要推手。

一、母猪的繁殖性能

构成母猪繁殖力的性状主要包括窝产总仔数与窝产活仔数、出生重量、仔猪均匀度、泌乳力、育成仔猪数、断奶重量和母猪年平均分娩胎数、乳头数、母猪使用年限等。母猪繁殖性能的高低是衡量养猪产业可持续发展的一项重要参数。

（一）窝产总仔数与窝产活仔数

窝产总仔数是指母猪分娩一窝所产出的包括活仔和其他异常仔猪在内的所有仔猪总头数。窝产总仔数是评定母猪生产水平较为重要的指标，它与品种、胎次、配种技术、饲养管理、个体品质都有一定关系。一般情况下，成年母猪在一个发情期内排卵约 20 个（称为潜在繁殖力），而实际产仔平均约 10 头（称为实际繁殖力），有 30%~40%的卵子中途死亡，可见实际繁殖力和潜在繁殖力之间存在极大差异。窝产活仔数用母猪一胎所产存活的仔猪数来表示，不包括死胎、木乃伊胎和畸形仔猪。窝产活仔数与窝产总仔数之比为存活率，其计算公式为：存活率=窝产活仔数÷窝产总仔数×100%。

（二）出生重量

出生重量是指每头活仔猪出生后的体重。在出生后的1h之内（第1次吮乳前）称初生个体重，初生个体重之和称为初生窝重，初生重的大小与品种、饲养管理、健康状态和胎次有一定关系。一般来说，我国地方猪种的仔猪初生重小于国外引进猪种的仔猪；经产母猪的仔猪初生重大于初产母猪的仔猪初生重。另外，初生仔猪重还影响着仔猪成活率。初生仔猪越重，存活率相对越高，反之则越低（李连任等，2018）。

（三）仔猪均匀度

均匀度也称整齐度，是指同窝仔猪大小均匀的程度，表示方法有两种：一种是以仔猪与全窝仔猪初生重的差异（标准差）来表示，标准差越小，大小越均匀；另一种是计算发育整齐度的百分率表示，是最轻与最重仔猪的对比。

发育均匀度=最轻仔猪体重÷最重仔猪体重×100%

（四）泌乳力

母猪的泌乳力以前曾用30日龄全窝仔猪活重来表示，现改为以21日龄全窝仔猪重量（包括寄养仔猪在内）作为统一衡量泌乳力的指标。因为21日龄前的仔猪增重主要依靠母乳。由于猪的泌乳量难以直接测定，故在一般情况下均以泌乳力反映相对泌乳量（袁天翔等，2020）。

（五）育成仔猪数

育成仔猪数指断奶时一窝仔猪的头数。断奶时育成仔猪的头数与初生时活仔数（包括寄入的，扣除寄出的）之比称为育成率或哺育率，计算公式为：

哺育率=断奶时育成仔猪数÷(产活仔数+寄入仔猪数-寄出数)×100%

哺乳率是指母猪哺乳仔猪的能力。一窝中育成头数应包括寄养的仔猪数，被寄养出去的仔猪数应该从初生活仔猪中减去。育成率是母猪繁殖力一个重要指标，如果一头母猪产仔量很高，但是奶水不好，不能将仔猪成功育成，则这头母猪也是考虑淘汰的对象。整批次母猪育成率的高低，也是评价这个批次母猪繁殖力的一个重要指标。如果整批母猪产仔量很高，但是育成率不高，则要考虑此母猪品种的哺乳率是否合格，或者说饲养人员的管理水平是不是足够高。

（六）断奶重量

仔猪断奶重是断奶时同窝仔猪的个体重，常用平均体重表示，包括断奶个体重和断奶窝重。个体重是指仔猪断奶时所有仔猪的平均体重；窝重是指断奶时全窝仔猪，包括寄入仔猪的总体重。后者反映了断奶时育成仔猪数与平均个体重，是衡量母猪繁殖性能的一项重要指标，它与以上各项指标有很强的相关性，断奶窝重与其以后的增重有密切关系，据推测，断奶窝重与十月龄生长猪增重呈正相关。因此，可以从仔猪断奶窝重预测一头母猪的年总产肉量。

（七）母猪年平均分娩胎数、乳头数、母猪使用年限

母猪的繁殖性能除了以上几个主要指标，还有母猪年平均分娩胎数、乳头数、母猪使用年限等参数。根据母猪的生产周期，母猪年平均分娩胎数一般是2~3胎。其中母猪妊娠期平均是114d，哺乳期为21~35d，空怀期为3~7d。所以，母猪一个繁殖周期一般为138~156d。母猪年产胎数大概为2.33~2.64胎。饲养正常的情况下，母猪一年可产2胎，有时候则会产3胎，每胎的数量因母猪品种、胎次、饲养条件等不同而不同，一般初产母猪为6~10头，经产母猪为10~14头（Magoga等，2023）。

仔猪断奶前的成活率与母猪能否成功哺乳密切相关，保护好母猪乳头是仔猪成功哺乳的关键一步，实际生产中因母猪乳头损伤严重而不能哺乳的现象较为常见。猪的乳头数一般为5~8对，多的可达9对以上，如太湖猪中的二花脸有9~11对乳头。乳头分布一般为：胸腔1~2对，腹腔3~5对，腹股沟1对，乳汁最好的是前2~3对乳房，其血液循环最丰富且泌乳量最大，最后1对乳头泌乳量最低，且易受后躯污染患上乳腺炎，生产中在该对乳头哺乳的仔猪最易发生腹泻。

随着母猪年龄老化、繁殖性能低下、运动障碍、死亡、泌乳问题以及猪舍环境和管理等因素不能满足生产需要时母猪就被淘汰。母猪的淘汰时间因品种、地域、群体和胎次不同而出现差异。一般现代瘦肉型母猪最为

经济的使用年限是 3~4 年。

（八）影响母猪繁殖性能的因素

大约克、长白、杜洛克及皮特兰是世界著名的瘦肉型猪种。研究显示大约克母猪和长白母猪的产总仔数、产活仔数、初生窝重均显著高于杜洛克母猪。对杜洛克、长白、大约克母猪的繁殖性能进行研究发现，繁殖性能从强到弱排序：长白>大约克>杜洛克。品种对母猪繁殖性能的高低起决定作用，通过遗传育种手段，选择高产母猪留种是改善母猪繁殖性能的必要途径。除了品种以外，环境管理因素、母猪自身生理原因以及母猪的营养都会影响母猪的繁殖性能（Faccin 等，2022；侯哲俊等，2023）。

二、母猪的营养策略

母猪在养殖中扮演着非常重要的角色，决定着猪场的经济效益和发展规模，养好母猪首先要重视营养问题，由于母猪在各个阶段的营养需求各不相同，所以合理的营养策略对于最大限度提高母猪的繁殖性能至关重要。

（一）后备母猪的营养策略

后备母猪是经产母猪的基础，后备母猪的生长发育对生产母猪的生产性能及使用年限等有直接影响。后备母猪营养策略的关键在于育肥期重要营养素的储备，以期达到适宜的成熟体重，从而使繁殖性能最大化和使用年限的最优化。主要营养策略如下。

1. 能量和氨基酸

后备母猪适宜的生长速度决定了能量、氨基酸的需要量。后备母猪生长速度是生长育肥猪的 80%~95%，是阉公猪的 77%~93%。因此，后备母猪能量、氨基酸的摄入量需低于生长育肥猪。

2. 矿物元素

能使动物满足最快生长速率的钙、磷水平不一定能满足骨骼的最大矿化。要使骨骼强度和骨灰质含量达到最大化，所需的钙、磷量至少要比满足最快生长和增重所需要量高 0.1%。

3. 维生素

后备母猪后期维生素需要量要高于育肥猪，因为需提前为妊娠期做好准备，尤其是与繁殖相关的维生素，如维生素 A、维生素 E、叶酸、生物素、维生素 D、胆碱等。通常为节约成本，育肥猪日粮不添加叶酸、胆碱、生物素，而母猪妊娠早期需要大量的叶酸、生物素和胆碱，这些可促进胎儿发育的维生素，配种后再补充，将造成时间延迟，影响仔猪发育。

（二）配种期母猪的营养策略

配种母猪以断奶后的母猪为主，辅以根据生产需求补充的后备母猪，另外还有少量配种后的返情或空怀母猪。配种母猪的饲养目标是促进母猪及时发情和排出更多的合格卵母细胞，以提高受精卵的质量和数量。主要营养策略如下。

1. 促发情

以 NRC（2012）标准或者偏高水平的能量摄入量，有利于促进母猪发情和获得最佳的排卵数。高脂肪高纤维日粮，与以淀粉为主要能量来源的日粮相比，能使后备母猪初次发情的时间提前，并提高其发情率（Wang 等，2022）。

2. 促排卵

来源于糖类的能量比来源于脂肪的能量更能提高母猪的排卵数。在生产管理有条件的情况下可以将高油脂和高纤维作为能量源的日粮，在配种前改为高淀粉或糖作为能量源的日粮。

3. 提高卵母细胞的质量

研究表明，必需脂肪酸能影响卵母细胞的数量和质量，因此要在母猪配种阶段补充足量的必需脂肪酸，保证卵母细胞的数量和质量（Holen 等，2022；Wang 等，2022）。

4. 提高与母猪繁殖性能相关维生素和矿物质的摄入

维生素 A、β-胡萝卜素、维生素 E、叶酸和生物素等能改善母猪的体内环境，促进排卵和受精卵着床。维生素 C、维生素 E、有机硒、有机铬等可通过抗氧化作用，降低应激对母猪内分泌和生理代谢的影响（Jin 等，2022）。

5. 调节母猪肠道健康

母猪在发情期会减少采食量，如果配种后限制母猪的饲喂量，母猪极易发生便秘。所以，在饲料配制时需要保障母猪肠道菌群的平衡，保持肠道健康，对此，益生菌、益生元、生物发酵饲料都是可行有效的方案（Le等，2022）。

（三）妊娠期母猪的营养策略

妊娠母猪是指配种后到分娩阶段的母猪。一般情况下，妊娠母猪料仅用于饲喂配种舍配种后的母猪和受孕舍的母猪，而不适用于分娩期的母猪。为了减少母猪的应激和便于生产操作，母猪在分娩前一周转入产房饲养，饲喂哺乳母猪料。妊娠全程都需要调节母猪的体况，只有合适的体况才能保证其顺利分娩与哺乳期较高的采食量，从而实现高质量的泌乳。每个繁殖阶段的饲养目标各有不同，妊娠母猪的营养策略是尽可能多地产出健康的仔猪。主要营养策略如下。

1. 能量

能量的设定值不是绝对的，取决于母猪的采食量，但也要控制每天的能量摄入量。摄入的能量过高会导致母猪肥胖，增加死胎数和难产率，还会导致胰岛素抵抗，影响泌乳期的采食量。然而，低能日粮不能满足母猪和胎儿对营养的需求，一般情况下采用中等能量水平的日粮。

2. 粗纤维

粗纤维作为一种营养物质，对母猪健康和繁殖性能具有非常有益的作用。为了控制母猪的能量摄入，但饲喂量又不能过低，需用粗纤维来填充配方空间。富含粗纤维的饲料容易使母猪产生饱腹感。如果母猪饲喂量过少，强烈的饥饿感会导致母猪产生应激，同时增加胃溃疡发生率，这对母猪和胎儿的健康都是不利的。母猪摄入大量粗纤维类物质可以有效缓解肠道便秘，肠道胀气，肠道炎症等（刁新迎等，2022；宋玉卓等，2022）。

3. 氨基酸

精氨酸、谷氨酰胺等氨基酸能够显著促进细胞增殖，刺激血管的生成和扩张，促进胎盘和胎儿生长。在妊娠后期，母猪需要足够的赖氨酸、含硫氨基酸、苏氨酸、色氨酸等，这些氨基酸不仅能促进胎儿肌纤维快速生长、满足胎儿快速生长的需求，而且还能增强抗氧化能力、调节免疫力，提高初生仔猪的活力。

4. 繁殖相关维生素

维生素 E、叶酸和维生素 B_{12} 等能促进胎盘、胎儿的生长，减少胚胎损失，降低宫内发育迟缓仔猪的发生率。

5. 应用生物发酵饲料

生物发酵饲料富含益生菌，能调节肠道健康、减少便秘。发酵产生的一些免疫多糖、小肽等具有抗应激、抗氧化、提高机体免疫力的作用（Le 等，2022）。

（四）哺乳母猪的营养策略

哺乳母猪一般包括产前 1 周的妊娠后期阶段和泌乳期全程。哺乳母猪的营养目标是实现快速分娩、减少炎症发生率、提高泌乳量，从而减少死胎、提高哺乳仔猪成活率、增加仔猪断奶重，同时减少母猪的体重损失，为下个繁殖周期做准备。哺乳母猪主要营养策略如下。

1. 能量

需要保证哺乳母猪足够的能量摄入，以满足泌乳需求。事实上，现代高产母猪很难通过采食摄入足够的能量，为满足自身维持和泌乳需求，往往会分解体脂和体蛋白来补充能量。泌乳期间，淀粉和葡萄糖是比较重要的能量源。保证糖类摄入能减少母猪的背膘损失，可减少仔猪脂肪性下痢，也能提高母猪断奶后再发情的排卵数。油脂是高效的能量，总采食量不变的情况下，添加油脂可提高能量摄入。

2. 氨基酸

精氨酸、谷氨酰胺可提高乳脂含量，减少泌乳期母猪体蛋白损失，提高仔猪断奶重。添加亮氨酸、异亮氨酸和缬氨酸等支链氨基酸，能提高母乳中的干物质、乳脂和乳蛋白含量，显著提高仔猪断奶重。适当提高色氨酸与赖氨酸的比例，能显著降低仔猪死亡率（Holen 等，2022）。

3. 有机酸或有机酸钙

有机酸或者有机酸钙，能快速提高母猪血钙水平，促进子宫收缩，缩短产程，并能快速转化成为乳汁中的钙源。

4. 抗氧化、抗应激营养

母猪围产期，处于高度氧化应激状态。而泌乳期母猪需要合成大量的奶水，超重的代谢负担容易导致氧化应激。维生素 C、维生素 E、有机硒、植物提取物等都可以有效降低氧化应激（Jin 等，2022）。

5. 应用生物发酵饲料

有乳酸菌参与发酵的生物饲料，富含有机酸，有助于缩短产程。乳酸能被乳腺快速利用合成乳糖，从而提高泌乳量（Le 等，2022）。

三、小结

母猪繁殖性能是评价猪场经济效益的重要标准，而评价母猪繁殖能力的关键指标是母猪每年提供的断奶仔猪的数量。要切实提高繁殖母猪的生产能力，需要从养殖场的整体养殖管理角度入手，构建妥善合理的绿色营养调控方案，确保繁殖母猪的健康生长和良好的繁殖性能。

参考文献

刁新迎，杨旭，李粉，等，2022. 妊娠期饲喂高纤维饲粮对母猪产仔性能及后代仔猪生长性能的影响［J］. 动物营养学报，34（04）：2 229-2 237.

侯哲俊，2023. 妊娠母猪饲养管理技术要点［J］. 养殖与饲料，22（02）：46-48.

李连任，2018. 高产母猪精细化饲养新技术［M］. 北京：中国农业科学技术出版社.

宋玉卓，朱永明，赵兵令，等，2022. 不溶性膳食纤维对母猪生产性能、繁殖性能、大肠微生物菌群和仔猪生长的影响［J］. 中国饲料（18）：22-26.

袁天翔，姜淑妍，刘莹，2020. 动物繁殖学［M］. 北京：中国农业科学技术出版社.

FACCIN J，MD TOKACH，GOODBAND R D，et al，2022. Gilt development to improve offspring performance and survivability［J］. Journal of Animal Science（6）：6.

HOLEN J P，MD TOKACH，WOODWORTH J C，et al，2022. A review of branched-chain amino acids in lactation diets on sow and litter growth performance［J］. Translational Animal Science（1）：1.

HOLEN J P，WOODWORTH J C，MD TOKACH，et al，2022. Evaluation of essential fatty acids in lactating sow diets on sow reproductive performance，colostrum and milk composition，and piglet survivability［J］. Journal of Animal Science（6）：6.

JIN XH，KIM CS，GIM MJ，et al，2022. Effects of selenium source and level on the physiological response，reproductive performance，serum Se level and milk composition in gestating sows［J］. Animal Bioscience，35（12）：1 948-1 956.

LE F N，AC STEPHANIE，AMANN E F，et al，2022. Effect of live yeast supplementation in sow diet during gestation and lactation on sow and piglet fecal microbiota，health，and performance [J]. Journal of Animal Science (8): 8.

MAGOGA J, VIER C E, MALLMANN, et al, 2023. Reproductive performance of gilts and weaned sows grouped at different days after insemination [J]. Tropical Animal Health and Production, 55 (1): 1-6.

WANG L, ZHANG S, JOHNSTON L J, et al, 2022. A systematic review and meta-analysis of dietary fat effects on reproductive performance of sows and growth performance of piglets [J]. Journal of Animal Science and Biotechnology, 13 (1): 1-20.

专题16　家禽胚胎营养策略

胚胎发育阶段是家禽生命周期的重要时期。随着遗传育种技术的不断改良和饲养管理水平的提高，肉禽的生长速度加快，出栏时间不断缩短，孵化期在整个家禽生产周期中的比例越来越大。如肉鸡的孵化期为21d，约占整个生产周期的1/3。尤其在孵化后期到出壳后早期，是机体快速生长和发育的关键时期，新生雏禽的质量直接影响生产性能，因此胚胎发育阶段的营养调控对于家禽的养殖生产具有十分重要的意义。

一、家禽胚胎发育的生理代谢特征

与哺乳动胚胎发育不同，家禽胚胎发育脱离于母体，其发育过程中所需的能量和营养依赖于种蛋内有限的营养物质。根据不同的生理代谢特点，家禽胚胎发育一般分为3个阶段。

（一）孵化早期

主要在种蛋孵化的第1周（鸡第1周内，火鸡1~8d，鸭1~8d），在此阶段羊膜、绒毛膜、尿囊和卵黄囊开始逐渐形成。但是由于绒毛膜血管系统和血细胞发育尚不成熟完善，导致种蛋内氧气供应不足，因此该阶段主要依靠种蛋内有限的葡萄糖无氧酵解供能。

（二）孵化中期

在这一阶段（鸡8~14d，火鸡9~22d，鸭9~22d）尿囊绒毛膜和心血管系统逐渐发育完善，并能够进行充分的氧气和二氧化碳气体交换。孵化期第14d（火鸡，22d）时，胚胎机体在形态结构上发育完成，此时尿囊绒毛膜的供氧能力逐渐会达到极限，到达平台期。该阶段主要依靠卵黄囊中的脂质有氧氧化供能。

（三）孵化后期

胚胎发育后期（鸡 15~21d，火鸡 23~28d，鸭 23~28d），在这一阶段胚胎的生理代谢发生巨大的转变。一方面，尿囊膜气体交换能力达到极限和卵黄囊中脂质的氧化供能能力被限制。另一方面，鸡胚增大，小肠和肝脏组织快速发育，肠道吸收残留的卵黄囊，肺呼吸，转身、破壳等频繁活动都需要消耗大量的能量，容易造成机体营养物质和能量储备不足。胚胎发生了以卵黄脂类有氧氧化代谢供能为主向以糖类无氧酵解代谢供能为主的能量代谢转变，孵化后期对糖类物质的需求增加，主要通过糖原合成与分解、糖酵解及糖异生等方式提供能量。

同时，在实际生产中，出壳时间不一致、管理和运输等因素使得雏鸡在出壳后 48~72h 内难以及时开食饮水。在此期间，卵黄囊中的脂肪和蛋白质，是维持和生长主要的能量来源，而残留的卵黄中的营养物质又不足以满足雏鸡维持和生长的能量需要，更加剧了机体能量的不足，造成幼雏成活率降低，后期生长发育迟缓，最终影响家禽养殖业的生产效益。据报道，在这种这情况下，2%~5%的雏鸡会在出壳后前几天的“适应性”关键时期死亡。孵化后期能量储备不足导致家禽生长缓慢，骨骼、肌肉和肠道等器官的发育受限和免疫性能受到影响（Willemsen 等，2010）。因此，采取早期营养措施对促进肉鸡发育和提高肉鸡的生长性能具有重要意义。

目前，家禽早期营养调控主要包括两种方法，一种是出壳后短时间内饲喂，即早期开食技术，另外一种就是胚蛋给养技术（李德生和娄玉杰，2016）。但是在商业孵化场的出雏器内和运输过程中，不便添加营养补充剂和饲料。此外，雏鸡出壳后自身的肠道发育不完全，不能充分利用饲料中的营养物质，幼雏需要更易消化的营养来源。因此，胚胎发育后期进行给养是弥补胚胎发育蛋内营养不足和增强出壳后机体的营养储备的重要手段。

二、胚蛋给养概述

胚蛋给养，也称为胚蛋注射或卵内给养，它是指通过注射将外源性营养素或活性物质补充到孵化后期的家禽胚蛋中，以达到促进家禽胚胎后期及出壳后幼禽生长发育的目的。胚蛋给养技术始于鸡胚马立克氏疫苗接种，最早在 1982 年，兽医学上首次报道采用胚蛋接种技术成功为鸡胚接种了马立克病疫苗，使新生仔鸡在出壳后具有较强的免疫抵抗力而并未影响种蛋的孵化率（Sharma 和 Burmester，1982）。此后胚蛋注射技术在疫苗接种方面得到快速发展和广泛应用。2003 年 Uni 和 Ferket 提出了胚蛋给养的概念，在孵化后期将外源营养物质注射到胚蛋羊膜腔中，此时，胚胎可通过口腔来吸收利用羊水中的养分，从而改善家禽孵化后期和出壳后的生长发育状况（Uni 和 Ferket，2003）。目前，研究较多的鸡胚给养的外源物质主要包括碳水化合物、氨基酸、维生素、矿物质、益生菌和植物提取物等（Peebles，2018）。胚蛋给养技术可以通过早期营养调控促进家禽胚胎生长发育，改善雏鸡肠道健康，增加肌肉和肝脏糖原储备，提高机体免疫功能，降低出壳幼雏的死亡率（Dai 等，2020）。

三、给养物质

（一）碳水化合物

胚胎在孵化初期以碳水化合物为能量来源，孵化中期以蛋白质为能量来源，孵化后期以脂肪为能量来源。孵化后期胚蛋内能量供应不足会导致幼体虚弱，甚至胚胎死亡。因此，通过胚蛋注射碳水化合物到鸡胚孵化后期羊膜腔，可以为鸡胚后期生长发育提供稳定充足的能量。许多研究已经证实，胚蛋单独或组合注射葡萄糖、麦芽糖、蔗糖或糊精在内的碳水化合物溶液，可显著提高孵化肝脏糖原和葡萄糖浓度，改善雏鸡的能量状况和初生体重（Zhang 等，2016；Zhai 等，2011）。另一项研究发现，与对照组相比，在 23 胚龄胚蛋注射碳水化合物（蔗糖+麦芽糖）和精氨酸提高了 25 胚龄鸭胚肝糖原和肌糖原水平（Tangara 等，2010）。肠道作为家禽营养物质消化吸收的主要场所，肠道的早期生长发育对提高家禽营养物质的利用率和优化生长发育具有重要意义。胚胎的肠道发育贯穿胚蛋的整个孵化过程，孵化前期肠道发育较为缓慢，而在孵化后期即出壳前后是雏鸡肠道形态结构和功能发育最快也是最关键的时期，此时胃肠道的发育速度超过机体其他部分的发育。而此时胚蛋内营养供给不足和延迟开食的状况极大地限制了肠道的快速发育。研究发现，17.5 胚龄给养碳水化合物和 β-羟基-β-甲基丁酸显著提高了 20 胚龄胚胎和 3 日龄雏鸡空肠麦芽糖酶的活性，增加了绒毛长度、绒毛宽度和绒毛表面积（Tako 等，2004）。胚蛋给养麦芽糖和蔗糖混合液可增加吉林白鹅肠道绒毛表面积，提高消化酶和葡萄糖转运载体基因相对表达水平，并显著提高二糖酶活性（李德生，2016）。综上，胚蛋给养碳水化合物可调节家禽胚胎肠道发育，改善能量代谢状态，促进胚胎发育和雏禽生长。

（二）氨基酸

氨基酸是蛋白质组成的基本单位，是动物生理代谢的必需物质，是所有重要器官的组成部分，氨基酸的缺乏、过量、拮抗等均可能影响动物的生长性能。根据动物对氨基酸的需要可分为必需、非必需和限制性氨基酸。禽胚发育常受限于必需氨基酸或限制性氨基酸，胚胎对氨基酸的吸收利用直接影响到雏禽的抗病能力和胚蛋的成活率。在家禽胚胎发育后期补充氨基酸可以节省抗体在胚胎发育期间作为蛋白质来源的使用，也可以作为免疫调节剂（Ohta 等，2001）。在雏鸡生长的早期阶段，精氨酸、脯氨酸、赖氨酸和甘氨酸的利用率较高。脯氨酸和甘氨酸在胚中的比例随孵育时间的延长而增加。脯氨酸可以由许多不同的氨基酸转化合成，而甘氨酸的合成仅限于丝氨酸和苏氨酸。于 13 胚龄给家养鸽胚蛋给养 0.2mL 0.1%、1%和10%混合碱性氨基酸（精氨酸、赖氨酸和组氨酸），结果表明，胚蛋给养1%混合碱性氨基酸可显著提高无卵黄囊体质量指数、心脏、肾脏、肝脏和小肠相对质量（Zhang 等，2018）；这一结果说明胚蛋给养混合碱性氨基酸可提高雏鸽小肠、肝脏和肾脏等器官相对重量，促进胚胎发育。在孵育第7d 注射氨基酸可使雏鸡初生重增加 3.6%（Ohta 等，2001）。在羊膜中注射35mg 精氨酸和 25mg 苏氨酸及其混合物可提高肉仔鸡的饲料效率和孵化后的生长速率（Tahmasebi 和 Toghyani，2016）。于 17.5 胚龄肉仔鸡胚蛋给养0.6mL 0.1%精氨酸，结果表明，出壳当天肉仔鸡肝脏和胸肌中葡糖和糖原含量显著提高，血浆葡萄糖和胰岛素含量显著提高，肌肉和肝脏中葡萄糖合成关键酶活显著提高，糖原合成关键酶基因表达显著上调（Yu 等，2018）；说明胚蛋给养精氨酸可通过改善肝脏糖异生和刺激胰岛素分泌，增加肝脏和肌肉中葡萄糖和糖原含量以及出壳当天雏鸡血糖含量，调节雏鸡能量代谢，提高早期雏鸡营养状态。另外，胚蛋给养氨基酸衍生物和氨基酸代谢产物，可促进胚胎肌肉发育，提高孵化性能和肉仔鸡生长性能。由此可见，胚蛋注射氨基酸及其衍生物可能是提高家禽生长性能、提高免疫力和调节早期代谢的有效策略。

（三）维生素和矿物质

维生素是一类维持动物健康、促进生长发育和调节动物正常生理功能和代谢所必需的低分子有机化合物。维生素 A 缺乏导致细胞免疫反应降低，维生素 C 和维生素 E 作为抗氧化剂减少细胞自由基损伤，缓解机体氧化应激，胚蛋注射维生素 E 和维生素 C 对鸡胚孵化率有积极作用（Ghane 等，2023）。水溶性 B 族维生素作为辅酶参与机体代谢过程。当母鸡饲粮中 B 族维生素的含量不足时，会导致胚胎死亡率升高。胚蛋给养维生素 B_1 和维生素 B_2 可促进鸡的生长，给养维生素 A、维生素 B_1、维生素 B_6或维生素 E 可调节鸡的免疫力（Goel 等，2013）。鸡胚胎注射含有维生素 B_1、维生素 B_2 和维生素 E 的混合维生素，孵化后的体重显著增加了 12~23g（Bakyaraj 等，2012）。胚蛋注射维生素 C 通过调节炎症因子的表达以缓解孵化后第 42d 肉鸡脾脏的应激状态，并增加免疫球蛋白的产生和溶菌酶活性，增强孵化后第 21d 肉鸡的体液免疫（Zhu 等，2020）。胚蛋注射槲皮素和抗坏血酸化合物对雏鸡的孵化率、生长性能、肝脏氧化状态和孵化后早期性能都有积极作用（Mousstaaid 等，2022；Khaligh 等，2018）。同样，通过胚蛋注射补充有机锌、锰和铜等矿物质可改善骨矿化（Oliveira 等，2015）。于 17 胚龄给科宝肉仔鸡胚蛋给养维生素 D_3、磷酸盐和微量有机矿物质（锌、锰和铜），结果表明，胚蛋给养有机矿物质增加了蛋黄矿物质消耗，胚蛋给养有机矿物质和维生素 D_3 的混合物显著增加了上市肉仔鸡骨灰分和硬度（Yair 等，2015），这说明胚蛋给养维生素 D_3 可促进肉仔鸡吸收矿物质，增加骨骼矿物质沉积，提高骨强度。综合以往的研究结果，蛋内注射维生素或矿物质具有促进家禽胚胎和孵化后生长的潜力。

（四）益生菌、益生元及合生素

益生菌是一种活的非致病性微生物，通过积极调节肠道菌群和改善免疫系统，对宿主有有益的影响（Li 等，2021）。益生元可以通过与免疫细胞受体相互作用直接调节免疫，并参与调节大量趋化因子和细胞因子的产生（Di Bartolomeo 等，2013）。菊粉、低聚果糖、低聚半乳糖、甘露寡糖、低聚木糖和低聚异麦芽糖是常见的益生元，有益于家禽的生长和发育。胚蛋注射甘露寡糖通过增强鸡胚孵的肠道消化吸收能力和上皮屏障来改善先天免疫和肠道的形态和功能（Cheled-Shoval 等，2011）。在 12 胚龄蛋内给养合生素和益生元可以调节肉鸡的免疫系统和淋巴器官（Madej 和 Bednarczyk，2016）。研究证明，合生素能上调脾脏促炎因子（IL-4 和 IL-6）的基因表达，激活肉鸡的免疫系统（Slawinska 等，2014）。羊膜内注射合生素提高了肉鸡 22~42 日龄和 0~42 日龄的饲料转化率，对肉鸡绒毛高度、杯状细胞数和细胞增殖能力均有积极影响，改善了肉鸡肠道完整性，增加了盲肠有益菌群（Calik 等，2017）。综上所述，蛋内饲喂益生菌、益生元和合生素可改善家禽的免疫和消化系统功能。

四、给养操作

除了给养家禽品种和给养物质种类，给养操作过程的注射时间、位点以及消毒措施等因素均可能影响给养后种蛋孵化率和出雏后的生长性能。

（一）给养部位及时期

给养部位及时期主要取决于胚胎孵化阶段的生理特征和胚蛋内各囊腔的具体状况（黄萌，2021）。可注射部位包括羊膜腔、卵白、卵黄囊、尿囊、尿囊血管及气室（Saeed 等，2019）。越靠近胚体的部位吸收速度越快，吸收率越高，注射难度越大。羊膜腔离胚胎最近，腔内液体直接与胚胎连通，在发育后期（孵化期 3/5 的时间段），禽胚可通过口腔来吞食羊膜腔中的羊水，此时多选在羊膜腔进行注射，但操作难度高，容易对胚胎造成机械损伤，对胚胎应激较大。卵白距离胚胎较远，不易对胚胎产生应激，注射操作方便，故应用较多。以鸡胚为例，10 胚龄蛋白几乎完全被尿囊膜覆盖，因此卵白注射时期一般在 2~9 胚龄；卵黄是鸡胚 12 胚龄前主要的营养来源，鸡胚发育到 18~21d 时卵黄囊被收入腹腔，而且卵黄囊远离胚胎，注射后的应激反应较小，因此卵黄囊的窗口期在 12 胚龄前；在鸡胚 19 胚龄开始用肺呼吸后，尿囊膜绒毛开始萎缩，因此经由尿囊的注射窗口期应该在 19 胚龄前。通过尿囊血管注射吸收效率高，见效快。多肽类外源物质在血管中不易被分解转化，所以肽类物质多经尿囊血管注入。尿囊血管在 10~17 胚龄较为粗大、清晰，因此注射窗口期集中在 10~17 胚龄（邓留坤，2013）。经气室注射的外源物质通过渗透作用被胚胎吸收，气室与胚体间间隔的腔膜较多，虽然注射操作简单安全但是吸收效率较差。孵化后期尿囊绒毛膜开始萎缩，渗透作用减弱，一般适合在7~14胚龄进行气室注射。由于禽胚与母体分离，没有天然的营养补充渠道，通常在胚胎发育晚期出现营养物质和能量不足的情况，因此胚晚期补充营养的研究较多。鸡胚多选择18胚龄进行胚蛋注射给养，鸭胚在23胚龄、鹅胚在24胚龄均取得较好的效果。但也有部分营养素更适于禽胚的早期利用。

（二）操作消毒

蛋壳是保护胚胎的天然屏障，可以为胚胎阻挡大多数有害微生物的进入。在给养操作刺破蛋壳的过程中，胚胎可能会受到感染从而影响发育。胚蛋注射开始前应对操作环境、使用器皿、注射液进行相应消毒。胚蛋注射前要对打孔部位进行局部消毒。胚蛋注射过程中应谨慎地避免病原微生物污染胚蛋，以保证胚胎发育和禽雏的健康。

（三）注射液

注入胚蛋的注射液的理化性质直接影响胚胎的生长发育。实际操作中，85%NaCl溶液常用作稀释剂。关于不同碳水化合物稀释液的羊膜腔给养剂量的研究结果表明，果糖或蔗糖的注射液剂量不高于0.4mL，葡萄糖、麦芽糖或糊精注射液的剂量不高于0.7mL时，可保证胚蛋孵化率在90%以上，同时起到促进肉鸡生长和养分吸收的效果（Zhai等，2011）。

五、小结

胚蛋给养技术的不断发展和改进为的孵化后期和出壳早期营养开辟了新的领域，为家禽研究人员优化家禽生产创造了新的挑战和机遇。胚蛋给养可消化的营养物质可改善雏禽品质，降低孵化后死亡率和发病率，提高生长速度和饲料效率，促进肠道、骨骼、肌肉发育，增强免疫功能。我国在对胚蛋晚期营养素的补充上进行了较多的基础研究，取得了较好的效果，为生产应用性研究打下了良好的基础。然而在胚蛋给养操作上的研究相对较少，安全快捷的开窗方式、安全有效的封口材料、更简单的操作步骤、更简便的稀释剂配制以及可生产应用的胚蛋注射系统都需要更多的研究与探索。

参考文献

陈伟，2010. 孵化后期外源二糖和谷氨酰胺调控肉鸭骨骼肌蛋白质代谢机制研究［D］. 武汉：华中农业大学.

邓留坤，2013. 家禽胚蛋注射早期给养的研究进展［J］. 家禽科学，230（12）：46-49.

黄萌，2021. 我国胚蛋给养技术研究进展［J］. 黑龙江动物繁殖，29（1）：29-32.

李德生，娄玉杰，2016. 胚蛋给养对家禽早期营养及免疫应答影响研究进展［J］. 中国畜牧杂志，52（7）：86-91.

李德生，2016. 胚胎期外源性营养物质介入对鹅胸肌及肠道发育规律的影响研究［D］. 长春：吉林农业大学.

刘苑青，胡登峰，李重生，等，2013. 孵化后期家禽胚胎发育及能量代谢特点［J］. 广东饲料，22（5）：36-39.

马友彪，2016. 胚蛋给养 β-羟基-β-甲基丁酸对肉仔鸡肌肉发育的影响［D］. 北京：中国农业科学院.

赵敏孟，2017. 胚蛋注射丙酮酸肌酸调控肉鸡能量代谢和肌肉发育的作用机理研究［D］. 南京：南京农业大学.

BAKYARAJ S，BHANJA S K，MAJUMDARS，et al，2012. Modulation of post-hatch growth and immunity through in ovo supplemented nutrients in broiler chickens［J］. Journal of the Science of Food and Agriculture，92（2）：313-320.

CALIK A，CEYLAN A，EKIM B，et al，2017. The effect of intra-amniotic and posthatch dietary synbiotic administration on the performance，intestinal histomorphology，cecal microbial population，and short-chain fatty acid composition of broiler chickens［J］. Poultry Science，96（1）：169-183.

CHELED-SHOVAL S L，AMIT-ROMACH E，BARBAKOVM，et al，2011. The effect of in ovo administration of mannan oligosaccharide on small intestine development during the pre-and posthatch periods in chickens［J］. Poultry Science，90（10）：2 301-2 310.

DAI D，WU S，ZHANG H，et al，2020. Dynamic alterations in early intestinal development，microbiota and metabolome induced by in ovo feeding of l-arginine in a layer chick model［J］. Journal of Animal Science and Biotechnology，11：1-16.

Di BARTOLOMEOF，STARTEK J B，Van den ENDE W，2013. Prebiotics to fight diseases：reality or fiction?［J］. Phytotherapy Research，27（10）：1 457-1 473.

GHANE F, QOTBI A, SLOZHENKINAM, et al, 2023. Effects of in ovo feeding of vitamin e or vitamin c on egg hatchability, performance, carcass traits and immunity in broiler chickens [J]. Animal Biotechnology, 34 (2): 456-461.

GOEL A, BHANJA S K, PANDEV, et al, 2013. Effects of in ovo administration of vitamins on post hatch-growth, Immunocompetence and blood biochemical profiles of broiler chickens [J]. Indian Journal of Animal Sciences, 83 (9): 916-921.

JHAR, MISHRA P, 2021. Dietary fiber in poultry nutrition and their effects on nutrient utilization, performance, gut health, and on the environment: a review [J]. Journal of Animal Science and Biotechnology, 12: 1-16.

JIN S, CORLESS A, SELL J L, 1998. Digestive system development in post-hatch poultry [J]. World's Poultry Science Journal, 54 (4): 335-345.

KHALIGH F, HASSANABADI A, NASSIRI MOGHADDA M H, et al, 2018. Effects of in ovo injection of chrysin, quercetin and ascorbic acid on hatchability, somatic attributes, hepatic oxidative status and early post-hatch performance of broiler chicks [J]. Journal of Animal Physiology and Animal Nutrition, 102 (1): e413-e420.

LESSARD M, HUTCHINGS D, CAVE N A, 1997. Cell-mediated and humoral immune responses in broiler chickens maintained on diets containing different levels of vitamin A [J]. Poultry Science, 76 (10): 1 368-1 378.

LI T, CASTAÑEDA C D, MIOTTO J, et al, 2021. Effects of in ovo probiotic administration on the incidence of avian pathogenic escherichia coli in broilers and an evaluation on its virulence and antimicrobial resistance properties [J]. Poultry Science, 100 (3): 100903.

MADEJ J P, BEDNARCZY K M, 2016. Effect of in ovo-delivered prebiotics and synbiotics on the morphology and specific immune cell composition in the gut-associated lymphoid tissue [J]. Poultry Science, 95 (1): 19-29.

MORAN JR E T, 2007. Nutrition of the developing embryo and hatchling [J]. Poultry Science, 86 (5): 1 043-1 049.

MOUSSTAAID A, FATEMI S A, ELLIOTT K E C, et al, 2022. Effects of the in ovo and dietary supplementation of l-ascorbic acid on the growth performance, inflammatory response, and eye l-ascorbic acid concentrations in ross 708 broiler chickens [J]. Animals, 12 (19): 2 573.

OHTA Y, KIDD M T, ISHIBASH I T, 2001. Embryo growth and amino acid concentration profiles of broiler breeder eggs, embryos, and chicks after in ovo administration of amino acids [J]. Poultry Science, 80 (10): 1 430-1 436.

OLIVEIRA T, BERTECHINI A G, BRICKA R M, et al, 2015. Effects of in ovo injection of organic zinc, manganese, and copper on the hatchability and bone parameters of broiler hatchlings [J]. Poultry Science, 94 (10): 2 488-2 494.

PEEBLES E D, 2018. In ovo applications in poultry: a review [J]. Poultry Science, 97 (7): 2 322-2 338.

SAEED M, BABAZADEH D, NAVEED M, et al, 2019. In ovo delivery of various biological supplements, vaccines and drugs in poultry: current knowledge [J]. Journal of the Science of Food and Agriculture, 99 (8): 3 727-3 739.

SHARMA J M, BURMESTER B R, 1982. Resistance of marek's disease at hatching in chickens vaccinated as embryos with the turkey herpesvirus [J]. Avian Diseases: 134-149.

SŁAWINSKA A, SIWEK M Z, BEDNARCZYK M F, 2014. Effects of synbiotics injected in ovo on regulation of immune-related gene expression in adult chickens [J]. American Journal of Veterinary Research, 75 (11): 997-1 003.

TAHMASEBI S, TOGHYANI M, 2016. Effect of arginine and threonine administered in ovo on digestive organ developments and subsequent growth performance of broiler chickens [J]. Journal of Animal Physiology and Animal Nutrition, 100 (5): 947-956.

TAKO E, FERKET P R, UNIZ, 2004. Effects of in ovo feeding of carbohydrates and beta-hydroxy-beta-methylbutyrate on the development of chicken intestine [J]. Poultry Science, 83 (12): 2 023-2 028.

TANGARA M, CHEN W, XU J, et al, 2010. Effects of in ovo feeding of carbohydrates and arginine on hatchability, body weight, energy metabolism and perinatal growth in duck embryos and neonates [J]. British Poultry Science, 51 (5): 602-608.

UNIZ, FERKET P R, 2003. Enhancement of development of oviparous species by in ovo feeding patent 6, 592, 878 [J]. Notrh Caroline state University, Raleigh, NG.

WILLEMSEN H, DEBONNE M, SWENNENQ, et al, 2010. Delay in feed access and spread of hatch: importance of early nutrition [J]. World's Poultry Science Journal, 66 (2): 177-188.

YAIR R, SHAHAR R, UNIZ, 2015. In ovo feeding with minerals and vitamin d3 improves bone properties in hatchlings and mature broilers [J]. Poultry Science, 94

(11): 2 695-2 707.

YU L L, GAO T, ZHAO M M, et al, 2018. In ovo feeding of l-arginine alters energy metabolism in post-hatch broilers [J]. Poultry Science, 97 (1): 140-148.

ZHAI W, BENNETT L W, GERARD P D, et al, 2011. Effects of in ovo injection of carbohydrates on somatic characteristics and liver nutrient profiles of broiler embryos and hatchlings [J]. Poultry Science, 90 (12): 2 681-2 688.

ZHAI W, ROWE D E, PEEBLES E D, 2011. Effects of commercial in ovo injection of carbohydrates on broiler embryogenesis [J]. Poultry Science, 90 (6): 1 295-1 301.

ZHANG L, ZHU X D, WANG X F, et al, 2016. Individual and combined effects of in-ovo injection of creatine monohydrate and glucose on somatic characteristics, energy status, and posthatch performance of broiler embryos and hatchlings [J]. Poultry Science, 95 (10): 2 352-2 359.

ZHANG X Y, LI L L, MIAO L P, et al, 2018. Effects of in ovo feeding of cationic amino acids on hatchability, hatch weights, and organ developments in domestic pigeon squabs (columba livia) [J]. Poultry Science, 97 (1): 110-117.

ZHU Y, LI S, DUAN Y, et al, 2020. Effects of in ovo feeding of vitamin c on post-hatch performance, immune status and dna methylation-related gene expression in broiler chickens [J]. British Journal of Nutrition, 124 (9): 903-911.

专题 17　营养与蛋品质

鸡蛋由蛋壳、蛋黄及蛋清三部分组成，蛋壳为发育中的胚胎提供机械保护与气体交换介质，蛋清具有减缓震动、保证胚胎稳定发育并向其提供营养物质与水的作用。蛋壳破损会严重降低鸡蛋的经济价值，疾病与应激导致的蛋清品质下降也是行业与消费者关注的问题。因此，寻找改善鸡蛋品质的解决方案迫在眉睫。值得注意的是，营养调控是针对鸡蛋品质突出问题提出的有效措施。本专题综述了营养对鸡蛋蛋壳与蛋清品质的影响及规律，以期为生产实践中通过营养手段提高鸡蛋品质提供数据支撑与参考。

一、蛋清品质的营养调控

（一）蛋白质对鸡蛋蛋清品质的调控

饲粮蛋白质水平影响鸡蛋蛋清品质。研究发现，添加 6 种晶体氨基酸使得饲粮具有相同的标准回肠可消化氨基酸，将 20 周龄海兰灰蛋鸡饲粮蛋白质水平从 18%降低至 16%，经过 12 周的试验发现 16%蛋白水平组的蛋白高度显著低于 18%蛋白水平组。Novak 等（2006）将 44 周龄的海兰 W-98 蛋鸡饲粮蛋白质水平从 16%降至 13%，饲喂 20 周后发现 13%蛋白水平组的鸡蛋蛋清比例、蛋清蛋白和干物质含量显著低于 16%蛋白水平组。作者分析可能原因是饲粮蛋白水平降低幅度过大致使蛋鸡体内蛋白质合成受到抑制或限制。降低饲粮蛋白质水平虽可缓解豆粕资源短缺问题、减少氮排放对环境的污染，但前提不能影响鸡蛋蛋清品质。

饲粮蛋白质来源也可能会影响鸡蛋蛋清品质。何涛（2016）的研究发现，用棉籽粕蛋白 100%替代豆粕蛋白可明显降低饲养 12 周后蛋鸡鸡蛋的蛋清蛋白含量、蛋白高度与哈氏单位。作者分析蛋清品质降低并非棉籽粕中的游离棉酚所致，可能原因与棉籽蛋白和豆粕蛋白的化学组成、氨基酸模式及小肽消化代谢不同有关。有学者表明全棉籽粕蛋白饲粮可引起产蛋鸡血液孕酮水平降低，抑制了输卵管膨大部的上皮细胞和管状腺细胞生长，导致膨大部指数降低，其黏膜柱状上皮细胞不完整，管腔内蛋白分泌物较少，蛋白合成、分泌功能降低，最终引起蛋清蛋白的差异化表达，降低蛋清品质。有研究发现，饲粮添加 CSM 显著降低鸡蛋蛋白高度、HU 值和卵黏蛋白含量，导致蛋白稀化，直接缩短鸡蛋货架期。研究表明，与豆粕相比，饲粮添加 CSM 会降低蛋清中溶菌酶含量，添加菜籽粕还会降低溶菌酶活性。饲粮添加 CSM 会降低蛋清中聚集素水平，说明 CSM 降低蛋清品质还可能与聚集素有关。聚集素可以促使未折叠或部分折叠的蛋白质相互作用并提高稳定性，从而抑制蛋白质的沉淀或聚集。孕酮在膨大部上皮细胞和管状腺细胞生长中发挥重要作用，饲粮添加 CSM 显著降低蛋鸡血清中孕酮水平，进而减缓膨大部上皮细胞和管状腺细胞的生长速度，导致蛋清蛋白合成速度下降。另有学者用 29.2%的双低菜籽粕替代豆粕连续饲喂 12 周，得到京红 1 号蛋鸡鸡蛋的蛋白高度及哈氏单位与玉米豆粕型日粮组无显著差异。

（二）抗氧化物质对鸡蛋蛋清品质的调控

机体氧化还原是一种动态平衡，自由基产生过多或抗氧化防御机能削弱，就会产生氧化应激，诱发疾病、衰老等。饲粮抗氧化剂可延缓饲粮营养物质氧化，提高其稳定性并延长储存期；同时消除、抑制或减缓体内自由基生成，调节机体氧化还原平衡，减少氧化应激的产生。许多研究证实，茶多酚（tea polyphenols，TP）可通过提高抗氧化能力改善鸡蛋蛋白高度和哈氏单位等蛋清品质。Yuan 等（2014）指出以玉米-豆粕型饲粮为对照组，试验组在对照组饲粮基础上添加钒（5 mg/kg、10 mg/kg 和 15 mg/kg）和 TP（0、600 mg/kg 和 1 000 mg/kg），试验期 5 周，结果显示，10 mg/kg 以上钒可造成蛋鸡肝脏氧化应激，降低鸡蛋蛋白高度和哈氏单位；TP 可缓解钒引起的氧化应激和鸡蛋蛋白高度和哈氏单位的降低。有研究证实，200 mg/kg TP 显著提高产蛋后期的蛋鸡输卵管膨大部的皱褶高度和表面上皮细胞高度。有实验室研究显示，在玉米-豆粕型饲粮基础上添加 200 mg/kg TP 连续饲喂 65 周龄海兰褐蛋鸡 10 周，与基础饲粮相比，200 mg/kg TP 显著降低10周末的蛋清蛋白羰基含量和表面疏水力、提高蛋白巯基含量。与此类似，发现500 mg/kg绿茶提取物显著降低老龄大鼠心脏和肝脏的蛋白质羰基含量。适宜剂量TP通过平衡氧化/抗氧化系统提高机体抗氧化防御系统性能，降低蛋白氧化损伤。而且，TP可通过介导金属结合蛋白、细胞增殖、免疫功能相关蛋白表达和p53信号通路调控细胞凋亡和自噬，改善氧化应激引起的蛋清品质降低。饲粮添加没食子儿茶素-3-没食子酸酯（Epigallocatechin gallate，EGCG）可提高蛋鸡产蛋量、蛋清品质和抗氧化能力。研究证实，EGCG会诱导卵黏蛋白中β-折叠的增加，从而通过构象改变来影响卵黏蛋白结构。茶多酚（Green tea polyphenols，GTP）具有抗氧化特性，可以清除活性氧、活性氮，螯合金属离子，最终表现为抗炎作用。饲粮添加PPT会增加卵清蛋白相关Y蛋白和卵清抑制剂的表达水平，使蛋白凝胶结构更加紧密。卵清蛋白对蛋清的凝胶质构起着重要作用，使其具有热凝固性，进而提高蛋清蛋白高度和哈氏单位。饲粮添加PPT会上调卵清抑制剂表达，抑制蛋白质水解，并影响蛋清的凝胶特性。从组织形态来看，饲粮添加PPT后，蛋鸡输卵管膨大部腺泡腔呈不同程度的扩张，分泌物增加，且腺泡内腔面积与腺泡总面积的比值也有增大，有利于蛋白的分泌，从而促进蛋清生成。低聚异麦芽糖（isomalto-oligosaccharide，IMO）是一种可提高机体抗氧化能力的新型功能性低聚糖，武书庚等（2013）发现在玉米-豆粕-棉籽粕-花生粕型饲粮基础上添加2 g/kg IMO，试验期为8周，可显著提高37周龄海兰褐蛋鸡的鸡蛋蛋白高度。L-肉碱作为一种水溶性维生素，同样具抗氧化功效。有试验选用576只53周龄海兰褐蛋鸡进行L-肉碱对蛋清品质的影响研究，以玉米-豆粕型饲粮为对照，试验周期为6周，试验组添加25 mg/kg L-肉碱显著提高59周龄海兰褐蛋鸡的鸡蛋蛋白高度和哈氏单位。褚静娟（2016）等在玉米-豆粕型饲粮基础上添加5.0 g/kg、7.5 g/kg和10.0 g/kg复合抗氧化剂（维生素C、维生素E、TP、异黄酮和硫辛酸等复合物），试验期8周，结果显示：10 g/kg复合抗氧化剂显著提高8周末的鸡蛋哈氏单位和机体抗氧化能力。

二、蛋壳品质的营养调控

（一）蛋白质对鸡蛋蛋壳品质的调控

基质蛋白是生物矿化结构的蛋白质组分，它可通过影响碳酸钙晶体的生长、定向及沉积，调节蛋壳腺内的pH来改善蛋壳品质。具体调控机理如下：第一，蛋壳晶体在乳突层、钙化外层及基质膜的沉积受免疫类基质蛋白的调控。第二，蛋壳晶体在乳突层和栅栏层的生长和定向受磷酸化基质蛋白的影响。第三，蛋壳晶体的切割、生长速度和质地受糖基化基质蛋白的调控。第四，矿物质、有机酸等营养物质影响基质蛋白的表达或作用方式而调节蛋壳结构和品质。Novak等（2006）报道，20~43周龄、44~63周龄蛋鸡日粮中含硫氨基酸与赖氨酸比值分别为0.97和0.92时可显著改善蛋壳质量。陈国营等（2011）研究了发酵菜籽粕替代豆粕对鸡蛋品质的影响，结果显示，发酵菜籽粕能够极显著增加蛋壳厚度、蛋黄颜色及鸡蛋哈氏单位，发酵菜籽粕的最佳添加比例为4%~8%。武晓红等（2016）研究表明，添加牛磺酸（Tau）于产蛋后期罗曼褐壳蛋鸡饲日粮中（添加水平为0.075%），可使蛋壳强度提高，蛋壳破损率下降。在蛋鸡产蛋后期配方基础上添加0.5%的小肽制剂，并调整产蛋后期配方，能提升蛋壳质量，降低暗斑蛋比例。

（二）矿物质对鸡蛋蛋壳品质的调控

俞路等（2008）的研究结果表明，日粮高钙水平（3.5 %）比低钙水平（2.5%）能够显著提高58周龄蛋鸡的蛋壳相对重、蛋壳强度及厚度。研究显示，大颗粒钙源可以通过提高蛋壳强度来改善蛋壳品质。有研究指出，较大粒度的石灰石会增加肌胃和十二指肠可溶性钙，保证蛋壳过程中钙的供应，改善蛋壳品质。研究显示，日粮磷水平应该与钙水平保持一定比例，过高可能因为抑制血液钙水平而降低蛋重和蛋壳品质，同时也不宜过低，过低则显著降低蛋重及蛋壳质量。蛋鸡日粮中加入微生物植酸酶后，其保持健康和维持正常生产力水平所需的钙和有效磷量均会降低。这是因为微生物植酸酶具有降解植酸盐的功效，可将鸡胃肠道中的植酸盐浓度迅速降低60%~90%。Liu等（2007）的研究表明，来自黑曲霉和大肠杆菌的植酸酶都能够提高蛋鸡回肠的钙、磷消化率，进而增加蛋壳强度和厚度。高山林等（2007）研究了日粮有效磷与植酸酶对鸡蛋品质的影响，结果显示在低有效磷日粮中添加植酸酶显著增加了鸡蛋蛋壳厚度，改善了蛋壳品质。此外，日粮镁浓度也会影响蛋壳质量，向蛋鸡日粮中添加镁（3 g/kg）能够提高蛋壳强度，并且对产蛋性能无不良影响。

日粮添加锰可以改善鸡蛋蛋壳质量。锰通过激活糖基转移酶来促进蛋白多聚糖的形成，蛋白多聚糖能够调控晶体延伸，促进晶体正确生长并最终改善蛋壳晶体结构和蛋壳质量。Zhang 等（2017）在研究有机锰和无机锰两种锰源对蛋壳形成过程中的力学和超微结构变化的影响中发现两种锰源均可以使蛋壳乳头体厚度降低、乳头节密度和成核位点增加、有效厚度与总厚度之比提高。因此，饲料中添加锰可以改善蛋壳形成过程中的断裂强度和乳头层、栅栏层的结构，进而改善蛋品质。李东全（2019）的研究表明，添加甘氨酸锰（25 mg/kg、4. 0 mg/kg）有改善蛋壳颜色指数的趋势。Cui 等（2019）向 23～46 周龄海兰褐蛋鸡日粮中添加氨基酸螯合锰（最适添加量为 40 mg/kg），能够有效改善蛋壳强度和氧化还原状态。

锌是碳酸酐酶（CA）的重要辅助因子，在蛋壳形成中具有重要作用。锌能够加速 CA 基因的转录及翻译过程，增强 CA 活性，加速壳腺部 $CaCO_3$ 沉积。高峰等（2007）研究发现，日粮补锌对蛋鸡产蛋率、蛋壳质量及蛋黄锌含量有提高作用。Wang 等（2019）的研究表明，果胶寡糖螯合锌（适宜添加量为 600 mg/kg、800 mg/kg）可以明显提高鸡血清中锌金属酶活性、肝脏和胰腺中锌沉积，提高锌利用率。卫爱莲等（2018）研究也表明，以酵母菌转化的酵母锌饲喂鸡，其锌的利用率为硫酸锌的 114. 83%。刘凤霞（2018）的研究表明，向海兰褐蛋鸡日粮中添加羟基蛋氨酸螯合锌（适宜添加量为 40 mg/kg、80 mg/kg）可提高蛋壳厚度、蛋壳强度、蛋壳比重，改善蛋壳品质。张延翔等（2019）的研究表明，日粮添加有机锌、锰（适宜添加量为 40 mg/kg+60 mg/kg）替代无机锌、锰对蛋鸡产蛋性能和骨质量无影响，但可以降低由于蛋鸡年龄升高对蛋壳强度的不良影响。

日粮中铜供给不足会使赖氨酰氧化酶结构异常，进而壳膜纤维结构发生变化，蛋壳钙化受阻。无机硫酸铜（综合考虑以 60 mg/kg 为最适添加量）添加到蛋鸡基础日粮中能够提高蛋壳强度和厚度，改善蛋壳品质。酵母铜等微生物富集铜可以作为营养补充剂有效改善蛋壳品质，同时能够降低添加成本，但是微生物富铜能力遗传稳定性差的问题仍有待研究解决。铁在动物体中参与许多必要的反应，包括氧气的运输和储存、能量供应、蛋白质新陈代谢、抗氧化等。缺铁会阻碍原卟啉-Ⅸ的生成，影响蛋壳着色。日粮中添加无机镁和有机铁能够改善蛋壳强度和颜色。此外，有研究显示，热应激条件下日粮添加铬能够增加蛋重、蛋壳厚度、鸡蛋比重和鸡蛋哈氏单位，进而改善鸡蛋品质。

（三）维生素对鸡蛋蛋壳品质的调控

维生素 D_3参与蛋壳的形成，它在蛋鸡体内经过一系列代谢过程转化为1，25-（$OH)_2$- VD_3，可以加速钙结合蛋白生成，提高血钙、血磷水平和钙、磷吸收率。日粮中维生素 D_3供给量如果不能满足蛋鸡需要，会降低蛋壳强度、提高破损率。Wen 等（2019）研究表明，提高 36~68 周龄蛋鸡日粮中维生素 D_3添加量（最高可达 35 014 IU/kg）可提高蛋壳强度、蛋比重。杨涛（2014）研究表明，纳米维生素 D_3可以替代普通维生素 D_3作为蛋鸡饲粮的维生素 D_3来源，并且能够增加蛋壳厚度、降低蛋壳破损率，结合生产性能、蛋品质等因素，适宜纳米维生素 D_3水平应在 900~2 700 IU/kg。热应激蛋鸡饲粮中添加 VC（0. 2 g/kg），可通过提高蛋壳腺组织中 CA 及骨桥蛋白（OPN）的相对表达量来改善蛋鸡蛋壳品质。将维生素 C 和维生素 E 联合添加（150 mg/kg 维生素 C+150 mg/kg 维生素 E）于蛋鸡饲料中比单独添加维生素 C 能够更好地改善热应激条件下蛋壳质量。唐会会（2012）研究也表明，日粮中添加万寿菊叶黄素和维生素 C 合剂（180 mg/kg + 200 mg/kg)能显著增加热应激条件下鸡蛋的蛋壳厚度。刘松等（2016）的研究表明，向 19 ~ 42 周龄蛋鸡饲粮中添加氯化胆碱（适宜添加量为 1 000 mg/kg）能提高蛋壳厚度、蛋壳强度。有研究指出，日粮中合理使用胆碱、叶酸和维生素 B_{12}，可以通过调控鸡蛋大小，在不影响生产性能的条件下提高产蛋后期蛋壳强度。

（四）生物活性物质与新型添加剂对鸡蛋蛋壳品质的调控

激素类物质能够改善蛋壳品质。向蛋鸡日粮中添加皮质酮可以使蛋壳厚度增加，但不改变蛋壳的重量和强度，这说明皮质酮可能使蛋壳结构发生改变，但是具体作用机理尚不清楚。孕酮（P4）通过调控输卵管子宫部

CaBP-d28k 的表达量来影响蛋壳钙化过程。另外，在蛋壳钙化过程中 P4 对输卵管子宫部钙离子转运和 Ca^{2+}-ATPase 表达起抑制作用。Zhang 等（2019）研究表明，P4 对蛋壳品质的影响因产卵后注射时间的不同而不同。产卵后 2 h 注射 P4，可促进乳突节的早期融合，延长蛋壳在子宫内的钙化期，导致乳突层厚度减少和有效层厚度增加，改善蛋壳品质。与之相反，产卵后 5 h 注射 P4 可降低蛋壳有效层厚度，降低蛋壳品质。有研究显示，半胱胺（适宜添加量为 400 mg/kg）能够增加蛋壳重、二氢吡啶（适宜添加量为 150 mg/kg 或者 200 mg/kg）能够增加蛋壳厚度、蛋壳相对重和蛋比重。饲喂木薯粉换羽日粮 4 周能有效地诱导蛋鸡换羽并显著提高换羽后蛋壳重、蛋壳厚度和蛋壳强度，体现最佳的换羽后蛋壳质量。金针菇茎废料、脱脂黑水虻幼虫粉和竹醋液对蛋壳品质也有改善作用。桉树叶添加于日本鹌鹑日粮中，可以明显提高蛋壳厚度和蛋壳强度。研究表明，蛋鸡日粮添加甘露聚糖酶能够增加蛋壳厚度和蛋黄颜色；葡萄糖氧化酶提高了蛋壳厚度，增加了鸡蛋哈氏单位，对蛋品质具有一定的改善作用。低聚木糖是一种化学益生素类添加剂，蛋鸡日粮中添加低聚木糖可显著增加鸡蛋的蛋壳强度和蛋壳厚度，改善蛋壳品质。李福彬等（2010）、李俊波等（2009）分别研究了蛋鸡日粮添加地衣芽孢杆菌和枯草杆菌对鸡蛋品质的影响，结果均显示两种微生态制剂可以提高蛋壳厚度，增加蛋壳相对比例，表明两类微生态制剂能够提高蛋壳品质，微生态制剂提高蛋壳品质可能与其改善了肠道环境，增加了钙磷吸收有关。

三、蛋黄品质的营养调控

（一）蛋白质对蛋黄品质的影响

Hammer-shoj 和 Kjaer（1999）研究显示，增加日粮蛋白质和氨基酸含量降低了鸡蛋蛋白质量，而耿爱莲等（2011）的研究结果显示，随日粮中粗蛋白质水平增加，鸡蛋蛋白重相对增加，蛋黄重相对降低。余东游等（2010）对 42 周龄罗曼蛋鸡研究结果显示，随日粮添加色氨酸水平的提高鸡蛋蛋白高度及哈氏单位显著提高。谭利伟等（2007）的研究结果显示，蛋氨酸可以显著提高蛋鸡产蛋率、蛋壳厚度及蛋黄指数，同时降低蛋黄中胆固醇的含量。有研究表明，40 周龄海兰褐蛋鸡在饲喂玉米豆粕型饲粮的基础上添加10%的膨化棉籽粕显著降低饲养8周后蛋鸡鸡蛋的蛋白高度与哈氏单位。

（二）非常规饲料原料对蛋黄品质的影响

陈国营等（2011）研究了发酵菜籽粕替代豆粕对鸡蛋品质的影响，结果显示，发酵菜籽粕能够极显著增加蛋壳厚度、蛋黄颜色及鸡蛋哈氏单位，发酵菜籽粕的最佳添加比例为4%~8%。杨雨鑫等（2004）的研究显示，紫花苜蓿草粉能够提高鸡蛋蛋壳厚度、蛋黄颜色及哈氏单位。章学东等（2008）研究了苜蓿草粉对蛋鸡鸡蛋品质的影响，结果显示，日粮添加苜蓿草粉显著提高鸡蛋蛋黄色泽、哈氏单位，而且这一结果与苜蓿草粉改善蛋鸡肠道功能及免疫功能有关。高文俊等（2006）的研究显示，日粮添加苜蓿草粉能增加鸡蛋蛋黄颜色、哈氏单位。魏尊等（2006）的研究了海藻粉对30周龄产蛋鸡鸡蛋品质的影响，结果显示，海藻粉能够显著改善蛋黄颜色，提高蛋黄中蛋白质、脂肪、磷脂和碘的含量。

（三）维生素对蛋黄品质的影响

吴迪等（2009）研究了天然维生素E对鸡蛋品质的影响，结果显示天然维生素E能够改善鸡蛋蛋黄颜色、哈氏单位和蛋壳厚度等品质。Kirunda等（2001）研究显示，热应激条件下，日粮添加维生素E能够改善蛋黄膜强度、蛋清和蛋黄干物质含量、蛋清蛋白起泡稳定性。维生素A与维生素E及叶黄素同为脂溶性，因此有研究显示维生素A与维生素E及叶黄素形成竞争，进而降低蛋黄中维生素E和叶黄素的含量，并导致蛋黄颜色变浅。有研究显示，日粮添加高剂量烟酸能够改善鸡蛋蛋白指数、哈氏单位和蛋黄颜色等内部品质。

（四）微生态制剂对蛋黄品质的影响

Li等（2006）在蛋鸡日粮添加枯草芽孢杆菌培养物，结果可降低蛋鸡血浆胆固醇及蛋黄胆固醇的含量，表明微生态制剂可以改善鸡蛋内部品质。微生态制剂降低蛋黄胆固醇含量可能与肠道微生物利用了食物中的胆固醇用于自身代谢，从而降低了蛋鸡肠道吸收胆固醇的量有关。此外，有研究显示某些微生态制剂可以改善鸡蛋新鲜度、鸡蛋成分及蛋黄颜色等指标。鸡蛋哈氏单位是反映鸡蛋新鲜度的重要指标，胡光林和刘宝德（2008）、Li等（2006）、王福金等（2002）分别研究了酵母培养物、枯草芽孢杆菌培养物及 EM 制剂对鸡蛋品质的影响，结果显示，三种微生态制剂均可以提高鸡蛋哈氏单位，增加鸡蛋的新鲜度，另外，EM 制剂还增加了蛋黄的颜色。

参考文献

陈国营，陈丽园，刘伟，等，2011. 发酵菜粕对蛋鸡粪便和饲料微生物菌群数量及蛋品质的影响 [J]. 家畜生态学报，32（1）：36-41.

褚静娟，谷娟，顾永远，等，2016. 复合抗氧化剂对蛋鸡抗氧化、生产性能和鸡蛋抗氧化力的影响 [J]. 上海交通大学学报（农业科学版），34（4）：1-5，20.

高峰，江芸，苏勇，2007. 不同锌源对蛋鸡产蛋性能和蛋品质的影响 [J]. 家畜生态学报（1）：30-31，35.

高山林，魏俊丽，邵翠，2007. 红有效磷与植酸酶对鸡蛋蛋品质的简单效应分析 [J]. 畜禽业（5）：8-9.

高文俊，董宽虎，郝鲜俊，2006. 日粮中添加苜蓿草粉对蛋鸡生产性能、蛋品质的影响 [J]. 山西农业大学学报（自然科学版）（2）：195-198.

耿爱莲，石晓琳，王海宏，等，2011. 饲粮粗蛋白质水平对散养北京油鸡产蛋性能及蛋品质的影响 [J]. 动物营养学报，23（2）：307-315.

何涛，2016. 脱酚棉籽蛋白对鸡蛋品质的影响及其机理 [D]. 北京：中国农业科学院.

胡光林，刘宝德，2008. 酵母培养物对商品蛋鸡生产性能及鸡蛋品质的影响 [J]. 黑龙江畜牧兽医（11）：41.

李东全，李忠秋，李鹏，等，2019. 硫酸锰和甘氨酸锰对产蛋后期蛋鸡生产性能和蛋壳颜色的影响 [J]. 饲料研究，42（6）：55-58.

李福彬，陈宝江，梁陈冲，等，2010. 地衣芽孢杆菌对蛋鸡生产性能、蛋品质及血清相关指标的影响 [J]. 中国饲料（13）：5-8.

李俊波，成廷水，吕武兴，等，2009. 枯草芽孢杆菌制剂对蛋鸡生产性能、蛋品质和养分消化率的影响 [J]. 中国家禽，31（4）：15-17.

刘凤霞，2018. 羟基蛋氨酸螯合锌对产蛋后期蛋鸡生产性能、免疫功能及矿物质代谢的影响 [D]. 杨凌：西北农林科技大学.

刘松，董晓芳，佟建明，等，2016. 氯化胆碱对 19~42 周龄蛋鸡生产性能和蛋品质的影响 [J]. 动物营养学报，28（9）：2 812-2 822.

谭利伟，麻丽坤，卫振，等，2007. 蛋氨酸对开产蛋鸡生产性能及蛋品质的影响 [J]. 中国饲料（3）：32-34.

唐会会，万寿菊，2012. 叶黄素和 VC 对高温环境中蛋鸡生产性能和生理机能的影响［D］. 湛江：广东海洋大学.

王福金，李钟乐，金英海，等，2002. EM 对产蛋鸡蛋品质的影响［J］. 延边大学农学学报（2）：118-121.

王晓翠，2013. 理想蛋白模式下饲粮蛋白源对蛋品质的影响及其机理研究［D］. 哈尔滨：东北农业大学.

卫爱莲，代张超，鲁陈，等，2018. 富锌微生物的筛选及其饲喂鸡的生物学效价评定［J］. 动物营养学报，30（10）：4 219-4 228.

魏尊，谷子林，赵超，等，2006. 海藻粉对蛋鸡生产性能及蛋品质的影响［J］. 中国饲料（23）：37-38.

吴迪，周岩民，王恬，2009. 天然与合成维生素 E 对蛋鸡生产性能、抗氧化及蛋品质的影响［J］. 江苏农业科学（6）：276-278.

武书庚，王晶，张海军，等，2013. 蛋鸡饲料营养调控研究进展［J］. 中国家禽，35（11）：2-7.

武晓红，曹力，徐廷生，等，2016. 牛磺酸对产蛋后期蛋鸡生产性能及蛋壳品质的影响［J］. 湖北农业科学，55（10）：2 600-2 602.

杨涛，2014. 不同来源和水平的维生素 D_3 对蛋鸡生产性能、蛋品质和胫骨质量影响的研究［D］. 杨凌：西北农林科技大学.

杨雨鑫，王成章，廉红霞，等，2004. 紫花苜蓿草粉对产蛋鸡生产性能、蛋品质及蛋黄颜色的影响［J］. 华中农业大学学报（3）：314-319.

余东游，周斌，饶巍，等，2010. 饲粮色氨酸水平对蛋鸡生产性能及蛋品质的影响［J］. 动物营养学报，22（5）：1 265-1 270.

俞路，王雅倩，林显华，等，2008. 饲粮不同钙水平对老龄蛋鸡蛋品质及骨密度的影响［J］. 饲料工业（1）：33-36.

张延翔，黄星铭，徐雁，2019. 有机源锌和锰对蛋鸡生产性能、蛋壳和骨质量的影响［J］. 中国饲料（4）：77-81.

章学东，钱定海，吴丽娟，等，2008. 日粮中添加苜蓿草粉对蛋鸡生产性能、蛋品质和免疫功能的影响［J］. 中国家禽，30（16）：40-41.

CUI Y M, ZHANG H J, ZHOU J M, et al, 2019. Effects of long-term supplementation with amino acid-complexed manganese on performance, egg quality, blood biochemistry and organ histopathology in laying hens [J]. Animal Feed Science and Technology, 254.

KIRUNDA D F, SCHEIDELER S E, MCKEE S R, 2001. The efficacy of vitamin E (DL-alpha-tocopheryl acetate) supplementation in hen diets to alleviate egg quality deterioration associated with high temperature exposure [J]. Poultry Science, 80 (9): 1 378-1 383.

LI L, XU C L, JI C, et al, 2006. Effects of a dried *Bacillus subtilis* culture on egg quality [J]. Poultry Science, 85 (2): 364-368.

LIU N, LIU G H, LI F D, et al, 2007. Efficacy of phytases on egg production and nutrient digestibility in layers fed reduced phosphorus diets [J]. Poultry Science, 86 (11): 2 337-2 342.

NOVAK C, YAKOUT H M, SCHEIDELER S E, 2006. The effect of dietary protein level and total sulfur amino acid: lysine ratio on egg production parameters and egg yield in Hy-Line W-98 hens [J]. Poultry Science, 85 (12) .

WANG Z C, YU H M, XIE J J, et al, 2019. Effect of dietary zinc pectin oligosaccharides chelate on growth performance, enzyme activities, Zn accumulation, metallothionein concentration, and gene expression of Zn transporters in broiler chickens1 [J]. Journal of Animal Science, 97 (5): 2 114-2 124.

WEN J, LIVINGSTON K A, PERSIA M, 2019. EEffect of high concentrations of dietary vitamin D_3 on pullet and laying hen performance, skeleton health, eggshell quality, and yolk vitamin D_3 content when fed to W36 laying hens from day of hatch until 68 wk of age [J]. Poultry science, 98 (12): 6 713-6 720.

YUAN C, SONG H H, ZHANG X Y, et al, 2014. Effect of expanded cottonseed meal on laying performance, egg quality, concentrations of free gossypol in tissue, serum and egg of laying hens [J]. Animal Science Journal, 85 (5): 549-554.

ZHANG J, WANG Z, WANG X, et al, 2019. The paradoxical effects of progesterone on the eggshell quality of laying hens [J]. Journal of Structural Biology, 209 (2): 107 430.

ZHANG Y N, ZHANG H J, WU S G, et al, 2017. Dietary manganese supplementation modulated mechanical and ultrastructural changes during eggshell formation in laying hens [J]. Poultry Science, 96 (8): 2 699-2 707.

专题 18　瘤胃能氮平衡与同步化营养策略

日粮能量和蛋白质的平衡是反刍动物营养研究的热点和难点。能否实现能量和蛋白质的平衡供给，关系到反刍动物生产效率和养殖效益。本专题从瘤胃能氮平衡原理和能氮同步化营养策略两部分对近些年的研究进展进行回顾，以期能为瘤胃能氮平衡在日粮配制和养殖管理实践中提供信息参考。

一、瘤胃能氮平衡原理

基于反刍动物生理构造中瘤胃和瘤胃微生物的特殊存在，部分摄入的饲料蛋白质在瘤胃微生物的作用下被降解为氨、寡肽和氨基酸，瘤胃微生物能利用发酵产生的能量将这部分物质连同内源分泌氨一起转化为微生物蛋白质。在这个转化合成的过程，能量和蛋白质起到决定性的作用，实现能量和蛋白质在时间和数量上的同步供给（瘤胃能氮平衡），才能发挥瘤胃微生物的最大合成能力。

有学者提出过“抛开能量需求来讨论蛋白质需要意义不大”的观点，可见作为动物营养需要中最重要的两种养分，能量和蛋白质不是独立存在的，而是紧密相关的。将能量和蛋白质相比（在本专题中为便于根据饲养标准进行分析，两者均以%为单位）得到的值作为一个新的指标，就是能量蛋白比。这个指标可用来评判饲粮中能量和蛋白的平衡程度，这个指标值过高或者过低均表示为能量和蛋白质搭配得不合理，动物的生长生产性能都无法达到最大化。例如，过高的蛋白质摄入不仅会引起反刍动物的亚健康，也会提高用于维持的能量需要，造成一定的资源浪费。

瘤胃能氮平衡要求的是能量和蛋白质在数量和时间上的同步供给，这种情况下营养物质的利用效率最大，这对于瘤胃微生物的繁殖和反刍动物的生长发育至关重要。事实上，如果瘤胃中的蛋白质和碳水化合物降解能实现同步化，那么包括非蛋白氮在内的瘤胃降解蛋白质的利用效率也将最高（NASEM/NRC，2016），这对于缓解蛋白质饲料资源缺乏，无疑是一个很好的突破口。但饲料原料不同成分间降解速度存在差异，这使能量和蛋白质同步降解很难实现。例如，谷实类能量饲料原料（玉米、小麦、大麦等）中的淀粉在瘤胃中降解很快，而其中的蛋白质降解很慢；与之相对的是饲草类原料中的蛋白质在瘤胃中降解很快，而其中含能量高的中性洗涤纤维则降解得很慢（NASEM/NRC，2016）。这就需要通过调配不同原料配比，或者优化营养水平来实现能量和蛋白质降解的同步化。

以肉牛育肥中常见的两个饲养标准（NRC，2016）和《日本饲养标准肉用牛（2008 年版）》为例说明能量蛋白比在肉牛育肥过程中需要值（表 18-1）的变化规律。在 NRC（2016）中，我们将总可消化养分（total digestible nutrient，TDN）与粗蛋白（crude protein，CP）相除后可以发现，在相同体重推荐的 4 种日粮下，随着能量和蛋白浓度的提高，TDN/CP 值略微降低，对于 400kg 生长育肥牛而言，4 种推荐日粮（TDN 分别为 65、70、75 和 80）下这个比值分别为 5.60、5.34、5.14 和 5.00；随着牛体重的增加，要达到类似的平均日增重（average daily gain，ADG），其 TDN/CP 值是提高的。

表 18-1 NRC（2016）与日本饲养标准（2008）推荐的育肥牛营养需要

体重/kg	NRC（2016）[1]					日本饲养标准（2008）				
	DMI/(kg/d)	ADG/(kg/d)	TDN/%	CP/%	TDN/CP	DMI/(kg/d)	ADG/(kg/d)	TDN/%	CP[2]/%	TDN/CP
400	9.69	1.31	65	11.6	5.60	8.04	1.0	73	11.9	6.13
	9.49	1.58	70	13.1	5.34	8.49	1.2	74	12.4	5.97
	9.15	1.79	75	14.6	5.14	8.88	1.4	76	13.0	5.85
	8.68	1.92	80	16.0	5.00	9.24	1.6	78	13.5	5.78
500	12.12	1.46	65	10.1	6.44	9.10	1.0	75	10.9	6.88
	11.86	1.75	70	11.3	6.19	9.59	1.2	77	11.4	6.75

（续表）

体重/kg	NRC（2016）[1]					日本饲养标准（2008）				
	DMI/(kg/d)	ADG/(kg/d)	TDN/%	CP/%	TDN/CP	DMI/(kg/d)	ADG/(kg/d)	TDN/%	CP[2]/%	TDN/CP
	11.43	1.96	75	12.5	6.00	10.02	1.4	78	11.8	6.61
	10.85	2.10	80	13.6	5.88	10.42	1.6	80	12.2	6.56
600	14.54	1.58	65	9.0	7.22	9.41	0.8	76	9.9	7.68
	14.23	1.88	70	9.9	7.07	10.00	1.0	77	10.2	7.55
	13.72	2.11	75	10.9	6.88	10.52	1.2	79	10.6	7.45
	13.02	2.26	80	11.8	6.78	10.99	1.4	81	10.9	7.43
700	16.96	1.69	65	8.1	8.02	9.47	0.6	76	9.2	8.26
	16.60	2.01	70	8.8	7.95	10.15	0.8	78	9.4	8.30
	16.00	2.25	75	9.6	7.81	10.77	1.0	80	9.7	8.25
	15.19	2.40	80	10.4	7.69	11.32	1.2	81	10.0	8.10
800	18.97	2.12	70	8.0	8.75	10.09	0.6	78	8.9	8.76
	18.29	2.36	75	8.6	8.72	10.80	0.8	80	9.1	8.79
	17.36	2.52	80	9.3	8.60	11.44	1.0	82	9.3	8.82

注:[1] DMI，干物质采食量；ADG，平均日增重；TDN，总可消化养分；CP，粗蛋白质；日本饲养标准（2008）中的缩写词意与上述相同。

[2] 由于日本饲养标准（2008）中 CP 含量在低于 12%时都设定为 12%，这里的 CP 浓度采用的是计算值，计算公式为：推荐的每日蛋白摄入总量（g）/每日干物质采食量（kg）/10。

同样，在日本肉用牛饲养标准中，我们计算 TDN/CP 可以发现，在相同体重时，TDN/CP 值也会随着 TDN 和 CP 的同步提高而下降，例如 400kg 育肥牛的各种 ADG 下对应的 TDN/CP 值由 6.13 逐步下降到 5.78，这个比值要高于 NRC（2016）类似 ADG 下的推荐值；此外，当牛体重不一样时，TDN/CP 值会随着体重增加而增加，例如预期 ADG 为 1.0kg/d 时，400kg、500kg 和 600kg 的牛对应的 TDN/CP 值分别为 6.13、6.88 和 7.55。

对比这两个饲养标准中推荐的 TDN 和 CP 计算出的 TDN/CP 值，不难发现其共同点：对于同一个时期的生长育肥牛而言，随着预期 ADG 的增加，TDN/CP 值逐步降低；在相同的 ADG 下，体重越大，TDN/CP 值越大。

二、能氮同步化营养策略

瘤胃能氮平衡重要性不言而喻，那么如何从营养角度实现瘤胃能氮同步化呢？目前主要有优化日粮能量蛋白比、利用模型优化日粮供给。

在前者的研究中，无论是表述为能量蛋白比还是蛋白能量比，都是基于能量和蛋白质绝对含量上的一种算法。因此，合理的比例是要在满足绝对含量或者摄入量的前提下提出和开展的。此外，从公牛生长育肥效益以及母牛产犊效益来看，这个比值不是越高或者越低就好，其受到品种、牛龄、能量和蛋白质需要的绝对量等的影响。而后者的研究主要集中在康奈尔净碳水化合物—蛋白质体系（Cornell net carbohydrate and protein system，CNCPS）和美国国家科学研究委员会（National Research Council，NRC）体系，以及基于两个体系分类方法和数据研发的 CPM 软件应用。

（一）优化日粮能量蛋白比

日粮中合适的能量蛋白比是影响采食模式的重要因子之一。在本地 1 岁左右黄牛的育肥试验中发现，三阶段高能量蛋白比组的 ADG 显著高于中低能量蛋白水平组，经济效益也最好（徐磊等，2015）。在本地黄牛的研究中还发现，不同能量蛋白比对瘤胃 pH 值和瘤胃发酵产物中的乙酸、丁酸浓度没有显著影响，但是对于采食后部分时间点的丙酸浓度、乙酸与丙酸比值、微生物蛋白产量和瘤胃微生物组成有一定的影响（张海波和王之盛，2017）。给 1.5 岁杂交公牛饲喂能量蛋白比分别为 21.6（低）、25.0（中）和 27.1（高）的日粮发现，中高能量蛋白比组的 ADG、蛋白质利用效率和饲料转化效率（feed conversion ratio，FCR）均显著高于低能量蛋白比组（杨玉能和夏先林，2015）。育肥前期饲喂本地黄牛综合净能与粗蛋白质比（MJ/g）为 0.042、0.045、0.048 和 0.052，对应的料重比分别为 11.2、10.7、9.18 和 8.32，后两者 FCR 显著高于第一个，而与第二个没有显著差异（柏峻等，2019a）；而对于育肥后期，综合净能与粗蛋白质比（MJ/g）为 0.053、0.056、0.062 对应的料重比分别为 14.2、11.0 和 9.4，后两者 FCR 均显著高于前者（柏峻等，2019b）。这些在育肥期开展的试验结果表明，中高能量蛋白比育肥效益要好于低能量蛋白比。此外，在满足荷斯坦奶公牛营养需要和保持相似的能量蛋白比的前提下，能量和蛋白质的同步提高并没有显著提高奶公牛的生长性能、屠宰性能和胴体品质（李妍等，2016）。

蛋白能量比在生长期和育肥期的结果差异很大，可能是由于肉牛在不同生长时期对能量和蛋白的需求程度不同导致的。王晓玲等（2016）在饲喂犊牛不同能量和蛋白组合的代乳料时观察到 ADG、干物质采食量（dry matter intake，DMI）、120 日龄 CP 和粗脂肪（ether extract，EE）表观消化率这些指标受蛋白和能量水平的交互影响，蛋白能量比（g/MJ）为 13.75 组的 ADG 和 CP 表观消化率显著高于蛋白能量比为 13.33、14.67 和 12.50 组；而对于 DMI 和 EE 表观消化率，蛋白能量比为 13.75、14.67 和 12.50 的这 3 组间没有差异。然而，Paengkoum 等（2019）在生长期泰国本地牛的试验中却发现，提高蛋白能量比并不能有效提高 DMI、ADG、营养物质表观消化率，也没有改变嘌呤衍生物和微生物氮合成量以及微生物的组成结构。在一项探究育肥牛中过高蛋白摄入是否会增加能量维持需要的试验中，Jennings 等（2018）发现在满足能量需要的基础上，过多的蛋白摄入（也即过高的蛋白能量比）会提高用于维持的能量需要。而在满足育肥牛蛋白需要的基础上，提高蛋白水平只能提高试验末期活重、热胴体重和冷胴体重，对 ADG 及其他生长性能和胴体特性没有显著影响（Boonsaen 等，2017）；然而，在满足育肥牛蛋白需要的基础上增加能量，却能显著提高生长性能、改变瘤胃发酵产物中乙酸、丙酸浓度及乙酸与丙酸的比值，并提高牛肉中干物质和肌内脂肪含量，对瘤胃微生物组成也有一定的影响（Wang 等，2016）。国内许多学者都发现，提高育肥牛日粮中的蛋白能量比并不能提高生长性能，也没有优化 FCR，只在血清生化中提高了丙氨酸转移酶的浓度。这些研究说明，蛋白能量比并不是越高或者越低就好。

能量蛋白比对母牛及其后代在生长、消化及代谢上的影响研究结果并不一致，主要是各项研究针对的母牛生产时期、能量和蛋白的绝对含量差异引起的。Monteiro 等（2019）在雨季放牧的 14 月龄母牛群中补饲能量蛋白比（g/g）分别为 1.13（低）、2.62（中）和 4.06（高）的精饲料，发现高比例组的总蛋白摄入量、蛋白表观消化率显著低于低比例组，中比例组的粗饲料采食时间低于其他两组，反刍时间高于高和低两个比例组，中高比例组血清尿素氮含量显著低于低比例组，3 个比例组间的母牛体重、ADG

以及瘤胃中微生物氮合成量、尿氮没有差异。Miguel-Pacheco 等（2019）发现，配种前 2 个月给予高能量蛋白比的日粮会增加母牛产后的站立时间，同时也会显著增加后代犊牛的初生重和哺乳时间。类似地，在母牛妊娠后期给予高能量蛋白比日粮，母牛本身产后体重增加快，其后代的初生体重也增加（Wilson 等，2016a）。但 Hare 等（2019）的研究却表明，分娩前 2 个月提高蛋白能量比显著增加了母牛瘤胃氨态氮的浓度，降低了初乳中乳脂含量，但是没有对母牛体重、DMI、初乳及常乳成分、血液代谢参数和能量平衡及蛋白分解代谢相关蛋白表达造成显著影响，也没有影响后代的生长性能。此外，母牛产前能量蛋白比对后代代谢及胴体性能也有一定的影响。母牛产前 78d 饲喂能量蛋白比为 6.68 和 5.22 的两种日粮，后者显著提高了后代牛肉的产量等级和十二肋脂肪厚度，降低了后代血浆中的胰岛素敏感性（Wilson 等，2016b）。

此外，也有在保证能量和蛋白比例相似的基础上开展的母牛生长消化代谢研究。在不同精粗比下的限饲对比试验中，在保证代谢能与蛋白含量比例和代谢能摄入总量相似的前提下，提高日粮中的精料水平显著影响了 8~10 月龄母牛营养物质的摄入总量及表观消化率、反刍时间和血浆中的尿素氮含量，同时也对粪便中部分营养物质含量和挥发性脂肪组成以及粪中部分细菌和古生菌的组成结构有一定的影响。

（二）利用模型优化能量蛋白供给

CNCPS 体系是基于瘤胃降解特征提出的动态反映能量、蛋白质和氨基酸变化的分析体系，能够精细划分饲料的营养成分并真实反映采食碳水化合物与蛋白质在瘤胃内的降解率、消化率、外流数量以及吸收效率。张广宁等（2019）利用 CNCPS 模型对发酵全混合日粮的营养成分、蛋白质和碳水化合物组分以及潜在营养价值供给量进行评估，发现评估的日粮中能量供给过剩、可降解蛋白质供给量不足。

NRC 是美国国家科学研究委员会（National Research Council）公布的营养需要标准，对于奶牛和肉牛已有第八次修订版，分别在 2020 年和 2016 年发布。NRC 体系采用代谢蛋白质规定反刍动物的蛋白质需要量，并将蛋白质分为瘤胃降解蛋白（rumen degradable protein，RDP）和过瘤胃蛋白（rumen undegradable protein，RUP），而 CNCPS 体系将蛋白质分为 PA、

PB1、PB2、PB3、PC。在碳水化合物分类中，NRC 体系分为非纤维性碳水化合物（non-fibrous carbohydrate，NFC）和纤维性碳水化合物（fibrous carbohydrate，FC），而 CNCPS 体系则将碳水化合物分为非结构性碳水化合物（non-structure carbohydrate，NSC）和结构性碳水化合物（structure carbohydrate，SC），并进一步根据饲料在瘤胃中的降解程度，划分为 A、B1、B2、C 四类。目前，CNCPS 体系和 NRC 体系已广泛用于反刍动物饲料原料和日粮的营养价值评定（张广宁等，2019），这对于优化日粮能量和蛋白质平衡的配制具有重要的指导意义。

综合应用修订后的 NRC 营养模型和 CNCPS 体系对碳水化合物和蛋白质分类方法，目前已采用 C 语言编程开发出 CPM 软件用于奶牛场日粮营养诊断的软件（曲永利，2010）。在国内奶牛场采用 CPM-Dairy 3 version 能更准确预测奶牛的营养需要、科学诊断日粮营养状况，及时调整能氮平衡，减少氮的排泄（曲永利等，2010）。

参考文献

柏峻，赵二龙，李美发，等，2019a. 饲粮能量水平对育肥前期锦江阉牛生长性能、养分消化和能量代谢的影响 [J]. 动物营养学报，31（2）：692-698.

柏峻，赵二龙，李美发，等，2019b. 育肥后期锦江牛能量代谢规律及需要量的研究 [J]. 中国畜牧兽医，46（3）：732-739.

韩好奇，王明燕，付彤，等，2022. 应用 CNCPS 和 NRC 模型比较几种非常规粗饲料与苜蓿干草的营养价值 [J]. 中国畜牧杂志，58（9）：249-254.

李威，高民，卢德勋，等，2008. CNCPS 与 NRC 在反刍动物方面的分析比较及其研究进展 [J]. 饲料工业，29（13）：45-48.

李伟忠，李焕江，2003. 饲粮中适宜能量蛋白比选择的研究进展 [J]. 饲料博览（4）：20-22.

李妍，李晓蒙，李秋凤，等，2016. 不同营养水平日粮对奶公牛直线育肥性能的影响 [J]. 草业学报，25（1）：273-279.

孟令楠，冀红芹，孙亚波，等，2022. 应用 CNCPS 和 NRC 模型比较辽宁省不同奶牛场全株玉米青贮的营养价值 [J]. 饲料研究，45（2）：88-93.

曲永利，吴健豪，刘立成，等，2010. 应用 CPM 模型改善日粮能氮平衡和提高奶牛生产性能的效果评价 [J]. 动物营养学报，22（2）：310-317.

曲永利，2010. CNCPS体系在奶牛生产中的应用及日粮能氮平衡检测指标的研究［D］. 哈尔滨：东北农业大学 .

王晓玲，李秋凤，杜柳柳，等，2016. 不同营养水平代乳料对奶公犊生长性能及血液生化指标的影响［J］. 中国兽医学报，36（6）：1 036-1 043.

魏金涛，汪红武，杨雪海，等，2018. 苎麻青贮及不同粗蛋白质水平精料补充料对西门塔尔牛生长性能和血清生［J］. 中国畜牧兽医，45（12）：3 463-3 470.

徐磊，贾玉堂，赵拴平，等，2015. 日粮能蛋水平对大别山黄牛育肥效果影响的研究［J］. 中国畜牧杂志，51（S1）：132-134.

杨玉能，夏先林，2015. 不同能量蛋白比日粮对肉牛育肥效果的影响［J］. 中国草食动物科学，35（4）：43-46.

张广宁，刘鑫，么恩悦，等，2019. 应用康奈尔净碳水化合物-蛋白质体系和NRC模型评价发酵全混合日粮的营养价值［J］. 动物营养学报，31（2）：930-939.

张海波，王之盛，2017. 精料补充料能量水平对肉牛瘤胃发酵特性及微生物菌群的影响［J］. 中国畜牧杂志，53（9）：97-101.

张巧娥，罗晓瑜，洪龙，等，2016. 不同蛋白质水平对西杂牛生产性能的影响［J］. 黑龙江畜牧兽医（5）：136-138.

赵洋洋，韩永胜，李伟，等，2019. 不同蛋白质水平高精料饲粮对荷斯坦奶公牛育肥性能、养分表观消化率及血清生化指标的影响［J］. 动物营养学报，31（7）：3 123-3 134.

钟乐伦，徐刚，2005. 瘤胃能氮平衡原理对我国农村奶牛饲养的指导意义［J］. 粮食与饲料工业（6）：36-37.

BATISTA E D，DETMANN E，TITGEMEYER E C，et al，2016. Effects of varying ruminally undegradable protein supplementation on forage digestion，nitrogen metabolism，and urea kinetics in Nellore cattle fed low-quality tropical forage［J］. Journal of Animal Science，94（1）：201-216.

BOONSAEN P，SOE NW，MAITREEJET W，et al，2017. Effects of protein levels and energy sources in total mixed ration on feedlot performance and carcass quality of Kamphaeng Saen steers［J］. Agriculture and Natural Resources，51（1）：57-61.

CRAMPTON EW，1964. Nutrient-to-calorie ratios in applied nutrition［J］. Journal of Nutrition，82（3）：353-365.

HARE K S，WOOD K M，FITZSIMMONS C，et al，2019. Oversupplying metabolizable protein in late gestation for beef cattle：effects on postpartum ruminal fermentation, blood metabolites, skeletal muscle catabolism, colostrum composition, milk yield and composition, and calf growth performance [J]. Journal of Animal Science, 97 (1): 437-455.

JENNINGS J S, MEYER B E, GUIROY P J, et al, 2018. Energy costs of feeding excess protein from corn-based by-products to finishing cattle [J]. Journal of Animal Science, 96 (2): 653-669.

MIGUEL-PACHECO G G, PERRY V E A, Hernandez-Medrano J H, et al, 2019. Low protein intake during the preconception period in beef heifers affects offspring and maternal behaviour [J]. Applied Animal Behaviour Science, 215: 1-6.

MONTEIRO S A R, AVELINO C C H, AVELINO C C E, et al, 2019. Energy to protein ratios in supplements for grazing heifers in the rainy season [J]. Tropical Animal Health and Production, 51 (8): 2 395-2 403.

National Academies of Sciences, Engineering, and Medicine (NASEM), 2016. Nutrient Requirements of Beef Cattle [M]. 8 th ed. Washington, DC: The National Academies Press.

PAENGKOUM P, CHEN S, PAENGKOUM S, 2019. Effects of crude protein and undegradable intake protein on growth performance, nutrient utilization, and rumen fermentation in growing Thai - indigenous beef cattle [J]. Tropical Animal Health and Production, 51 (5): 1 151-1 159.

WANG H B, LI H, WU F, et al, 2019. Effects of dietary energy on growth performance, rumen fermentation and bacterial community, and meat quality of Holstein - Friesians bulls slaughtered at different ages [J]. Animals, 9 (12): 1 123.

WILSON T B, FAULKNER D B, SHIKE D W, 2016a. Influence of prepartum dietary energy on beef cow performance and calf growth and carcass characteristics [J]. Livestock Science, 184: 21-27.

WILSON T B, LONG N M, FAULKNER D B, et al, 2016b. Influence of excessive dietary protein intake during late gestation on drylot beef cow performance and progeny growth, carcass characteristics, and plasma glucose and insulin concentrations [J]. Journal of Animal Science, 94 (5): 2 035-2 046.

ZHANG J, SHI H T, WANG Y J, et al, 2018b. Effect of limit-fed diets with different forage to concentrate rations on fecal bacterial and archaeal community composition in Holstein heifers [J]. Frontiers in Microbiology, 9: 976.

ZHANG J, SHI H T, WANG Y J, et al, 2018a. Effects of limit-feeding diets with different forage-to-concentrate ratios on nutrient intake, rumination, ruminal fermentation, digestibility, blood parameters and growth in Holstein heifers [J]. Animal Science Journal, 89 (3): 527-536.

专题19 瘤胃酸代谢调控与酸中毒预防策略

瘤胃是反刍动物进行营养消化与吸收的重要器官，也是一个天然的生物“发酵罐”。瘤胃内栖息着大量复杂且多样的微生物，它们能够降解富含纤维的植物性饲料并进行代谢转化，从而为宿主生长提供可利用的营养物质。瘤胃微生物主要由细菌、古生菌、厌氧真菌、原生动物和病毒（主要是噬菌体）构成，瘤胃微生物群落中细菌约占微生物总量的95%，古生菌占2%~5%，而原生动物和厌氧真菌占总生物量的0.1%~1.0%（Krause等，2013）。瘤胃微生物之间通过协同、竞争和拮抗等相互作用来维持瘤胃生态系统的动态平衡，例如原虫作为主要的供氢体，常被产甲烷菌定植从而促进甲烷生成（Newbold等，2020）。一般情况下，瘤胃内温度保持在38~40℃，pH值在6.0~7.2，瘤胃内容物通过其各成分间的离子流动保持着与血液接近的渗透压。维持瘤胃内环境稳态是保证瘤胃微生物群落动态平衡的前提，而瘤胃微生物群落生态平衡则是瘤胃内稳态的重要指标，二者相辅相成，相互影响。

瘤胃酸中毒是现代反刍动物营养常见的营养代谢病，严重影响了反刍动物的生产效率。目前普遍认为，瘤胃酸中毒是反刍动物短时间内大量采食易发酵的可溶性碳水化合物造成有机酸积累过多引起的。如何有效预防瘤胃酸中毒是摆在反刍动物生产实践上的难点和重点。本专题通过对瘤胃酸代谢与调控机理、瘤胃酸中毒及预防措施两部分向读者展示最新研究进展，以期为反刍动物营养学中的瘤胃酸代谢和预防调控提供参考。

一、瘤胃酸代谢与调控机理

瘤胃微生物主要通过发酵饲料中的碳水化合物产生能量，而以饲料蛋白质和脂肪作为底物发酵产生的能量相对较少。碳水化合物分为结构性碳水化合物（structural carbohydrate，SC）和非结构性碳水化合物（non-structural carbohydrate，NSC），前者主要包括植物细胞壁中的纤维素、半纤维素和木质素，其中木质素无法被微生物利用，后者主要由糖、淀粉、果胶等易被消化的部分组成。瘤胃内碳水化合物代谢可分为 3 个层次：①纤维素、半纤维素及淀粉等高分子化合物被分泌在细胞外的糖基水解酶降解为低聚糖和单糖；②可溶性糖被微生物摄入胞内，通过糖酵解途径（EMP）、磷酸戊糖途径（PPP）、微生物所特有的非典型代谢途径以及一些下游代谢途径转化成挥发性脂肪酸（volatile fatty acid，VFA）、有机酸、CO_2、H_2 等；③第二层次产生的代谢底物在微生物胞内被进一步转化为 VFA 和甲烷等终产物。除碳水化合物外，氨基酸脱氨基后剩下的碳架也可被用于合成 VFA，瘤胃微生物从脂肪中获得的能量主要来自对脂肪水解产生的甘油，约 25%甘油可以在瘤胃中发酵生成 VFA。VFA 作为碳水化合物降解的主要终产物，是反刍动物主要能量来源，可以满足宿主 60%~80%的能量需要，其确切比例受微生物转化效率及瘤胃上皮吸收和代谢的影响。乳酸、丙酮酸和琥珀酸等有机酸是碳水化合物代谢过程中重要的中间产物。对于乙酸、丙酸、丁酸的体内代谢途径已无争论，但其经过不同途径的定量分配及调节机制等复杂的动态代谢过程还有待深入研究。

VFA 主要包括乙酸、丙酸、丁酸、异丁酸、戊酸和异戊酸等，其中乙酸、丙酸和丁酸所占比例分别在 40%~70%、15%~40%以及 5%~20%，VFA 比例因饲料种类不同而发生较大变化。乙酸、丙酸和丁酸分别是含 2 个碳原子、3 个碳原子、4 个碳原子的羧酸，其 pKa 分别是 4.75、4.87 和 4.81，在瘤胃中有解离和非解离两种存在形式。瘤胃内产生的 VFA 约有 50%~85%被瘤胃上皮吸收，剩下的则被瓣胃和皱胃吸收或流入小肠。瘤胃上皮从内腔开始依次可分为角质层、颗粒层、棘皮层和基底层，角质层细胞高度角质化可起到屏障保护作用，颗粒层细胞富含紧密连接蛋白，含有线粒体的棘皮层和基底层是瘤胃上皮 VFA 代谢的主要场所。目前，关于瘤胃上皮 VFA 吸收机制仍然不是十分明确，根据已有研究表明的可能机制有：①被动扩散；②挥发性脂肪酸酸根离子（VFA^-）和碳酸氢根（HCO_3^-）之间进行阴离子交换；③硝酸盐敏感性 VFA 吸收；④质子耦合 VFA^-运输；

⑤巨阴离子通道介导的 VFA 运输（李洋等，2018）。瘤胃上皮对 VFA 的吸收受很多因素影响，例如瘤胃上皮形态、瘤胃 pH、日粮结构和饲喂方法，其中日粮结构是通过影响 VFA 水平和瘤胃 pH 进而调控其吸收的最根本因素。

（一）乙酸

产乙酸菌具有很强的代谢适应性，通常数量较多、活性较高，能独立生活于还原性基质中，瘤胃内的产乙酸菌以毛螺旋菌科和梭菌科为主，它们利用碳水化合物及 CO_2 等多种底物生成大量乙酸（Gagen 等，2010）。产乙酸菌可以通过底物水平磷酸化和化学渗透机制两种途径贮存能量，在以 H_2 和 CO_2 为底物时，仅以化学渗透机制贮存能量。瘤胃微生物、日粮结构及饲料添加剂均可影响瘤胃 VFA 生成。理论上，提高瘤胃内产乙酸菌数量和增加可利用的终端电子受体均可促进乙酸生成。研究发现添加酵母也可以提高产乙酸菌的氢利用效率并提高乙酸生成量，最高可达 5 倍，但效果受限于酵母类型（Lynch 等，2020），有研究报道驱除绵羊瘤胃内厌氧真菌则会显著降低总 VFA 浓度和乙酸浓度（李洋等，2018）。大多数研究结果均表明，高精料日粮通常产生低浓度的乙酸和高浓度的丙酸，形成丙酸发酵类型，而高粗料日粮则易形成乙酸发酵类型。日粮结构对瘤胃生成 VFA 的影响在于改变了瘤胃微生物多样性和瘤胃内环境参数。

乙酸有 3 条代谢途径：①合成脂肪酸：反刍动物吸收的乙酸直接进入胞质转变为乙酰辅酶 A，继而在胞质中继续合成脂肪酸，而非反刍动物的乙酰辅酶 A 需要在线粒体中由丙酮酸代谢生成，再从线粒体转移到胞质中合成脂肪酸；②合成酮体：乙酸活化成乙酰辅酶 A 后在线粒体中合成酮体（乙酰乙酸和 β-羟丁酸），酮体主要在肝脏中生成，肝脏生酮是反刍动物与单胃动物共有的一种生酮方式，除此之外，反刍动物的瘤胃上皮也可代谢乙酸和丁酸生成酮体；③经 TCA 途径氧化：每分子乙酸活化成乙酰辅酶 A 后经 TCA 途径氧化可产生 12 分子 ATP，乙酸虽然不能直接生成氨基酸和葡萄糖，但是可以通过 TCA 途径将来自乙酸的碳原子转移到氨基酸和葡萄糖分子上。瘤胃中产生的乙酸有少部分经瘤胃壁吸收转化成酮体，大部分乙酸随血液运输到肝脏和乳房等组织器官中合成脂肪酸，反刍动物血液中乙酸含量可达 0.5~2mmol/L。乙酸是合成体脂和乳脂的重要来源，乳脂中大多数 C4：0 至 C14：0 和约 1/2 的 C16：0 是由乳腺上皮利用乙酸和 β-羟丁酸从头合成。

（二）丙酸

丙酸是反刍动物体内糖异生的主要前体物质。发酵产生的丙酸在瘤胃内几乎被全部吸收，其中 50%~65%丙酸在瘤胃上皮代谢生成 CO_2 和乳酸等物质，剩余部分随血液流入肝脏后进行糖异生。丙酸先在辅酶 A、ATP、生物素及维生素 B_{12}的作用下转化为甲基丙二酰辅酶 A，然后进入 TCA 途径生成草酰乙酸，再通过磷酸烯醇式丙酮酸逆糖酵解途径异生成葡萄糖。在不影响乙酸供应的前提下，适当提高丙酸比例有利于生成葡萄糖。目前已知的瘤胃产丙酸菌有丙酸杆菌属（*Propionibacterium*）、粪球菌属（*Coprococcus*）、瘤胃聚乙酸菌（*Acetitomaculum ruminis*）、瘤胃解琥珀酸菌（*Succiniclastium ruminis*）、非溶菌厌氧支原体（*Anaeroplasma abactoclasticum*）、反刍兽新月单胞菌（*Selenomonus ruminantium*）及栖瘤胃普雷沃氏菌（*Prevotella ruminicola*）等，它们通过代谢单糖和有机酸生成丙酸及其他物质。饲料中添加丙酸杆菌可以增加瘤胃中丙酸的形成，进而增加葡萄糖供应，提高牛奶和乳糖产量，增加体增重，改善饲料效率。饲粮中添加表面活性剂如茶皂素也能提高丙酸比例从而改变瘤胃发酵模式。

（三）丁酸

瘤胃上皮细胞对丁酸代谢十分活跃，因其富含高活性的丁酰辅酶合成酶可确保丁酸快速活化，从而防止外周血中丁酸的大量累积。丁酸在瘤胃上皮中有 2 条代谢途径：①丁酸经酰基辅酶 A 合成酶缩合生成乙酰辅酶 A，随后直接进入 TCA 途径代谢产能，该过程产生的 ATP 是瘤胃上皮细胞主要能量来源；②丁酸在瘤胃上皮经乙酰辅酶 A 途径被氧化成 β-羟丁酸后进入血液循环，其不仅作为能量底物供应机体的生理和生化活动，还调控瘤胃上皮物质转运、细胞代谢及增殖方面也起着十分重要的作用，增加幼龄反刍动物瘤胃中丁酸浓度可促进激素和生长因子分泌，进而刺激瘤胃上皮细胞增殖。瘤胃内 85%~90%的丁酸直接在瘤胃上皮转化成 β-羟丁酸。低碳水化合物高脂肪饮食、饥饿以及剧烈运动会刺激肝脏和瘤胃上皮的生酮反应，从而促进丁酸转化为 β-羟丁酸。在反刍动物瘤胃中，丁酸梭菌（*Clostridium butyricum*）是主要的产丁酸菌，此外还有聚乙酸菌属（*Acetitomacu-*

lum)、双歧杆菌（*Bifidobacterium*）、溶纤维丁酸弧菌（*Butyrivibrio fibrisolvens*）及木糖假丁酸弧菌（*Pseudobutyrivibrio xylanivorans*）等。丁酸合成反应中关键步骤是丁酰辅酶 A 的生成，限速酶是铁氧还原蛋白氧化还原酶，其氧敏感性决定了丁酸产量与厌氧程度呈正相关。

（四）乳酸

乳酸是瘤胃代谢中重要的中间产物，乳酸产生菌和乳酸利用菌两者之间的动态平衡使瘤胃内乳酸浓度保持在相对较低且稳定的范围，正常情况下瘤胃内乳酸浓度不超过 1mmol/L。瘤胃内乳酸产生菌主要包括溶纤维丁酸弧菌、牛链球菌（*Streptococcus bovis*）和乳酸杆菌（*Lactobacillus*）等，乳酸利用菌主要包括埃氏巨型球菌（*Megasphaera elsdenii*）和反刍兽新月单胞菌等。饲料中的碳水化合物在多种微生物协同作用下，经糖酵解生成丙酮酸，然后在乳酸脱氢酶催化下还原生成乳酸，同时将 NADH 氧化成 NAD^+。糖酵解产生的乳酸称为内源性乳酸，在瘤胃上皮中由丙酸代谢生成的乳酸称为外源性乳酸。乳酸在瘤胃内的分解有两条途径：①丙烯酸途径：L-乳酸经过丙烯酸生成丙酸，D-乳酸经过 D-乳酸脱氢酶的作用转变为丙酮酸，随后代谢生成乙酸、丁酸等，此外 D-乳酸还可以经过消旋酶的作用生成 L-乳酸后再进一步代谢；②琥珀酸途径：乳酸在乳酸脱氢酶的作用下生成丙酮酸，再经过苹果酸和富马酸的作用生成琥珀酸，琥珀酸脱羧生成丙酸。

在瘤胃中，微生物产生的乳酸有 D 型和 L 型之分，由于瘤胃内含有丰富的 L-乳酸脱氢酶而缺乏 D-脱氢酶，且 L-乳酸代谢产物会抑制 D-乳酸代谢，易导致 D-乳酸降解缓慢而大量累积，因此推测 D-乳酸是造成瘤胃酸中毒和宿主代谢性酸中毒的根本原因（Lorenz 等，2009；魏德泳等，2011）。乳酸 pKa 值较 VFA 低，酸性更强，因此使乳酸快速代谢成丙酸对于维持瘤胃健康十分重要。埃氏巨型球菌和反刍兽新月单胞菌耐受酸度最低分别为 5.6 和 5.4，当瘤胃 pH 值下降到 5.5 时，其菌群数量下降而牛链球菌不受影响，从而导致乳酸生成和乳酸利用之间失衡，引起瘤胃酸中毒（Russell 和 Dombrowski，1980）。在饲料中添加碳酸盐等碱性缓冲剂调节瘤胃 pH 值，从而促进瘤胃乳酸产生菌和利用菌之间达到平衡；饲料中添加有机酸受体和接种乳酸利用菌可以促进瘤胃内乳酸代谢，也是调控瘤胃乳酸含量的有效措施。

二、瘤胃酸中毒及预防措施

（一）瘤胃酸中毒

经过长期的进化，瘤胃微生物群落已经适应了富含纤维的植物性饲料。然而在现代集约化养殖中，为提高反刍动物生长性能而大量饲喂富含淀粉的高精料日粮，这种易被快速发酵的碳水化合物使瘤胃内迅速产生大量有机酸（VFA 和乳酸），超过了唾液的缓冲能力和瘤胃上皮的吸收能力，导致瘤胃内有机酸累积进而使瘤胃 pH 值下降，瘤胃内环境稳态被破坏，最终导致瘤胃酸中毒（ruminal acidosis）。瘤胃酸中毒是反刍动物现代化养殖中最常见的营养代谢性疾病之一，主要以瘤胃 pH 值作为判断依据，可分为急性酸中毒（acute ruminal acidosis，ARA）和亚急性瘤胃酸中毒（subacute ruminal acidosis，SARA）。通常瘤胃 pH 值低于 5.6 被认为是瘤胃酸中毒，瘤胃 pH 值在 5.0~5.6 且持续时间大于 180min/d 是 SARA，瘤胃 pH 值低于 5.0 则是 ARA（Nagaraja 和 Titgemeyer，2007）。一般情况下，瘤胃 pH 值剧烈下降且长时间保持低水平状态就会发生 ARA，若瘤胃 pH 值低于 4.5 一般是由于乳酸利用和生成之间的平衡被破坏，进而导致乳酸蓄积的结果；而 SARA 主要是短时间内 VFA 产生和吸收之间不平衡引起的，在生产实践中育肥和泌乳期的反刍动物更易发生 SARA。

瘤胃酸中毒使动物处于应激状态并改变其生理生化指标，具体表现为：①瘤胃和血液中乳酸浓度上升、pH 值下降；②瘤胃渗透压增高，瘤胃上皮形态发生改变；③革兰氏阴性菌死亡并释放脂多糖，革兰氏阳性菌增殖，原虫数量下降。瘤胃酸中毒会导致动物采食量下降进而降低生产效率，出现乳脂下降、腹泻、脱水、蹄炎等病理状态，严重时可能造成死亡（Hernández 等，2014）。SARA 一般无明显的临床症状，因而不易被发现。

（二）瘤胃酸中毒预防措施

1. 优化日粮结构及饲喂策略

不同类型的碳水化合物发酵速度不同，淀粉发酵速度要远快于纤维素和半纤维素，且不同来源的碳水化合物其代谢速率也存在差异，因此合理分配饲料中碳水化合物的种类并控制饲喂频次是预防瘤胃酸中毒最根本的方法。NDF 可以刺激反刍和唾液分泌，因此饲料中 NDF 含量及颗粒大小会影响瘤胃发酵速度及瘤胃流通速率。采用脂类物质部分代替高精料日粮的淀粉从而使日粮维持在高能量水平，能减缓瘤胃发酵速度，但是结果具有不确定性，过多的脂肪会影响反刍动物对其他营养物质的消化利用。采用逐渐增加富含淀粉饲粮比例的饲喂方法，可以减少瘤胃 pH 值波动并维持较高的 pH 值，从而降低瘤胃酸中毒风险。Li 等（2022）采用逐渐提高日粮精料比例（50%到 90%）的方法饲喂肉牛，可使瘤胃上皮形态保持正常，瘤胃 pH 值维持在 6.0 以上。

2. 补充饲料添加剂

在日粮中添加一些弱碱性缓冲剂可中和瘤胃中的有机酸，保证瘤胃 pH 值稳定在中性范围内，从而防止瘤胃酸中毒，为反刍动物高效消化饲料奠定基础。常用的缓冲饲料添加剂包括碳酸氢钠、碳酸钙、氧化镁、磷酸钙等，其中碳酸氢钠应用最为广泛，在生产实践中经常混合氧化镁一起使用。添加有机酸电子受体如苹果酸、延胡索酸、琥珀酸等，可促进乳酸利用菌生长进而加速乳酸代谢，且不会抑制其他微生物生长，因而有利于瘤胃微生态和发酵功能的恢复（王梦芝等，2010）。饲料中添加 B 族维生素也是常用的方法之一。B 族维生素作为参与碳水化合物、脂肪、蛋白质以及核酸代谢的重要辅因子，其需要量随机体代谢活动增强而增加，因此反刍动物自身合成的 B 族维生素往往不能满足高产动物的代谢需要，但关于各种 B 族维生素的饲料推荐量目前还没有确定，这需要加强 B 族维生素在不同生理状态和饲料条件下的代谢研究。硫胺素（维生素 B_1）在体内主要以硫胺素焦磷酸辅酶（TPP）形式存在，是动物体内能量代谢途径重要的辅酶，可促进碳水化合物代谢，减少乳酸和 VFA 累积，从而起到预防和治疗瘤胃酸中毒的作用。添加适宜的硫胺素能够降低高精料饲喂下奶牛瘤胃中的乙酸浓度，提高瘤胃 pH 值，提升奶牛生产性能（郝志敏等，2011）。向高精料日粮中添加烟酸可以减少瘤胃上皮细胞凋亡，显著提高瘤胃 pH 值（Luo 等，2019）。

作为抗生素的替代品之一，微生物制剂可重塑瘤胃微生态平衡，有助于恢复内环境稳态。在奶牛中常用的益生菌主要是各种酵母，尤其是酿酒酵母，一般认为酵母可以消耗瘤胃内氧气从而营造严格的厌氧环境，通过刺激原虫增殖等影响瘤胃发酵速率和模式，达到提高和稳定瘤胃 pH 值乃至预防和调控瘤胃酸中毒的目的（Thrune 等，2009；计接权等，2020）。双歧杆菌、芽孢杆菌等益生菌在幼龄反刍动物中应用较普遍，且通常制成复合菌剂添加进饲料中。在饲料中添加乳酸利用菌也是缓解瘤胃酸中毒症状的有效方法，且埃氏巨型球菌效果通常好于反刍兽新月单胞菌。添加埃氏巨型球菌不同菌株均能缓解瘤胃酸中毒症状，但效果受添加剂量影响（夏光亮等，2019）。Arik 等（2019）用小麦型高精料日粮和玉米型高精料日粮分别诱导荷斯坦奶牛发生 SARA，并向其日粮中添加埃氏巨型球菌（ATCC 17753），结果表明添加埃氏巨型球菌提高了瘤胃内原虫数量，降低了牛链球菌数量和总 VFA 水平，减缓了瘤胃 pH 值下降，且对小麦型高精料日粮诱导的 SARA 调控效果更好。

3. *瘤胃液移植技术*

瘤胃液移植（rumen fluid transplantation，RT）是指将供体动物瘤胃液所包含的微生物群落作为整体，经过一定的技术手段移植到受体瘤胃内，从而改变或重塑受体动物瘤胃内微生态结构（张定然等，2021）。目前 RT 技术还没有严格的执行标准，可根据应用目的采用不同的瘤胃液采集方式。当瘤胃液需要量较少时，可通过反刍动物嘴内的反刍食团获得，或通过食管插入瘤胃中抽取瘤胃液的方式；若瘤胃液需要量比较大，一般通过对供体动物安装瘤胃瘘管或者直接屠宰来获得（Depeters 和 George，2014）。目前，RT 已成功应用于治疗反刍动物的消化代谢紊乱，但其作用机制还需要进一步研究。Liu 等（2019）对低聚果糖诱发的瘤胃酸中毒绵羊进行瘤胃液移植，发现移植后瘤胃乳酸和脂多糖含量下降，减轻瘤胃上皮损伤，促进瘤胃微生物群落结构重建，使绵羊恢复到与瘤胃液供体相似的健康水平。RT 目前还处于起始阶段，但其作为重要的营养调控手段有着广泛的应用前景。

4. *接种疫苗*

研究人员通过给反刍动物接种乳酸产生菌疫苗可减少瘤胃内乳酸产量，从而预防瘤胃酸中毒（Elmhadi 等，2022）。Shu 等（2000）向饲喂高精料日粮的绵羊体内注射牛链球菌疫苗降低了瘤胃内 L-乳酸含量，使瘤胃 pH 值保持在较高水平，且提高了动物采食量和减少了腹泻次数，但有少数试验动物接种部位出现了红肿等反应，因此对于此方法的大规模应用还需进一步研究。Dilorenzo 等（2006）向高精料日粮中添加牛链球菌和坏死梭杆菌（*Fusobacterium necrophorum*）的多克隆抗体制剂，成功降低了犊牛瘤胃靶菌浓度并提高了瘤胃 pH 值，显示了多克隆抗体制剂在降低瘤胃酸中毒发生率上的可能应用前景，但仍需要更多的动物试验来进一步证实。

参考文献

代鹏，姜雅慧，王之盛，2022. 丁酸对亚急性瘤胃酸中毒的影响机制研究进展［J］. 动物营养学报，34（2）：736-744.

郝志敏，蔡晶晶，潘晓花，等，2011. 硫胺素（VB_1）对体外培养瘤胃微生物发酵的影响［J］. 广东饲料，20（4）：20-23.

计接权，李川，欧阳克蕙，2020. 微生态制剂在反刍动物生产中的应用研究进展［J］. 江西畜牧兽医杂志（1）：1-5.

李洋，高民，胡红莲，等，2018. 反刍动物瘤胃挥发性脂肪酸的吸收机制［J］. 动物营养学报，30（6）：2 070-2 078.

王梦芝，丁洛阳，曹伟，等，2010. 瘤胃酸中毒的发生机理及其日粮与微生态调控的技术［J］. 中国奶牛（10）：15-18.

魏德泳，朱伟云，毛胜勇，2011. 山羊瘤胃内产乳酸菌的分离鉴定及其产 D-、L-乳酸特性的研究［J］. 动物营养学报，23（6）：965-970.

夏光亮，赵芳芳，王洪荣，2019. 反刍动物瘤胃内乳酸代谢与瘤胃酸中毒调控的研究进展［J］. 动物营养学报，31（4）：1 511-1 517.

张定然，吴燕，邢小光，等，2021. 瘤胃液移植技术及应用的研究进展［J］. 中国畜牧杂志，57（8）：28-32.

ARIK H D，GULSEN N，HAYIRLI A，et al，2019. Efficacy of *Megasphaera elsdenii* inoculation in subacute ruminal acidosis in cattle［J］. Journal of Animal Physiology and Animal Nutrition，103：416-426.

BUGAUT M，1987. Occurrence，absorption and metabolism of short chain fatty acids in the digestive tract of mammals［J］. Comparative Biochemistry Physiology B，86（3）：439-472.

DEPETERS E J，GEORGE L W，2014. Rumen transfaunation［J］. Immunology Letters，162（2）：69-76.

DILORENZO N，DIEZ-GONZALEZ F，DICOSTANZO A，2006. Effects of feeding polyclonal antibody preparations on ruminal bacterial populations and ruminal pH of steers fed high-grain diets [J]. Journal of Animal Science, 84 (8): 2 178-2 185.

ELMHADI MAWDA E, ALI DARIEN K, KHOGALI MAWAHIB K, et al, 2022. Subacute ruminal acidosis in dairy herds: microbiological and nutritional causes, consequences, and prevention strategies [J]. Animal Nutrition, 10: 148-155.

GAGEN E J, DENMAN S E, PADMANABHA J, et al, 2010. Functional Gene Analysis Suggests Different Acetogen Populations in the Bovine Rumen and Tammar Wallaby Forestomach [J]. Applied and Environmental Microbiology, 76 (23): 7 785-7 795.

HERNÁNDEZ J, BENEDITO J L, ABUELO A, et al, 2014. Ruminal acidosis in feedlot: from aetiology to prevention [J]. The Scientific World Journal: 1-8.

KRAUSE D O, NAGARAJA T G, WRIGHT A D G, et al, 2013. Board-invited review: rumen microbiology: leading the way in microbial ecology [J]. Journal of Animal Science, 91 (1): 331-341.

LI Q S, WANG R, MA Z Y, et al, 2022. Dietary selection of metabolically distinct microorganisms drives hydrogen metabolism in ruminants [J]. The ISME Journal, 16 (11): 2 535-2 546.

LIU J, LI H, ZHU W, et al, 2019. Dynamic changes in rumen fermentation and bacterial community following rumen fluid transplantation in a sheep model of rumen acidosis: implications for rumen health in ruminants [J]. The FASEB Journal, 33 (7): 8 453-8 467.

LORENZ I, 2009. D-lactic acidosis in calves [J]. The Veterinary Journal, 179 (2): 197-203.

LUO D, GAO Y, LU Y, et al, 2019. Niacin supplementation improves growth performance and nutrient utilisation in Chinese Jinjiang cattle [J]. Italian Journal of Animal Science, 18 (1): 57-62.

LYNCH H A, MARTIN S A, 2002. Effects of Saccharomyces cerevisiae culture and Saccharomyces cerevisiae live cells on in vitro mixed ruminal microorganism fermentation [J]. Journal of Dairy Science, 85 (10): 2 603-2 608.

NAGARAJA T G, TITGEMEYER E C, 2007. Ruminal acidosis in beef cattle: the current microbiological and nutritional outlook [J]. Journal of Dairy Science, 90: E17-E38.

NEWBOLD CJ, RAMOS-MORALES E, 2020. Review: Ruminal microbiome and microbial metabolome: effects of diet and ruminant host [J]. Animal, 14 (S1): s78-s86.

RUSSELL J B, DOMBROWSKI D B, 1980. Effect of pH on the efficiency of growth by pure cultures of rumen bacteria in continuous culture [J]. Applied Environmental Microbiology, 39 (3): 604-610.

SHU Q, GILL H S, LENG R A, et al, 2000. Immunization with a Streptococcus bovis vaccine administered by different routes against lactic acidosis in sheep [J]. The Veterinary Journal, 159: 262-269.

THRUNE M, BACH A, RUIZ-MORENO M, et al, 2009. Effects of Saccharomyces cerevisiae on ruminal pH and microbial fermentation in dairy cows [J]. Livestock Science, 124 (1-3): 261-265.

TOGNINI P, MURAKAMI M, LIU Y, et al, 2017. Distinct circadian signatures in liver and gut clocks revealed by ketogenic diet [J]. Cell Metabolism, 26 (3): 523-538.

专题 20　饲料养分过瘤胃保护策略

反刍动物的瘤胃是一个微生物系统，栖息着复杂、多样的各种非致病性微生物，如瘤胃细菌、瘤胃原虫、厌氧真菌以及少数的噬菌体。这些微生物可以降解纤维素、淀粉、蛋白质、脂肪以及维生素等营养物质，除满足自身的生长需要，还为动物机体提供能量、菌体蛋白等养分，与反刍动物形成一个相互依存和相互制约的动态平衡体系。但由于大量的营养物质进入瘤胃后会被瘤胃微生物所降解，不能完全被小肠等后消化道所吸收和利用，其生物学效价低，因此需要通过过瘤胃保护技术（RPT）来处理这些营养物质，保护其有效组分活性，降低其在瘤胃内的降解效率，从而提高营养物质的消化利用率。

一、过瘤胃保护技术的概念和意义

过瘤胃保护技术是指采用一定的技术处理（如物理、化学方法）处理营养物质，如淀粉、蛋白质、脂肪、维生素、氨基酸、精油等，使之在反刍动物瘤胃中发酵及降解的比例降低或缓释，以便进入反刍动物的真胃和小肠中才被消化和吸收，从而达到提高饲料利用率的目的。

过瘤胃保护技术是平衡小肠营养素最简便而又直接的实用方法，可以有效地缓解瘤胃微生物对营养物质的降解，从而提高营养物质的利用率，降低饲养成本；进而减少饲料中营养物质的用量，特别是过瘤胃限制性氨基酸的添加可以降低饲料中蛋白质的用量，避免过量的氮随粪尿排出造成环境污染；能够满足高产动物的营养需要，提高其生产性能和畜产品（奶、肉、毛等）的产量。

二、过瘤胃保护技术的分类

目前过瘤胃技术发展迅速，主要包括物理方法、化学方法和包被技术 3 种方法。

（一）物理方法

物理方法主要有热处理或制成颗粒，其中热处理包括干热、焙炒、高压加热、蒸汽加热、加热同时采用物理化学复合处理等途径。

1. 加压加热处理

通过加压或加热等物理手段对淀粉、蛋白质等常规饲料养分进行加工，以增加营养物质的稳定性，减少瘤胃微生物的降解程度。一般淀粉饲料主要通过加压方式处理，降低淀粉在瘤胃中的降解率，提高淀粉进入小肠的比例。例如，通过蒸汽碾压处理后的压片玉米，主要是通过对玉米进行湿热加工，使其淀粉凝胶化，从而改变玉米的蛋白质结构，降低其在瘤胃中的降解率。蛋白质饲料主要通过加热烘干方式处理，通过热处理后导致蛋白质变性，引起蛋白质的自由氨基与碳水化合物中的羰基相结合，以此抵抗酶的水解，使饲料蛋白质受到保护，更多的蛋白质通过瘤胃进入后消化道被有效利用。

2. 颗粒技术

对于粉末、液体状态的饲料原料，可以利用制粒机通过高温调制和强烈挤压使之成颗粒形状，进而减少其在瘤胃中的降解，现在常用于蛋白质、氨基酸及油脂等营养物质的过瘤胃保护。如胆碱的制粒技术处理，采用体外法、半体内法对经过制粒处理的胆碱进行过瘤胃保护效果检验，发现制粒处理的胆碱 2h 消失率低于 20%，24h 后消失率为 60%；利用三级离体消化试验模拟通过瘤胃后的消化，结果显示其释放率为 90%，说明通过制粒处理的胆碱有较好的过瘤胃保护效果以及在瘤胃后段的消化道中有较好的释放率（徐国忠，2007）。

（二）化学方法

1. 化学试剂处理

化学试剂处理所采用的化学药品很广泛，如甲醛、单宁、乙醇、戊二醛、乙二醛、氯化钠、锌盐、氢氧化钠等，其作用原理是利用它们与蛋白质分子间的交叉反应，并在酸性环境中是可逆的，从而降低饲料营养成分在瘤胃中的降解率。目前常用的化学药品主要有甲醛、氢氧化钠、锌盐和单宁，且主要用于蛋白质的过瘤胃保护。甲醛还原性较强，能与蛋白质分子的氨基、羧基、巯基发生烷基化反应形成酸性溶液中可逆的桥键，使蛋白质分子在瘤胃内处于不溶状态，降解率相应降低。由于反应中形成的桥键在强酸环境下能发生可逆反应，随着真胃环境 pH 值降低，甲醛与蛋白质逐渐分离，被消化道中蛋白酶等降解，供动物体利用，从而增加优质蛋白的过瘤胃率。研究表明，按照每千克豆粕添加 0. 5mL 10%甲醛溶液的比例进行处理，可以降低豆粕在瘤胃中的降解率、提高产奶量和乳蛋白含量(黄虎平，2008)。但由于甲醛存在饲料残留的风险，且较高的甲醛浓度会影响瘤胃挥发性脂肪酸的生成和瘤胃微生物数量，故在生产中极少应用，越来越多的研究者倾向于氢氧化钠等试剂应用效果研究。有研究者使用氢氧化钠处理粉碎玉米和整玉米粒后饲喂奶牛，结果发现增加了瘤胃中挥发性脂肪酸总量，降低了玉米淀粉在瘤胃中的降解率。其原理主要是氢氧化钠通过水解作用使玉米外层淀粉粒膨胀，延缓了瘤胃微生物的降解速度。此外，许多研究者提出利用锌盐提高饲料中过瘤胃蛋白质，其机理是锌盐能结合肽和蛋白质，使可溶性蛋白质沉淀，同时锌盐可抑制瘤胃中某些细菌的蛋白水解酶活性，因而使日粮蛋白质在瘤胃的降解度降低。单宁是多羟基化合物，有较强的极性，在自然界中有水解单宁和缩合单宁两种类型，可以分别与蛋白质发生水解反应或缩合反应。在瘤胃中单宁可与胶体蛋白质结合形成不溶性的复合物，使蛋白质从分散体系中沉降出来，进而降低植物蛋白在瘤胃中的降解率。当此化合物流经真胃和小肠时，蛋白质与单宁立即分离，经胃蛋白酶和胰蛋白酶分解，形成容易吸收的小分子物质，在某种程度上起到了过瘤胃蛋白保护作用。

2. 氨基酸类似物、衍生物

此法常运用于氨基酸的过瘤胃保护。过瘤胃氨基酸（RPAA）是将氨基酸以某种方式修饰或保护起来以免在瘤胃内被微生物降解，而在胃肠道中产生效果部位处还原或释放出来被吸收和利用的保护性氨基酸。国外开发的过瘤胃氨基酸主要是采用化学保护方法的产品，主要运用氨基酸的衍生物、类似物和聚合物等保护氨基酸，原理是运用瘤胃微生物及瘤胃自身发酵等将衍生物的羟基转变成氨基酸，使其通过瘤胃后在真胃和十二指肠内被吸收利用。研究表明，氨基酸类似物有较高的稳定性，蛋氨酸羟基类似物（MHA）相当于70%左右蛋氨酸（Met）。常见的MHA有游离酸（MHA-FA）和羟基蛋氨酸钙（MHA-Ca），其原理主要是通过化学反应保护或掩蔽氨基酸中的α-氨基，使其在瘤胃中分解羟基为氨基，从而使氨基酸类似物转变成氨基酸，达到氨基酸的过瘤胃保护。有研究表明，使用蛋氨酸羟基类似物异丙酯（MHA-Bi）可改善瘤胃液的体外发酵，提高了瘤胃液中的挥发性脂肪酸总量，在动物试验中可以提高奶牛的繁殖性能和起到抗热应激作用。

3. 氨基酸的螯合

氨基酸的螯合是指将多个氨基酸分子与二价的金属离子（Zn^{2+}、Cu^{2+}、Fe^{2+}、Mn^{2+}等）形成稳定的五元环螯合结构，螯合物中的氨基酸与二价金属离子以配位键结合，而羟基与金属离子以离子键结合，进而形成较为稳定的结构，降低瘤胃降解率。研究表明，在奶牛日粮中添加蛋氨酸锌，结果提高了产奶量和乳蛋白含量，并降低了乳中体细胞数。

（三）包被技术

包被技术是目前研究较多的一种过瘤胃技术，其通过在需要被保护的营养物质（芯材）表面包覆一层或几层能在瘤胃中稳定而在真胃中释放的保护材料（壁材），从而达到过瘤胃的效果。包被技术主要有物理包被、微态包被和微胶囊包被技术。

1. 物理包被技术

物理包被技术是指用富含蛋白质的动物性原料（全血或脂肪酸）对营养物质进行包被，这些包被材料通常是C_{12}~C_{22}的脂肪酸，其特点是在瘤胃这样的中性环境中不易被降解，而在真胃和小肠等酸性环境中分解，并在真胃和小肠中消化利用。但是，全血、血粉、干血浆、骨粉、鱼粉等血液制品及其他动物性饲料由于其易传播疾病等原因已禁止用于反刍动物饲料中。

2. 微态包被技术

微态包被技术是反刍动物营养中使用较为广泛、生产方式较为先进且过瘤胃保护效果较好的一类过瘤胃技术，这种方法常用于营养物质单体，如胆碱、维生素、氨基酸和尿素等。微态包被技术所用材料可以分为天然高分子材料、半合成高分子材料、合成高分子材料三大类。天然高分子材料主要有碳水化合物（壳聚糖、阿拉伯胶、纤维素、海藻酸钠等）、蛋白质(明胶、白蛋白、大豆蛋白等)、脂肪类（硬脂、琼脂、蜡、氢化植物油、巴西棕榈蜡、卵磷脂等)；半合成高分子材料主要以纤维素衍生物为主，如乙基纤维素；合成高分子材料常见的有聚丁二烯、聚乙烯、聚乙二醇聚丙烯酰胺、聚氨酯、环氧树脂、合成橡胶等。微态包被技术一方面使营养物质有效通过瘤胃，到达后肠道被吸收利用；另一方面，对于含氨类营养物质，可控制氨的降解速率，利于形成优质蛋白。

3. 微胶囊包被技术

在诸多包被技术中，微胶囊技术在反刍动物生产中的应用越来越受到重视。微胶囊是指一种具有聚合物壁壳的微型容器或包装物，具有半透性或密封性的微小粒子，其中被包裹的物质称为芯材，而包裹于芯材外的物质为壁材。微胶囊包被技术是把液体、气体或固体等物质作为胶囊的内芯材料，将其包裹进一个微小的聚合物薄膜里的技术。该技术可通过聚合物薄膜将营养物质与外界环境相隔，起到以下作用：①遮盖营养物质的不良气味、口味；②保护营养物质活性；③提高营养物质稳定性；④控制营养物质在消化过程中的释放速度；⑤靶向输送营养物质。值得注意的是，微胶囊使用效果很大程度上受到了包被壁材的影响，壁材的选择会影响到微胶囊的缓释性、流动性、溶解性、渗透性等性能。对于营养物质的瘤胃保护效果，壁材起到了重要作用。此外，包衣和芯材的质量比也非常重要，如果包衣过厚、粒度过大，会导致产品在真胃和小肠中释放率相应的降低，也会影响瘤胃食糜的流通速度，影响过瘤胃效果；包衣过薄，对芯材起不到保护作用，在瘤胃内被微生物大量降解。

三、过瘤胃产品在反刍动物生产中的应用

近年来过瘤胃产品的应用研究一直是行业内的热点，主要集中在氨基酸、维生素、脂肪和葡萄糖领域。表 20-1 罗列了近几年各高校的研究论文报告。

（一）过瘤胃氨基酸

饲料中的氨基酸不能满足反刍动物高产的营养需要，且部分必需氨基

酸被瘤胃微生物所利用产生菌体蛋白，降低反刍动物限制性氨基酸进入后消化道的含量，因此通过某种方式将所需氨基酸修饰或保护起来，使其到达真胃和小肠中发挥营养效用，这类氨基酸被称为 RPAA。RPAA 的优点有：①精准实现反刍动物小肠代谢蛋白的氨基酸平衡；②提高奶牛产奶量、乳蛋白率和乳脂率；③提高繁殖率；④降低碳氮排放，利于环保；⑤提高饲料转化率，实现养殖场利润最大化。RPAA 主要包括过瘤胃赖氨酸（RPL）、过瘤胃蛋氨酸（RPM）。

国内外大量的研究表明，赖氨酸和蛋氨酸是泌乳奶牛饲喂玉米为基础日粮合成蛋白质时的第一或第二限制性氨基酸。RPAA 可为奶牛提供小肠可代谢氨基酸，通过不同的添加量调整小肠的可代谢氨基酸比例，改善氨基酸的平衡状态，从而提高饲料蛋白质的利用率，促进乳腺组织对游离氨基酸的利用，降低乳和血液中尿素氮（BUN）含量，提高奶牛乳蛋白含量和产奶量，降低日粮蛋白质水平和饲料成本，改善母牛的繁殖性能。通过添加 RPAA 可以实现日粮中氨基酸的平衡，提高代谢蛋白合成乳蛋白的效率，给反刍动物饲喂 RPAA 是调控进入小肠氨基酸数量和组成的最简便而又直接的方法。许多研究表明，在高产反刍动物日粮中添加 RPAA，不仅可以使其达到最高产量，而且可以降低日粮中粗蛋白质供应量，提高饲料利用率，降低成本，避免蛋白质过剩给奶牛造成的负担。

表 20-1　过瘤胃产品应用相关研究

中文题名	高校	年度	试验设计及效果
过瘤胃葡萄糖和缓释尿素对绵羊热应激缓解作用的研究	扬州大学	2022	饲粮中添加过瘤胃葡萄糖降低了热应激绵羊的呼吸频率和直肠温度，显著提高机体免疫力、抗氧化能力和生产性能
过瘤胃亮氨酸和过瘤胃蛋氨酸对围产后期奶山羊生产性能及能量负平衡的影响	西北农林科技大学	2022	RPL 对奶山羊采食量、体重、产奶量和乳成分均无影响，但趋于提高泌乳效率；RPM 可显著提高奶山羊产奶量，增加机体乳蛋白、乳糖和总固形物产量
过瘤胃烟酸和过瘤胃胆碱对围产期奶牛生产性能和肝脏脂质代谢的影响	西北农林科技大学	2022	围产期奶牛基础日粮中添加 RPN 和 RPC 对生产性能无显著影响，但可通过显著提高血浆中 VLDL 的含量，加速肝脏中 TG 的转运，且 RPN 和 RPC 存在互作效应，从而改善围产期奶牛脂质代谢

（续表）

中文题名	高校	年度	试验设计及效果
过瘤胃半胱氨酸和蛋氨酸对辽宁绒山羊生长性能、养分消化、血液指标和产绒性能的影响	沈阳农业大学	2022	日粮添加 RPMet 促进了氮素利用进而提高绒山羊生长性能；日粮添加 RPCys 改善了绒山羊产绒性能
围产期奶牛日粮添加过瘤胃保护赖氨酸和蛋氨酸对其生产性能及新生犊牛生长的影响	中国农业科学院	2021	在围产期和泌乳高峰期奶牛日粮中添加 RPMet 和 RPLys，可以改善奶牛 DMI、产奶量、氮素转化率和降低代谢紊乱，降低饲料成本，提高繁殖性能、犊牛的生长性能与免疫力
过瘤胃烟酸和过瘤胃胆碱对奶牛生产性能的影响	宁夏大学	2020	过瘤胃胆碱显著改善奶牛生产性能，过瘤胃烟酸具有预防围产期酮病的趋势
全价日粮中添加过瘤胃保护胆碱对湖羊生产性能、养分消化率及奶牛肝细胞代谢功能的影响	南京农业大学	2020	在育肥羊日粮中添加 RPC 可以显著增加育肥羊日采食量、日增重，提高生产性能
低蛋白饲粮中补充过瘤胃氨基酸对肉羊生长性能、屠宰性能和消化性能的影响	河北工程大学	2019	将育肥肉羊饲粮粗蛋白质水平降低 1~4 个百分点并补充过瘤胃赖氨酸、蛋氨酸、苏氨酸、精氨酸和尿素后，可提高饲粮蛋白质利用率，且不会降低育肥肉羊的生长性能
过瘤胃脂肪对奶牛、肉牛生产性能及乳肉品质的影响	山西农业大学	2017	日粮添加 RFP，有效缓解了奶牛的负能量平衡，产奶量增加，显著增加乳脂率；提高肉牛的能量水平，降低采食量，促进脂肪蛋白质代谢，日增重增加

1. 过瘤胃蛋氨酸

近几十年来，研究 RPM 对奶牛影响的文章逐年递增，且贯穿于奶牛的各个生产阶段（围产期、泌乳早期、泌乳中后期）。通常认为，日粮中添加 RPM 可以显著提高奶牛的奶产量、乳蛋白率或乳脂率，提高氮的利用率。奶牛围产期及泌乳早期处于营养负平衡状态，因此对氨基酸的需求比其他时期更迫切，研究认为此时期的奶牛对补充 RPM 生产性能响应更敏感，因此常观察到泌乳性能随补充 RPM 而改善。Zhou 等（2016）研究发现给围产期奶牛日粮添加 RPM 可以显著提高奶牛围产期的采食量从而提高奶产量

(3.8kg/d)，提高饲料转化效率和牛奶中乳蛋白含量。Batistel 等（2017）给奶牛补充 RPM 从围产期（产前 21d 至产后 30d）一直维持到泌乳盛期（泌乳天数 31~60d)，发现 RPM 可以提高奶牛的采食量，在围产期提高奶产量 4.1kg/d、泌乳盛期提高奶产量 4.4kg/d，并提高乳中的乳蛋白含量。泌乳中后期奶牛生理状况比较稳定，因此认为对 RPM 响应不如早期敏感，张成喜等（2017）研究发现，给泌乳中期奶牛添加 RPM（25g/d）可以显著提高产奶量（3.77kg/d)，提高营养物质表观消化率，降低氮排泄减少环境污染。此外，在奶牛日粮中添加 RPM 的研究发现，与对照组相比，试验组奶牛的产奶量提高了 14.60%，乳脂肪含量提高了 12.60%，乳蛋白含量提高了 11.65%。Pereira 等（2021）在饲粮蛋白质水平为 17.2%的情况下给奶牛补充 RPM（可提供 7.6g/d 的可吸收蛋氨酸)，与对照组相比，补充 RPM 的奶牛乳蛋白产量和乳蛋白率更高，瘤胃微生物产量提高，而血浆尿素氮浓度降低。Junior 等（2021）在热应激条件下给高产奶牛饲粮补充 RPM，使代谢蛋白质（MP）中赖蛋比为 2.97：1，结果表明，试验组牛奶和乳脂产量显著提高，能量矫正乳（ECM）和乳中乳蛋白、酪蛋白以及血浆中蛋氨酸浓度极显著提高，表明 RPM 有助于奶牛抵抗热应激。

但是，也有不少研究发现，补充 RPM 对奶牛生产性能无明显影响。Patton（2010）的 Meta 分析认为补充 RPM 的泌乳性能响应与诸多因素有关，比如奶牛的泌乳阶段、日粮组成（其他氨基酸的限制程度，尤其是 Lys)、不同 RPM 产品、试验设计等。Lean 等（2018）对 63 个试验进行总结，认为多数试验的结果表明蛋氨酸有提高奶牛生产性能的作用，但 RPM 的添加量会影响生产性能响应，有利于奶牛发挥最佳生产性能的日粮 Met 比例为 2.4%（占代谢蛋白比例)，高于或者低于这个比例都会不利于奶牛的产奶性能，因此补充 RPM 要注意日粮本身的 Met 含量。梁树林（2021）从奶牛泌乳性能对过瘤胃蛋氨酸响应的个体差异角度入手，发现不同群体奶牛瘤胃微生物及其代谢产物、乳腺氨基酸代谢等方面存在的差异，可能是导致奶牛泌乳性能响应差异的重要原因。总的来说，补充 RPM 对奶牛生产性能有促进作用，主要表现为增加奶产量、乳蛋白含量或乳脂肪含量，但不同试验间的效果有所差异。

2. 过瘤胃赖氨酸

赖氨酸作为反刍动物最主要的限制性氨基酸之一，饲粮中添加过瘤胃赖氨酸有助于调控饲粮蛋白质水平，提高氮的转化效率和动物的免疫机能，并可在一定程度上改善动物的生产性能。Rajwade（2019）研究报道，饲喂RPL能提高犊牛的平均日增重，对干物质采食量没有显著影响。Gami（2017）在粗蛋白质含量为120g/kg的印度摩拉水牛犊牛饲粮中添加RPL，结果表明，试验组的平均日增重比对照组提高17.75%，说明在生长水牛饲粮中添加RPL能提高氮利用率，节约蛋白质，对热带地区经济水牛的生长性能具有积极影响。添加适量的RPL能够在一定程度上提高反刍动物的生长性能，原因可能是因为RPL在反刍动物体内能够参与骨骼肌、血红蛋白、胶原蛋白和酶等机体蛋白质的合成，同时可以通过自噬体-溶酶体途径抑制肌纤维蛋白质降解，从而维持机体蛋白质的稳定，促进生长发育。

冯长东等（2023）研究发现，添加40g/(头·d）RPL显著提高了第2、第3和第5周的乳脂率和乳中总固体含量，显著增加了乳脂产量以及第2、第3周的乳尿素氮含量，显著降低尿中尿素氮含量，说明泌乳后期奶牛补充RPL有利于提升泌乳后期乳脂率，并可减少氮源对环境的污染。Bernard等（2014）对泌乳高峰期奶牛的试验结果表明，给产奶量36kg/d以上的奶牛添加37g/d RPL可以提高乳脂和乳蛋白含量以及能量校正乳产量，但对产奶量36kg/d以下的奶牛没有明显影响，这表明相同条件下，添加RPL后高产奶牛更容易提高乳成分含量。此外，有报道发现以泌乳前期、中期奶牛为试验对象，在其日粮中添加瘤胃保护性蛋氨酸和赖氨酸，结果表明在日粮中添加12g/d RPM和24g/d RPL均能显著提高乳脂率水平。以上结果表明，RPL能够提高奶牛的泌乳性能。此外，适宜RPL的添加对反刍动物屠宰性能和肉品质有一定程度的改善。Teixeira等（2019）报道，添加40g/d RPL提高了肉牛胴体瘦肉率，降低了背膘厚度，并且有提高肌肉水分含量的趋势，这表明用于合成代谢的氨基酸利用率增加。此外，在荷斯坦奶公牛的日粮中添加过RPM、RPL能够提高其生产性能和胴体品质，且联合使用的效果要优于单独使用的效果。

有研究显示，添加RPL可显著下调绵羊巨噬细胞中促炎细胞因子白细胞介素-1β（IL-1β）、肿瘤坏死因子-α（TNF-α）和趋化因子CXCL-16的表达。Tsiplakou 等（2020）研究发现，与对照组相比，绵羊饲喂 5.0g/d RPL 后中性粒细胞的 IL-1、IL-10、髓样分化因子 88（MyD88）和信号传导与转录激活因子（STAT3）以及单核细胞的 IL-1α、IL-10 和血红素氧合酶-1（HO-1）的 mRNA 相对表达量均显著降低，这些细胞因子的高表达通常与炎症事件有关。因此，饲粮中添加 RPL 可以改善抗氧化能力，下调一些与促炎信号有关因子的表达，增强机体的天然免疫应答。此外，高昌鹏等（2021）在荞麦秸秆饲粮中分别添加 2.5g/d、5.0g/d、7.5g/d 和10.0g/d RPL，结果发现 RPL 显著提高宁夏滩羊羯羊血清总蛋白和葡萄糖含量；5.0g/d RPL 显著降低第 15、第 30、第 60d 血清中尿素氮含量；适量的 RPL 显著降低肌肉失水率和剪切力，提高肉色黄度和亮度值以及粗蛋白质含量，由此可知荞麦秸秆饲粮中添加 RPL 能够改善羊肉品质，并可在一定程度上改善滩羊血清生化指标，且 RPL 的适宜添加量为 7.5g/d。

（二）过瘤胃维生素

由于维生素及类维生素等营养物质在反刍动物瘤胃中降解率高、利用率低等缺点，一些饲料添加剂企业生产出过瘤胃维生素，以满足反刍动物的生理需要。反刍动物生产中主要用到的过瘤胃维生素及类维生素主要有维生素 A、维生素 D 以及烟酸、胆碱等过瘤胃营养添加剂。

1. 过瘤胃维生素 A、维生素 D

过瘤胃维生素 A 能增强奶牛免疫机能，改善抗氧化功能。研究表明，在奶牛日粮中添加过瘤胃保护维生素 A，显著提高了奶牛血清中 IgG、IgM 和 IgA 的水平，以及血清 GSH-Px、SOD、CAT 和 T-AOC 活性，显著降低牛乳中的体细胞数和血清中 MDA 含量，说明添加过瘤胃维生素 A 增强了奶牛机体的免疫功能和抗氧化能力。添加过瘤胃维生素 D 能预防围产期奶牛的低钙血症。研究表明，在奶牛日粮中每天添加 1.5g/头过瘤胃维生素 D，可以显著提高奶牛血浆中维生素 D_3［1，25-（OH）$_2D_3$］、羟脯氨酸和降钙素水平，显著降低甲状旁腺素水平，说明过瘤胃维生素 D 能调节甲状旁腺素和降钙素等激素的分泌，促进肠道对钙的吸收，动员骨钙，从而防止奶牛产后低血钙的发生。

2. 过瘤胃胆碱

胆碱是极低密度脂蛋白（VLDL）的重要组成成分，同时也是脂肪酸氧化过程中肉毒碱的甲基供体，添加胆碱可在促进肝脏脂肪酸氧化的同时加快将其运出肝脏，避免其在肝中沉积。因此，添加胆碱能有效降低奶牛产后酮病和脂肪肝的发生概率。同时，在泌乳初期胆碱的代谢物甜菜碱可以作为甲基供体使同型半胱氨酸转化为蛋氨酸。

有大量的研究表明，在奶牛日粮中添加过瘤胃胆碱（RPC）能够有效地提高产奶量，但是其添加效果因添加量和奶牛所处泌乳阶段的不同而有所差异，具体表现为添加过瘤胃胆碱对泌乳初期和盛期奶牛的效果要好于泌乳中后期的奶牛。添加 RPC 可减少奶牛临床酮病、乳房炎、死亡率及乳房炎发病头次的发病率，能延缓血浆葡萄糖水平的下降，显著降低试验奶牛血浆 β-羟丁酸（BHBA）、非酯化脂肪酸（NEFA）和总胆固醇含量，对于奶牛围产期能量代谢有显著的影响，对于繁殖性能也有正向调节作用。赵娜等（2023）的研究表明围产期饲粮中添加适量 RPC 有利于调节奶牛的糖、脂代谢，改善奶牛的机体健康状态，提高奶牛产后血糖水平与繁殖性能。李向宝等（2022）在荷斯坦奶牛日粮中添加 30g/d RPC，结果发现，产犊日至产后第 10d，胆碱组奶牛血清 GSH-Px、CAT 和 SOD 含量均显著升高；整个试验周期内，胆碱组奶牛血清 IL-1 含量均显著降低；产后 4 周内日均产奶量均显著提高，说明添加 RPC 可明显降低围产期奶牛机体氧化应激水平，提高产奶量和机体免疫力，改善奶牛健康状况。张凯等（2021）研究发现，饲粮中添加 0.4% RPC 对提高湖羊的生长性能以及营养物质消化率方面具有较好的效果。安秀秀等（2022）研究发现 RPC 能显著提高奶牛血清葡萄糖、高密度脂蛋白、瘦素和对氧磷酶-1 的水平，降低血清甘油三酯（TG）含量、谷丙转氨酶、谷草转氨酶活性，说明饲粮中添加 RPC 能够改善围产期奶牛能量供应，调节糖脂代谢，减轻脂肪过度沉积对肝脏造成的损伤，保护肝脏功能，改善机体能量负平衡状态。

3. 过瘤胃烟酸

烟酸（NA），又名尼克酸，是一种水溶性 B 族维生素，进入动物体内后转化成具有生物活性的烟酰胺（NAM），作为烟酰胺腺嘌呤二核苷酸（NAD）和烟酰胺腺嘌呤二核苷酸磷酸（NADP）的组成成分，二者在机体氧化呼吸作用时，可促进脂肪酸和酮体氧化供能，减少酮体蓄积，同时促进糖异生，改善葡萄糖供应，缓解产后能量负平衡。一般情况下，少量的烟酸即能满足奶牛的需要，但一系列的研究表明，对于高产奶牛，从日粮及微生物合成所获得的烟酸不能完全满足其需要，从而影响机体的健康和高产性能的发挥；尤其是围产期奶牛，由于DMI急剧下降，奶牛通过采食摄取的烟酸减少，无法满足代谢和生产需要，需要额外补充烟酸，而直接饲喂普通烟酸，其在瘤胃内被微生物大量降解或利用，生物学利用率仅有5%。有研究表明，日粮中添加过瘤胃烟酸能有效提高奶牛血液中烟酸的浓度，因此补充过瘤胃烟酸（RPN）是有效的解决方案。

罗鑫茂等（2022）在热应激荷斯坦牛日粮中添加20g/头 RPN，结果表明添加RPN组的奶牛，采食量较对照组每天显著提高了3.83kg/头，日产奶量提高了2.46kg，乳脂率提高了0.06%，乳蛋白率提高了0.07%，体细胞评分极显著下降了1.26分；51项血液生理生化指标中，大型血小板比率、白蛋白和葡萄糖等3项指标发生了显著或极显著变化，说明基础日粮中添加RPN可以缓解南方中国荷斯坦牛的热应激症状，有助于其适应我国南方夏季潮湿炎热的环境。Zimbelman等（2010）的研究也表明，RPN能够提高高热环境下的奶牛的产奶量，缓解奶牛热应激。崔志洁等（2022）研究发现，添加RPN可极显著提高围产期奶牛血浆中烟酸和VLDL的含量；显著降低肝脏中甘油三酯的含量，表明RPN可以通过显著提高血浆中VLDL的含量，降低肝中脂肪沉积，从而改善围产期奶牛肝脏和机体健康。此外，围产期奶牛日粮中添加适量的RPN能有效预防奶牛酮病的发生，β-羟丁酸的含量是判断奶牛酮病的金标准，RPN对降低β-羟丁酸的效果与直接皱胃灌注相同。Yuan等（2012）的研究表明，RPN能降低血液中β-羟丁酸、非酯化脂肪酸和甘油三酯的水平，可使血清葡萄糖含量提高约9.50%。

（三）过瘤胃葡萄糖

过瘤胃保护技术处理葡萄糖，即过瘤胃保护葡萄糖（RPG），在实际生产中常用物理加压法和包被技术对葡萄糖进行处理制成RPG。目前，主流的RPG产品有两种：一种是由45%的葡萄糖通过脂肪包被技术制成，另一种是由微胶囊技术制成，其含糖量变异较大。过瘤胃率是评价RPG生物利用率的关键指标。RPG受瘤胃微生物影响较小，可通过瘤胃在小肠吸收，弥补肝糖异生的不足，缓解围产期奶畜能量负平衡（NEB）。

奶牛日粮中添加适量不同类型的RPG可显著提高血清葡萄糖含量，降低 NEFA 和 BHBA 含量。添加 200g/d RPG（纯度≥45%）也可对奶畜隐性酮病起到良好的防治效果，但是添加 400g/d RPG（纯度>45%，微胶囊技术）可能引起血清葡萄糖含量下降以及 BHBA 含量上升。高剂量 RPG 导致奶畜血清葡萄糖含量下降以及 BHBA 含量上升的具体原因尚不明晰，有待进一步探究。一般而言，血清胰岛素浓度会随葡萄糖含量的增加而提升，胰岛素可通过降低肝细胞色素 P450 酶类的丰度提高类固醇激素如孕酮的浓度，保障母畜顺利妊娠。但 Sauls-Hiesterman 等（2020）研究发现，添加 RPG 并未导致血浆葡萄糖、血浆胰岛素或血浆孕酮浓度的增加，否定了饲喂 RPG 增加循环孕酮浓度这一假设。血尿素氮是反映机体蛋白质代谢的重要指标，奶畜处于 NEB 时，氨基酸进入糖异生后 BUN 含量增加。李妍等（2016）的研究表明，添加 300g/d 和 400g/d 的 RPG（纯度≥98%，乙基纤维素包被技术，过瘤胃率 57.42%）可使血液中 BUN 含量在产后维持在较低水平，并在产后第 7d 与对照组差异极显著，表明 RPG 可能改善了围产期的蛋白质动员，减少了生糖氨基酸的转化。

此外，添加 RPG 被认为可通过改善围产期奶畜的能量代谢进而对应激、免疫和炎症反应产生影响。研究发现，添加 200g/d RPG 可提高围产期奶牛血清白蛋白和球蛋白的比值，其中白蛋白的含量增高，球蛋白含量降低。Wang 等（2020）研究发现，200g/d RPG（纯度 45%，脂肪包被技术）可能促进 IGF1 和 IGF2 与受体结合并激活 AKT/mTOR 通路，促进子宫内膜修复。以上研究都表明了 RPG 对预防围产后期子宫内膜炎具有重要意义。

RPG 可提高围产后期奶牛产奶量，但对于乳糖、乳蛋白、乳脂的比例增加效果轻微，且目前对于 RPG 的最佳添加量还存在争议，但综合考虑 200~400g/d 为宜。并且在多项研究中表明，RPG 并没有对奶牛的产奶量和乳成分产生显著影响，这可能与试验条件、饲喂时期和泌乳潜力有关。对于泌乳中后期、日粮淀粉含量较高或奶畜生产性能低下等情况，补充 RPG 的作用可能不明显。

（四）过瘤胃脂肪

在反刍动物日粮中添加过瘤胃脂肪（RPF）可避免对瘤胃内菌群的干扰，提高日粮能量水平和转化利用率，改善动物生产性能和繁殖性能，对推动反刍动物健康养殖有着积极作用和深远意义。

Alstrup 等（2015）将 RPF 添加到奶牛日粮后，奶牛产奶量显著提高，且在一定范围内随添加量的增加呈上升趋势。Manriquez 等（2019）在奶牛日粮中添加 RPF 后，奶牛日产奶量增加，并能防止体况下降。Jolazadeh 等（2019）在夏季条件下给产前 3 周的奶牛饲喂 RPF，可显著提高奶牛全泌乳期产奶量和 4%乳脂校正乳产量。日粮中添加适量 RPF 可提高反刍动物平均日增重，且在一定范围内，添加量与平均日增重成正比。吴树峰（2017）的研究表明，在肉牛日粮中添加 RPF 能提高其能量水平，降低采食量，增加平均日增重。

反刍动物日粮中能量的高低会影响乳脂率，因此，适量地添加 RPF 可提高其乳脂率。在奶牛日粮中添加 RPF，牛奶中非脂乳固体含量和乳脂率可显著提高。吴树峰（2017）的研究表明，除提高乳脂率外，饲喂富含不饱和脂肪的 RPF 能显著提高其牛奶中不饱和脂肪的含量。Jolazadeh 等（2019）发现，在围产前期奶牛日粮中添加 RPF 可显著增加产后初乳中免疫球蛋白 IgG 的含量。李启照等（2019）给产前 3 周的奶牛日粮中添加 3%的 RPF 可显著增加产后奶牛初乳中 IgG 的含量。以上研究表明，在反刍动物日粮中补饲 RPF 能提高其乳蛋白含量、乳脂率，以改善乳品品质。刘凯等（2016）在湖羊日粮中添加 RPF 后，其采食量降低，尾重和屠宰率提高，且背最长肌 ω-3PUFA 含量提高。吴树峰（2017）的研究也表明，在日粮中添加 4%富含不饱和脂肪的 RPF，牛肉中不饱和脂肪的含量提高。因此，在反刍动物日粮中添加 RPF 可有效改善肉品品质。

RPF 的添加能降低产犊后血液中羟丁酸、非酯化脂肪酸、尿素氮等的浓度，影响血液中促黄体素、雌激素、催乳素、促卵泡素等的浓度，从而加快产后奶牛体况恢复速度，提高奶牛繁殖性能。此外，添加 RPF 还可以影响血清中胆固醇的含量，使母牛血液中孕酮含量随胆固醇含量的提高而升高，进而使母牛子宫内膜的发育和卵泡成熟速度加快，繁殖力增强。蔡瑞琪等（2016）的研究也表明，在日粮中添加 RPF 能提高奶牛产后孕酮、促卵泡素、胰岛素、前列腺素及血糖浓度，并缩短产后配种时间，提高繁殖性能。Baumgard 等（2002）发现，在奶牛饲粮中添加 RPF 能促进体内葡萄糖合成，抑制奶牛热应激的发生。Moallem 等（2010）在炎热夏季条件下将 RPF 添加到奶牛日粮中，能使其热应激的发生有效减少，脉搏次数和呼吸频率降低。此外，在热应激奶牛的日粮中添加 400g RPF，能缓解热应激并使热应激条件下的产奶量提高。

参考文献

安秀秀，李向宝，魏学良，等，2022. 过瘤胃胆碱和有机铬对围产期奶牛干物质采食量、奶产量及血液生化指标的影响 [J]. 动物营养学报，34（2）：989-999.

鲍宏云，2011. 过瘤胃保护维生素 A 对奶牛瘤胃发酵、产奶性能及免疫功能的影响 [D]. 呼和浩特：内蒙古农业大学.

蔡瑞琪，2016. 添加过瘤胃脂肪对奶牛产后生产性能、血液生化指标及激素的影响 [D]. 银川：宁夏大学.

陈代文，余冰，2020. 动物营养学 [M]. 4 版. 北京：中国农业出版社.

崔志洁，姜惺伟，吴登科，等，2022. 过瘤胃烟酸和胆碱对围产期奶牛泌乳性能和肝脂质代谢的影响 [J]. 畜牧兽医学报，53（3）：802-812.

崔志洁，2022. 过瘤胃烟酸和过瘤胃胆碱对围产期奶牛生产性能和肝脏脂质代谢的影响 [D]. 杨凌：西北农林科技大学.

刁其玉，2018. 饲料配方师培训教材 [M]. 北京：中国农业科学技术出版社.

ElSAADAWY E A S，2021. 围产期奶牛日粮添加过瘤胃保护赖氨酸和蛋氨酸对其生产性能及新生犊牛生长的影响 [D]. 北京：中国农业科学院.

冯长东，吴昊，董江鹏，等，2023. 过瘤胃赖氨酸对泌乳后期奶牛生产性能、瘤胃发酵和生化指标的影响 [J/OL]. 中国畜牧杂志：1-12 [2023-04-17].

高昌鹏，周玉香，2021. 荞麦秸秆饲粮中添加过瘤胃赖氨酸对滩羊血清生化指标、屠宰性能和肉品质的影响 [J]. 动物营养学报，33（2）：932-943.

高俊国，2020. 过瘤胃烟酸和过瘤胃胆碱对奶牛生产性能的影响 [D]. 银川：宁夏大学.

龚龑，张彬，张翼，2015. 过瘤胃技术在奶牛生产中的应用与研究进展 [J]. 中国奶牛，301（17）：15-20.

郭伟，2020. 低蛋白饲粮中补充过瘤胃氨基酸对肉羊生长性能、屠宰性能和消化性能的影响 [D]. 邯郸：河北工程大学.

黄虎平，赵瑞峰，王聪，等，2008. 奶牛过瘤胃蛋白质调控技术研究 [J]. 草食家畜，2：30-32.

姜惺伟，2022. 过瘤胃亮氨酸和过瘤胃蛋氨酸对围产后期奶山羊生产性能及能量负平衡的影响 [D]. 杨凌：西北农林科技大学.

赖景涛，2013. 娟姗泌乳牛精料添加过瘤胃脂肪的效果观察［J］. 黑龙江畜牧兽医，1：66-67.

李启照，孙维浩，卫强，2019. 围产前期奶牛日粮中添加过瘤胃脂肪对其干物质采食量和泌乳性能的影响［J］. 中国饲料（6）：55-59.

李向宝，徐小辉，安秀秀，等，2022. 过瘤胃胆碱和有机铬对围产期奶牛免疫及抗氧化功能的影响［J］. 中国畜牧兽医，49（12）：4 646-4 653.

李徐延，张洪友，夏成，等，2008. 过瘤胃脂肪和过瘤胃葡萄糖防治奶牛隐性酮病的效果［J］. 甘肃畜牧兽医，38（5）：16-18.

李妍，薛倩，高艳霞，等，2016. 瘤胃保护葡萄糖对围产后期荷斯坦奶牛生产性能及血清生化指标的影响［J］. 畜牧兽医学报，47（1）：113-119.

李影，李徐延，张洪友，等，2014. 过瘤胃葡萄糖对奶牛能量代谢的影响［J］. 中国兽医杂志，50（1）：6-8.

梁树林，2021. 奶牛泌乳性能对过瘤胃蛋氨酸响应的个体差异及其成因探究［D］. 杭州：浙江大学.

刘军彪，王仕平，黄健，2014. 蒸汽压片玉米在泌乳奶牛上的应用［J］. 中国奶牛（Z3）：4-6.

刘凯，2016. 甜菜碱和过瘤胃脂肪对育肥羊生产性能和肌肉脂肪酸组成的影响［D］. 兰州：兰州大学.

卢德勋，2004. 系统动物营养学导论［M］. 北京：中国农业出版社.

罗鑫茂，贾先波，廖勇兰，等，2022. 过瘤胃烟酸对南方热应激中国荷斯坦牛采食量、生产性能和血液生理生化指标的影响［J］. 甘肃农业大学学报，57（4）：1-9.

马玉霞，廉红霞，高腾云，等，2010. 脂肪酸钙与苜蓿干草对热应激奶牛产奶性能和血液指标的影响［J］. 中国粮油学报，25（7）：85-89.

宋玲玲，2022. 过瘤胃半胱氨酸和蛋氨酸对辽宁绒山羊生长性能、养分消化、血液指标和产绒性能的影响［D］. 沈阳：沈阳农业大学.

王广银，2011. 日粮中添加蛋氨酸锌对奶牛生产性能和相关生化指标的影响［J］. 畜牧与兽医，43（1）：12-16.

王纪亭，万文菊，李松建，2003. 保护性蛋氨酸对奶牛生产的试验［J］. 中国畜牧杂志，39（4）：26-27.

王佳堃，安培培，李瑞丽，等，2010. 氢氧化钠保护玉米淀粉过瘤胃效果研究［J］. 中国粮油学报，1：82-86.

吴树峰，2017. 过瘤胃脂肪对奶牛、肉牛生产性能及乳肉品质的影响［D］. 晋中：山西农业大学.

徐国忠，2007. 过瘤胃保护胆碱的研制及其在荷斯坦奶牛中的应用效果研究［D］. 杭州：浙江大学.

严啊妮，2022. 过瘤胃葡萄糖和缓释尿素对绵羊热应激缓解作用的研究［D］. 扬州：扬州大学.

杨致玲，杨国义，旗刘，等，2019. 过瘤胃不饱和脂肪对安格斯肉牛生长性能、血清指标及相关基因表达的影响［J］. 动物营养学报，31（8）：3 132-3 642.

殷溪瀚，2015. 过瘤胃赖氨酸、蛋氨酸对荷斯坦奶公牛生长性能和胴体品质影响的研究［D］. 大庆：黑龙江八一农垦大学.

张成喜，孙友德，刘锡武，等，2017. 过瘤胃蛋氨酸对奶牛瘤胃微生物蛋白产量，产奶性能和氮排泄的影响［J］. 动物营养学报，29（5）：1 759-1 766.

张凯，张志鹏，白云峰，等，2021. 日粮中添加过瘤胃胆碱对湖羊生长性能和营养物质表观消化率的影响［J］. 江苏农业科学，49（5）：137-142.

张志鹏，2020. 全价日粮中添加过瘤胃保护胆碱对湖羊生产性能、养分消化率及奶牛肝细胞代谢功能的影响［D］. 南京：南京农业大学.

赵娜，李会菊，刘敏，等，2023. 过瘤胃胆碱在奶牛围产期的代谢调节作用［J］. 现代畜牧科技（01）：22-24.

郑家三，夏成，王琳琳，等，2013. 过瘤胃维生素 D 对围产期奶牛低血钙症的影响［J］. 中国畜牧兽医，40（8）：57-60.

郑家三，夏成，张洪友，等，2012. 过瘤胃胆碱对围产期奶牛生产性能和能量代谢的影响［J］. 中国农业大学学报，17（3）：114-120.

周国波，2010. 蛋氨酸羟基类似物异丙酯对热应激奶牛生产性能和血液生化指标的影响［D］. 南京：南京农业大学.

周帅，韩兆玉，张丽，等，2012. 蛋氨酸羟基类似物异丙酯对奶牛血液生化指标及繁殖性能的影响［J］. 江苏农业科学，40（6）：187-188.

AFRC，1993. Energy and Protein Requirements of RuminantsAn advisory manual prepared by the AFRC technical committee on responses to nutrients［M］. Wallingford，UK：CAB International.

ALSTRUP L，NIELSEN M O，LUND P，et al，2015. Milk yield，feed efficiency and metabolic profiles in Jersey and Holstein cows assigned to different fat supplementation strategies［J］. Livestock Science，178：165-176.

BATISTEL F, ARROYO J M, BELLINGER I A, et al, 2017. Ethylcellulose rumen-protected methionine enhances performance during the periparturient period and early lactation in Holstein dairy cows [J]. Journal of Dairy Science, 100 (9): 7 455-7 467.

BAUMGARD L H, MATITASHVILI E, CORL B A, et al, 2002. Trans-10, cis-12 conjugated linoleic acid decreases lipogenic rates and expression of genes involved in milk lipid synthesis [J]. Journal of Dairy Science, 85: 2 155-2 163.

BERNARD J K, CHANDLER P T, SNIFFEN C J, et al, 2014. Response of cows to rumen-protected lysine after peak lactation [J]. The Professional Animal Scientist, 30 (4): 407-412.

DAVIDSON S, HOPKINS B A, ODLE J, et al, 2008. Supplementing limited methionine diets with rumen-protected methionine, betaine, and choline in early lactation Holstein cows [J]. Journal of Dairy Science, 91 (4): 1 552-1 559.

GAMI R, THAKUR S S, MAHESH M S, 2017. Protein sparing effect of dietary rumen protected lysine plus methionine in growing Murrah buffaloes (Bubalus bubalis) [C] //Proceedings of the National Academy of Sciences, India Section B: Biological Sciences, 87 (3): 885-891.

JOLAZADEH A R, MOHAMMADABADI T, DEHGHAN-BANADAKY M, et al, 2019. Effect of supplementing calcium salts of n-3 and n-6 fatty acid to pregnant non-lactating cows on colostrum composition, milk yield, and reproductive performance of dairy cows [J]. Animal Feed Science and Technology, 247: 127-140.

JUNIOR V C, LOPES F, SCHWAB C G, et al, 2021. Effects of rumen-protected methionine supplementation on the performance of high production dairy cows in the tropics [J]. PLoS One, 16 (4): e0243953.

LEAN I J, DE ONDARZA M B, SNIFFEN C J, et al, 2018. Meta-analysis to predict the effects of metabolizable amino acids on dairy cattle performance [J]. Journal of Dairy Science, 101 (1): 340-364.

LI X P, TAN Z L, JIAO J Z, et al, 2019. Supplementation with fat-coated rumen-protected glucose during the transition period enhances milk production and influences blood biochemical parameters of liver function and inflammation in dairy cows [J]. Animal Feed Science and Technology, 252: 92-102.

LIMA F S, SÁ FILHO M F, GRECO L F, et al, 2012. Effects of feeding rumen-protected choline on incidence of diseases and reproduction of dairy cows [J]. The Veterinary Journal, 193 (1): 140-145.

MANRIQUEZ D, CHEN L, MELENDEZ P, et al, 2019. The effect of an or ganic rumen-protected fat supplement on performance, metabolicstatus, and health of dairy cows [J]. BMC Veterinary Research, 15 (4): 2-14.

MISCIATTEILLI L, KRISTENSEN V F, VESTERGAARD M, et al, 2003. Milk production, nutrient utilization, and endocrine responses to increased postruminal lysine and methionine supply in dairy cows [J]. Journal of Dairy Science, 86 (1): 275-286.

MOALLEM U, ALTMARK G, LEHRER H, et al, 2010. Performance of high-yielding dairy cows supplemented with fat or concentrate under hot and humid climates [J]. Journal of Dairy Science, 93 (93): 3 192-3 202.

NRC, 2007. Nutrient requirements of small ruminants: sheep, goats, cervids and new world camelit [M]. Washington D. C.: National Academy Press.

PATTON R A, 2010. Effect of rumen-protected methionine on feed intake, milk production, true milk proteinconcentration, and true milk protein yield, and the factors that influence these effects: a meta-analysis [J]. Journal of Dairy Science, 93 (5): 2 105-2 118.

PEREIRA M N, MORAIS JÚNIOR N N, CAPUTO O R, et al, 2021. Methionine precursor effects on lactation performance of dairy cows fed raw or heated soybeans [J]. Journal of Dairy Science, 104 (3): 2 996-3 007.

PESCARA J B, PIRES J A, GRUMMER R R, 2010. Antilipolytic and lipolytic effects of administering free or ruminally protected nicotinic acid to feed-restricted Holstein cows [J]. Journal of Dairy Science, 93 (11): 5 385-5 396.

RAJWADE N, KUMARI K, GENDLEY M K, et al, 2019. Effect of dietary supplementation of rumen protected methionine and lysine on nutrient utilization and growth performance in Sahiwal female calves [J]. Journal of Animal Research, 9 (2): 345-349.

SAULS-HIESTERMAN J A, BANUELOS S, ATANASOV B, et al, 2020. Physiologic responses to feeding rumen-protected glucose to lactating dairy cows [J]. Animal Reproduction Science, 216: 106346.

TEIXEIRA P A, TEKIPPE J A, RODRIGUES L M, et al, 2019. Effect of ruminally protected arginine and lysine supplementation on serum amino acids, performance, and carcass traits of feedlot steers [J]. Journal of Animal Science, 97 (8): 3 511-3 522.

TSIPLAKOU E, MAVROMMATIS A, SKLIROS D, et al, 2018. The effects of dietary supplementation with rumen-protected amino acids on the expression of several genes involved in the immune system of dairy sheep [J]. Journal of Animal Physiology and Animal Nutrition, 102 (6): 1 437-1 449.

TSIPLAKOU E, MAVROMMATIS A, SKLIROS D, et al, 2020. The impact of rumen-protected amino acids on the expression of key-genes involved in the innate immunity of dairy sheep [J]. PLoS One, 15 (5): e0233192.

VIEIRA F V R, LOPES C N, CAPPELLOZZA B I, et al, 2010. Effects of intravenous glucose infusion and nutritional balance on serum concentrations of nonesterified fatty acids, glucose, insulin, and progesterone in nonlactating dairy cows [J]. Journal of Dairy Science, 93 (7): 3 047-3 055.

WANG Y, HAN X F, TAN Z L, et al, 2020. Rumen-protected glucose stimulates the insulin-like growth factor system and mTOR/AKT pathway in the endometrium of early postpartum dairy cows [J]. Animals, 10 (2): 357.

YUAN K, SHAVER R D, BERTICS S J, et al, 2012. Effect of rumen-protected niacin on lipid metabolism, oxidative stress, and performance of transition dairy cows [J]. Journal of Dairy Science, 95 (5): 2 673-2 679.

ZHOU Z, BULGARI O, VAILATI - RIBONI M, et al, 2016. Rumen - protected methionine compared with rumen-protected choline improves immunometabolic status in dairy cows during the peripartal period [J]. Journal of Dairy Science, 99 (11): 8 956-8 969.

ZIMBELMAN R B, BAUMGARD L H, COLLIER R J, 2010. Effects of encapsulated niacin on evaporative heat loss and body temperature in moderately heat-stressed lactating Holstein cows [J]. Journal of Dairy Science, 93 (6): 2 387-2 394.